U0180863

图书在版编目（CIP）数据

站城融合之铁路客站建筑设计 = Station-city
Integration：Railway Stations Design / 盛晖等著
．—北京：中国建筑工业出版社，2022.6
（中国"站城融合发展"研究丛书 / 程泰宁主编）
ISBN 978-7-112-27023-1

Ⅰ．①站… Ⅱ．①盛… Ⅲ．①铁路车站—客运站—建
筑设计—研究—中国 Ⅳ．①TU248.1

中国版本图书馆CIP数据核字（2021）第269869号

　　　本书针对"站城融合发展"背景下我国铁路客站综合体建筑设计中面临的问题，通过广泛调研分析，结合理论探索和建设实践，凝练了当前铁路客站建设的核心问题、趋势与挑战，在此基础上从铁路客站与城市的衔接、铁路客站综合体功能布局、流线组织、技术创新、建设管理机制等层面展开深入研究，提出"站城融合发展"视角下铁路客站综合体建筑设计中城市空间整合、站房功能复合、交通组织衔接、地域文化传承、资源集约利用等方面的设计策略与方法，以及建设管理建议，为铁路客站综合体的建设提供参考。

策划编辑：沈元勤
责任编辑：陈　桦　高延伟
文字编辑：柏铭泽
书籍设计：锋尚设计
责任校对：王　烨

中国"站城融合发展"研究丛书
丛书主编 | 程泰宁
丛书副主编 | 郑　健　李晓江
丛书执行主编 | 王　静

站城融合之铁路客站建筑设计
Station-city Integration: Railway Stations Design
盛晖　王静　于晨　孙峻　等　著
*
中国建筑工业出版社出版、发行（北京海淀三里河路9号）
各地新华书店、建筑书店经销
北京锋尚制版有限公司制版
北京雅昌艺术印刷有限公司印刷
*
开本：880毫米×1230毫米　1/16　印张：14¾　字数：381千字
2022年6月第一版　　2022年6月第一次印刷
定价：**119.00**元
ISBN 978-7-112-27023-1
　　（38824）

丛书编委会

研究团队

研究负责人

盛　晖　　　中铁第四勘察设计院集团有限公司
王　静　　　东南大学
于　晨　　　杭州中联筑境建筑设计有限公司
孙　峻　　　华中科技大学

各章撰写人员

第 1、2 章　　东南大学

王　静　夏　兵　周文竹　费移山　蒋　楠　董竞瑶　戴一正
赵启凡　苏　夏

安徽建筑大学

桂汪洋

第 3 章　　杭州中联筑境建筑设计有限公司

于　晨　殷建栋　郭　磊　郭雪飞　刘鹏飞　江　畅　戚东炳
金智洋　严彦舟　陈立国　邵弯弯　李思成　张昊楠

第 4、5 章　　中铁第四勘察设计院集团有限公司

盛　晖　颜　晓　刘俊山　李　立　汤陵蓉　鲍　华　龚　雯

武汉理工大学

李传成

第 6 章　　华中科技大学

孙　峻　彭　博　钟波涛　陈　珂　陈　靖　何黎明　张懿云

中铁第四勘察设计院集团有限公司和杭州中联筑境建筑设计有限公司参与了第 1 章部分内容的撰写。

总序

在国土空间规划体系改革、铁路网络重构的背景下，我国城市建设和铁路网络建设迎来关键的转型发展期。为促进高铁建设与城市建设的融合发展，2014年国务院办公厅印发《关于支持铁路建设实施土地综合开发的意见》（国办发〔2014〕37号），2018年国家发展改革委、自然资源部、住房和城乡建设部、中国铁路总公司联合印发《关于推进高铁站周边区域合理开发建设的指导意见》（发改基础〔2018〕514号），明确了铁路车站周边地区采用综合开发的方式，希望形成城市发展与铁路建设相互促进的局面。2019年国家发展改革委发布《关于培育发展现代化都市圈的指导意见》（发改规划〔2019〕328号），2020年国家发展改革委等部门联合发布《关于支持民营企业参与交通基础设施建设发展的实施意见》（发改基础〔2020〕1008号），进一步指出都市圈建设中基础设施与公共服务一体化的方向，并在政策层面对交通基础设施的综合开发、多种经营予以支持。在我国建设事业高质量转型发展的背景和政策引导下，"站城融合发展"已成为热点并引发广泛的关注。

站城融合发展的重要意义在于它对城市发展和高铁建设所产生的"1+1＞2"的相互促进作用。对于城市发展而言，高铁站点的准确定位与规划布局将有助于提升城市综合经济实力、节约土地资源、促进城市更新转型；对于铁路建设来讲，合理的选址与规划布局可以充分发挥铁路运力，促进高铁事业快速有效发展；从城市群发展的角度来看，高速铁路压缩了城市群内的时空距离，将极大地助力"区域经济一体化"的实现。因此，在国土空间规划体系转型重构和"区域一体化"迈向高质量发展的关键时期，"站城融合发展"的提出具有极为重要的意义。

在我国，近年来城市与铁路的规划建设中，已反映出对"站城融合发展"的诸多探索和思考。一些重要的大型枢纽车站的规划建设，已经考虑了与航空、城际交通、城市交通等多种交通网络的衔接，考虑了所在城市区域的经济发展和产业布局的需求；在一些高铁新站的建筑设计中，比较重视站城功能的复合、高铁与城市交通系统的有机衔接，以及站城空间特色的塑造等，出现了一些较好的设计方案。这些方案标志着我国的铁路客站设计跨入了一个新的阶段，为"站城融合"的进一步提升和发展打下了很好的基础。

然而，由于规划设计理念以及体制机制等诸多原因，"站城融合发展"在理论研究、工程实践和体制机制创新等方面，仍存在诸多问题值得我们重点关注：

　　1. "站城融合发展"是一种理念，而不是一种"模式"。由于外部条件的不同，"融合"方式会有很大差异。规划设计需要考虑所在城市的社会经济发展阶段，根据城市规模与能级、客流特点、车站区位等具体情况，因地制宜、因站而异地做好规划设计。"逢站必城"，有可能造成盲目开发，少数"高铁新城"的实际效果与愿景反差巨大，值得反思；至于受国外案例影响，拘泥于站房与综合开发建筑在形式上的"一体"，并由此归结为3.0、4.0版的模式，更容易形成误导，反而弱化了对城市具体问题的分析和应对。因地制宜、因站制宜永远是"站城融合发展"的最重要的原则。

　　2. 交通组织是站城融合发展的核心问题。高铁车站是城市内外交通转换的关键地区，做好高铁与城市交通网络的有效衔接是站城融合的关键。它是一个包含多重子系统的复杂系统，其中有诸多关键问题需要我们通过深入的分析，在规划设计中提出有针对性的解决方案，例如，对于大型站而言，如何处理好进出站交通与城市过境交通分离，就是当前很多大站设计需要解决的一个重要问题。当前，我国城际铁路、市郊铁路已开始进入快速发展的时期，铁路与城市交通之间的衔接将会更加密切而复杂，铁路与城市交通的一体化设计应引起我们更多的关注。

　　3. 对于国外经验要有分析地吸收。由于国情、路情不同，我国的"站城融合发展"会走一条不同的路。尤其是近期，相较于欧洲及日本等国家和地区的高频率、中短距的特点，我国铁路旅客发送量、出行频次、平均乘距特征等差异明显；我国客流在一定时期内仍将存在"旅客数量多，候车时间长，旅行经验少，客流波动大"的特点。这些，将在很长一段时期内继续成为我们规划设计中必须考虑的重要因素，因此，我们不能简单套用国际经验，必须结合自身情况，研究适合我国"站城融合发展"特征的规划设计理论，并在实践中不断探索创新。

　　4. 对于大型站，特别是特大站而言，"站城融合发展"带来比过去车站更为复杂的建筑布局，以及防火、安全等更多棘手的技术问题。在建筑设计中，需要针对具体条件和场地特征，在站型设计、功能配置、空间引导，以及流线细化等方面，突破经验思维的惯性，有针对性地开展精细化设计，探索富有前瞻性、创新性的设计方案。例如，重视建筑空间的导向性以及标识系统的设计，更细致地思考出入站旅客的心理需求和行为方式，就是目前大型铁路客站建筑设计中需要关注的一个问题。

5. 在国家"双碳"目标的重大战略指引下，铁路站房综合体建设的节能节地问题亟需引起关注。在规划设计和站型选择上，需要研究探索站房站场的三维立体、多业态复合等设计方法，以达到集约高效的目标；在节能技术方面，需结合站房建筑体量巨大等特点，有针对性地开发相应的技术和新能源材料，以满足不断更新的站房建筑的设计需求。

6. "站城融合发展"需要以科学、务实的上位规划为基础，开发强度应避免盲目求大；同时，规划要有时序性，注意"留白"，避免由于"政绩观"导致的"毕其功于一役"的思想和做法，致使大量土地和建筑闲置。规划设计需考虑近远期结合，以形成良性的可持续发展态势。

7. 高铁站房综合体不仅是城市重要的交通节点，也是城市人群活动聚集的场所，承担着文化表达、商务服务和城市形象等功能。因此，结合城市的特色与文脉，打造彰显地域文化的城市空间，是提升客站建筑品质的重要指标。铁路客站建筑设计已不是一个单体的立面造型问题，而是一个空间群组的建构。设计中要充分考虑城市整体空间形态、山水特征和文脉转译，通过建筑创作的整体思考，形成站域空间和文化特色的深度融合。

8. "站城融合发展"需要铁路与城市部门的密切合作和市场化机制的引入。目前，铁路枢纽规划由铁路部门主导，城市规划则由地方政府主管，由于两者目标的差异性和建设周期的不匹配，以及相关法律和技术准则等协调机制的缺乏，两项规划有时会出现脱节。由此所引发的诸如车站选址、轨顶标高确定等一系列问题，为后期实施中的合理解决增加了难度。由于部门界限，车站建设和周边开发往往强调边界切割；市场化运营机制不够完善，也不利于形成有效的多元投融资和利益分配机制，使得我国更好实现"站城融合发展"步履维艰。因此，通过体制机制创新和市场化机制的探索，使有关各方的利益得到平衡，形成多部门协作的规划建设运营模式是站城融合能否得到良性健康发展的关键。

"站城融合发展"是一个复杂的巨系统，整体性思维极其重要。在规划、建设、运营的各环节中，都需要从"站城融合发展"的理念出发，进行综合整体的思考。应该说，"站城融合发展"是一个既复杂、同时也有着巨大探索空间的命题；特别是这一命题所具有的动态发展的态势，需要我们在理论研究和工程实践中不断地进行思考、探索和创新。

针对"站城融合发展"相关问题，中国工程院于2020年立项开展了重点咨询研究项目《中国"站城融合发展"战略研究》（2020-XZ-13）。研究队伍由中国工程院土木、水利与建筑工程学部（项目联系学部）和工程管理学部的8名院士领衔，吸收了来自地方和铁路方的建筑、规划、土木、交通、工程管理等学科和领域的众多专家，以及中青年优秀学者参加。研究成果编纂成丛书，分别从综合规划、交通衔接设计、城市设计和建筑设计等不同角度阐述中国的站城融合发展战略。希望本丛书的出版，能为我国新时期城市与铁路建设的融合发展提供思考与借鉴。

程泰宁

2021年4月

前言

　　"站城融合"一词较早出现在2016年国务院批准的《中长期铁路网规划》中，目前已成为铁路车站规划建设的共识。"融合"的提法颇有寻求人与天地万物和谐关系的东方哲学色彩。在许多讨论中，"站城融合"都会与另一个从西方引进的当前热门概念"TOD"同时被提及或混用。但二者是否同一概念，有无各自特定的属性范围和适用条件，一般较少论及。所以，我们对"站城融合发展"的问题探讨，不妨先从区分这两个热门概念开始。

　　我们可以从以下几方面阐述"站城融合"与"TOD"的主要差异：

　　出发点："站城融合"需要解决的是长期以来在我国存在的铁路车站与城市之间的隔阂关系问题，如缺乏协调、相互制约、相互博弈等；"TOD"主要是破解城市受制于小汽车交通带来的"大城市病"困境。由于过去城市普遍采取"单中心+环线"的扩张发展模式，导致城市中心区密度越来越高，而交通拥堵、资源紧张、高房价、雾霾等弊端随之显现。

　　研究对象："站城融合"的"站"指的是承担城市对外旅客运输的铁路车站，尤其是当前大量建设的高铁站。而"城"则可以泛指车站所在的各种规模、特点的城市；TOD研究倾向于通勤性质的大运量城市轨道交通系统，与日常生活方式结合紧密，更适合在人口稠密资源紧张的大都市规划实施。

　　影响范围："站城融合"的站点往往能级更高，辐射影响范围更广，对城市中心和产业结构有较大的牵引和带动作用；"TOD"的规划要点是以布局紧凑、功能混合、步行友好的高密度开发来弥补公共交通最后一公里的不便。因而单站点的影响范围也较小，需要串珠式、跳跃式成体系发展。

　　发展目标："站城融合"的目标是充分发挥铁路建设与城市发展的协同联动效应，探索挖掘车站建设在城市更新、产业升级、结构转型等方面蕴藏的潜力，实现铁路客站"超越交通"的时代新价值；"TOD"的目标是将公共交通建设与土地开发深度结合，打造可持续发展的"公交型城市"，倡导面向未来的健康生活方式。

　　当然，这两者也不是非此即彼的关系，虽在概念含义上不能相互涵盖，但在策略方法上有很多是共通的。它们都倡导公共交通引导建设发展，都可能呈现"站城一体化"的结果。TOD概念引入我国后，在本土化过程中其含义又有了较大延展，加之现在的铁路车站已发展为综合客运枢纽，与各种交通方式及城市轨道交通同站建设。因此，从某种视角观察，也可以说"站城融合"与"TOD"在我国有殊途同归的趋势。

我们发现，相比于"TOD"已拥有完整的规划理论，"站城融合"虽然得到国家相关政策的倡导鼓励且形成了各方共识，但目前还只是一种发展理念，系统的理论研究仍不足。在铁路客站设计中缺乏统一的定义要求、系统的策略方法和完善的评价标准。因此，在当前的建设实践中，及时总结探索并进行理论升华，成为较为迫切的问题。

本书是程泰宁院士牵头的中国工程院重点咨询研究项目《中国"站城融合发展"战略研究》（2020-XZ-13）的成果之一。咨询项目包括站城融合规划与设计策略、高铁枢纽与城市交通一体化衔接方法、铁路客站与城市融合发展战略、站城融合发展建设管理创新体制四部分。本书主要根据咨询项目课题三和部分课题四的研究报告修改汇总而成。

在总结梳理建设实践的认知成果基础上，本书从铁路客站建筑规划设计理论角度，探讨了"站城融合"的相关问题。全书共分6章：第1章主要从站城关系上梳理铁路客站的演变趋势和当前面临的问题导向；第2章从铁路客站在城市中的功能作用角度，梳理出不同的需求导向；第3章主要论述铁路客站在站城融合背景需求下空间和布局方面的应对策略；第4章则是对近期建设实践中流线设计的创新思考和归纳整理；第5章的铁路客站技术创新主要涉及结构、智能、韧性安全和绿色等方面内容；第6章是站城融合发展建设管理体制政策建议。

在本书中，站城融合是指铁路车站与周边城市区域通过在规划、建设、运营上的协调，实现交通功能与城市功能高效整合、管理运营协调统一、空间肌理有机结合，更好地发挥铁路建设与城市发展的联动效应。

"站城融合"追求站与城的规划融合、标准融合、建设融合、管理融合。它是对站城关系的宏观要求，也是一个动态过程，并不拘泥于某种形式要求或开发模式，因站而异，因地而制，因时而变。

在站城融合的评价标准方面，受限于目前研究的深广度，本书并没有对此给出系统性的结论，但各章所涉及的问题讨论和创新策略其实已基本形成了方向性建议。总结起来，铁路客站建筑设计的站城融合评价标准，应该包括但不限于以下方面：

一、高可达可穿越：可达性反映了枢纽的集散效率和吸引力，是"站城融合"设计的前提要求。融合首先要立足于交通的融合，缺乏畅通谈不上成功的融合。可达性涉及轨道交通、道路交通和人行交通。要处理好枢纽交通和开发交通、过境交通和片区交通的关系；步行可达性决定了项目的吸引力、人气和活力，体现了枢纽的运行的效率；尽可能减少庞大的枢纽体本身对城市沟通的阻隔影响，避免城市孤岛的形成是站城融合的目的之一；设置多点位多层次、全天候全时段、无障碍自由通行的衔接口和步行通道，可为枢纽的可达性和可穿越性创造条件。

二、高复合可逗留：在我国，曾因运力不足、技术相对落后等原因，造成火车站区域交通拥堵、环境脏乱，火车站成为人们心目中非必要不宜前往和逗留的场所。规划设计的指导思想并不鼓励铁路客站对无关人流的吸引。但在站城融合背景下，在人们美好生活需求不断提高的今天，是时候让铁路客站回归它本来应有的城市活力中心的面貌特征了。在建筑规划设计中提供更多功能复合的，便于逗留、交往、体验的公共空间，有助于枢纽区域活力空间场所的打造和站城功能与效益的互相促进。

三、记得住可生长：我们不以外在形态来评判客站模式和站城融合的优劣，无论是消隐的车站、综合体的车站，还是独特地标的车站，都不妨碍"站城融合"的实现，但好的铁路客站形象应激发市民的认同感和自豪感。在对交通枢纽越来越繁复的功能叠加中，明晰易认的方位方向、印象深刻的场所记忆显得尤为重要，会成为人们出行中的欣喜和美好体验。建枢纽就是建城市，城市的形成是长期的过程。应避免建筑主体生命周期过短和车站建筑被推倒重来。让车站随着时间而生长、延续文脉而更新，才能为每一座城市留住自己的年轮记忆。

四、有弹性有韧性：车站空间设计应具有适应客流峰谷变化的弹性，交通设计也应提供一定冗余度，应对偶发事故的工况。空间布局应提供满足不同管理方式或不同技术手段需求的灵活性，因为这些都可能在一个较短时期内发生改变；作为韧性城市的重要组成，交通枢纽设施也需要具备应对一些突发事件、适应疫情变化、抵御洪涝地震等自然灾害的能力，满足快速响应、及时恢复、自我完善的韧性要求。

五、更智能更低碳：铁路本身是绿色的大众交通，但不可否认交通枢纽也是占地大户和高耗能场所。从"TOD"的视角，车站区域是最能聚集人气和最具使用价值的城市区域。所以，作为交通基础设施的铁路客站建设与城市国土空间开发融合，践行低碳环保理念，充分集约资源，把原本交通属性的用地加以复合利用；与智慧城市、智慧交通相结合，制定全覆盖、无盲点、不间断、明晰化的导向系统，打造安检互认、信息共享、票制联程的智慧枢纽等，都是"站城融合"探索的重要课题。

当然，实现站城融合发展不是依靠建筑设计或某一个单专业的努力就可以达到的，它是一个复杂的巨系统，需要更多维度、更长周期的观察视野。这里不仅涉及众多的技术性因素，还受到政策、体制、机制、观念等非技术性影响，存在着空间、时间、利益、制度的冲突和挑战，有待于我们共同面对和不断创新探索。

2022年4月

目录　Contents

1

第 1 章

站城融合视角下
铁路客站综合体的
核心问题、趋势与
挑战

1.1　从城市发展看铁路客站的发展历程

1.2　站城融合发展视角下铁路客站建设的
　　　总体趋势与国际经验借鉴

1.3　中国铁路客站升级建设中面临的
　　　关键问题与挑战

1.4　应对站城融合发展需求的铁路客站
　　　综合体的功能与作用

1.1
从城市发展看铁路客站的发展历程

1.1.1 城市发展与铁路建设的历程

从铁路与城市发展历史的关系来看，铁路的技术进步和网络演进与城市化阶段存在着高度的一致性。城市化发展的不同阶段代表着不同的产业结构、空间布局、密度层次和规模范围，因此在不同阶段的城市时空关系和时空结构存在着很大的差异，这些差异在很大程度上可以通过相应时期的铁路建设情况反映出来。

1. 城市化初始和与铁路开创时期

城市化初始的城市经济联系和社会联系是相对松散的，相应的城市居民对时空关系的要求也较低，城市的时空关系和时空结构仍由步行、马车等主导，城市发展也较为缓慢。1825年，英国修建了世界上第一条铁路，世界上第一座火车站是建于1830年的英国利物浦皇冠街火车站。到19世纪中叶，英国基本形成铁路运输网（图1-1）。在19世纪50年代的大中城市都通了火车，大部分地方离火车站的距离已在10英里（约16km）以内，当时的铁路首先以运输为主，还没有很重视旅客车站的修建。多数新建铁路都采用客货共营的车站或者是临时车站，日后又根据不断发展的需要拆改或重建。铁路把英国的内陆城市与沿海城市连成一片，大大促进了商品流通和人口流动，同时带动了许多相关的商贸服务业的发展：建筑业、邮政通信、商业服务、教育科技、文化娱乐、金融保险等。1863年，伦敦开通了世界上第一条地铁，地铁的开通，使得生活居住地带与工作区的通勤距离更加缩短。

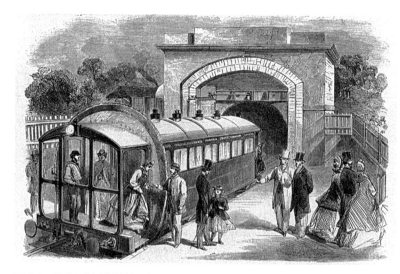

图 1-1 铁路开创时期的简陋车站

2. 城市化发展与铁路的快速建设

工业革命开始后，城市化速度加快，人口开始从农村大规模流入城市，各种工业区在城市聚集，城市规模迅速增加，客货交流大幅增长，城市时空约束的不断强化和城市居民对时空关系的要求不断

图1-2　铁路快速建设带来车站规模扩大

图1-3　轨道交通在城市普及——地铁

提高。伴随着交通运输业的革命，铁路交通成为满足工业化大生产所需时空要求的最合理选择，开始深刻地影响着城市的发展。在工业化进程中，交通运输业的发展是与工业革命的总过程相辅相成的。随着铁路的修筑，以铁路为主的交通枢纽城市发展起来，以英国为例，因铁路狂潮而兴起的城市有汉弗尔顿、克鲁、斯温顿、什弗顿、达林顿和德比。这类城市的发展首先得益于工矿业的蓬勃发展、货物吞吐量的日益扩大，继而得益于铁路线的开辟而繁荣。1850—1920年，铁路进入蓬勃发展的建路高潮，工业先进的国家的铁路已具规模。世界上越来越多的国家和地区建成和运营铁路。随着铁路的日益兴旺，火车站也迎来它最辉煌的时代（图1-2）。

3. 城市扩张，轨道交通在城市中发挥重要作用

随着城市化进入加速发展阶段，城市人口规模和空间规模仍然保持长期的增长，而城市的产业结构发生剧烈的变动，工业的外迁，新型产业园区的布局，城市住宅区和生活服务区的形成，使得大城市的时空关系不断复杂化。1920—1970年，铁路技术日趋成熟，但从20世纪50年代开始，随着公路、航空新的交通运输的兴起，铁路运输受到了严重的挑战，铁路作为联系城市与城市的作用逐渐饱和，铁路对城市的负面影响也开始显现，例如铁路对城市环境的破坏，对城市空间的割裂等。部分城市由于旅客使用量下降，铁路公司经济状况恶化，被迫出售土地，开始拆除铁路和车站，仅美国就拆除了9万多千米铁路。但与此同时，城市内部的轨道交通则作为一种大容量快速公共运输方式，在城市建设中得到快速发展并起到重要的作用（图1-3）。

4. 城市化加速，高铁的出现与发展

区域经济一体化的趋势使城市之间的无形壁垒趋于消解，城市之间的联系前所未有地紧密，城市化水平达到百分之六七十之后，城市跨越加速发展阶段，进入比较成熟的发展时期。城市以金融资本、技术创新，以及服务业为主导的生产方式，铁路与城市之间的关系走向站城融合，释放其最大的发展潜能。随着日本的新干线、法国的TGV和德国的ICE等新型高速铁路客运系统相继出现，铁路迎

来了新的发展机遇（图1-4）。自1981年
起，从巴黎—里昂开始，新建的一系列
高速TGV线将法国人口最稠密的地区与
首都相连。1994年，英吉利海峡隧道开
通，法国和英国通过高速铁路相连接。由
此诞生了新型的高速铁路客站。法国里
尔火车站是新建的TGV车站，1994年开
通。这个车站基本上能够反映出在高速铁
路出现之后，车站在建设上的一些全新理
念。日本京都火车站是一个综合建筑体，
包括酒店、百货、购物中心、电影院、博

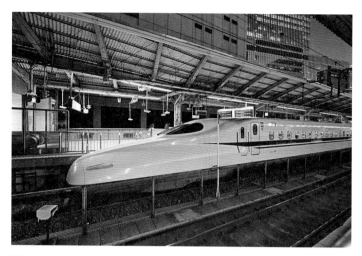

图1-4 高铁的出现和发展

物馆、展览厅、地区政府办事处、停车场等。京都火车站已经不是一个纯粹的火车站，它已是城市的
大型开敞式露天舞台、大型活动的聚会中心、古城全景的观赏点、购物中心和空中城市。

5. 以高铁、城际铁路、轨道交通构成的多层次交通网络与城市协同发展

铁路客站作为城市内外交通系统的节点，是构建城市一体化交通的核心；同时，作为一个可达性
高的城市场所，其本身具有很强的聚集效应，可以促进城市经济的发展。因此，铁路客站在城市中的
位置选择，不仅会影响客站地区的发展定位和功能配置，同时也会影响城市整体结构和经济社会的发
展。在城市发展策略方面，由于区域经济发展不均衡，客站与城市建设将不体现为一种具体的模式，
而需要根据具体条件因地制宜地制定发展策略。铁路客站位于建成区中心区域，强化既有城市中心的
集中式发展；铁路客站位于城市边缘，作为城市新区及副中心；铁路客站位于城市远郊区，作为区域
接驳的综合交通枢纽；铁路客站位于新城、卫星城，作为城市的通勤交通枢纽。高铁、城际铁路和轨
道交通共同构成多层次的交通网络，与城市呈现出协同发展的趋势。

1.1.2 中国铁路客站与城市关系的演变

铁路客站建设受到科学技术、建筑思
潮、经济需求、政策导向和体制观念等各
方面的影响，其形式、功能和规模都在不
断发展变化。其主要演变历程可以概括为
以下四个阶段。

1. 城市大门

中华人民共和国成立初期的铁路客站是
城市内外交通的衔接点，担负着代表城市形
象的重任，被誉为"城市大门"（图1-5）。

图1-5 中华人民共和国成立初期作为城市大门的北京站

在"铁路+站房+广场"的平面组合形式下,站房是节点,一侧是通向城市之外的铁路,另一侧是接驳市内的站前广场。作为当地最重要的公共建筑之一,客站在功能上并不复杂,设计上强调站房本体的独立性和存在感,并以宽阔的站前广场加以烘托。其他城市功能则围绕客站设置在一定距离之外。这一阶段的站城关系中,"城"需要"站"扮演举足轻重的地标角色,并在规划时附和迁就"站"来布置城市功能。

2. 站城分置

改革开放到20世纪末,国家为了适应市场和经济发展的需要,大力推动铁路建设,铁路客站的建设也被带动起来(图1-6)。线侧式站房进化出综合楼的形式,可视为铁路客站引入客运以外城市功能的早期尝试。但由于当时我国铁路运力不堪重负,以确保旅客秩序和安全为首要任务,加之经济、技术等原因对其他需求回应不足,导致这种客站模式效果不如预期。另外,除了线侧综合楼,还出现了跨线设置的铁路客站。旅客可从线路的双侧进站,分散客流压力、缩短流线、节约土地的同时,也把被铁路分隔的城市重新连接起来。站与城的衔接更为紧密。由于站前广场集合了与市内各主要交通方式接驳的功能,无论对内还是对外,铁路客站都是城市重要的交通枢纽之一。尽管此时的车站规划依然相对独立,城市缺乏前瞻性考虑,以被动为铁路客站做衔接配套为主,但也开始出现相互协同发展的愿望和努力。比如,各类城市交通(如长途客运站等)开始向铁路客站汇集,原本位于周边区域的交通功能也被集中到站前广场或毗邻车站的位置,客站建设同步为地铁接驳做预留工程(北京西站、广州东站、南京站)等。

3. 依站建城

世纪之交,由于经济的高速发展,铁路客站建设也日新月异(图1-7)。铁路客站开始与其他对外交通如城际铁路、长途公路客运、航空客运等集合设站,并大力引入地铁、公交等城市交通,形成以铁路客站为中心、无缝衔接其他对内对外交通的综合客运枢纽。尤其是城市轨道交通的引入,极大地提高了换乘效率。"站"与"城"已经做到了交通层面的协同建设。线上、地面及地下都设有铁路进出站客流与城市交通的换乘衔接,呈现出全方位和立体化发展的趋势。由于巨大的建设、运营成本难以平衡,铁路部门也开始关注客站本身的经济效益问题,认识到功能复合、一体开发的重要意义。各地

图1-6 改革开放初期到20世纪末站城分置的上海站

图1-7 世纪之交依站建城的武汉站

纷纷开始围绕着客站打造"高铁新城",可以称之为"先站后城"或"依站建城"的站城关系。但往往由于建设时序、土地性质整合等问题较难解决,一体化进程还停留在规划的概念上。实际操作多限于毗邻开发或预留开发,讲求工程和管理界面的明晰。

4. 站城融合

随着中国经济转型升级及以信息技术为主的新经济时代的到来,交通模式改变,综合交通网络日趋完善,客流构成和城市发展方式也产生了较大的变化。客站在定位、内涵和功能特征等方面的需求与以往不同,更加要求站与城融合发展(图1-8)。铁路客站不仅仅是交通枢纽,还是城市发展的引擎,城市属性更为鲜明。城市与车站没有截然的界限,更没有割裂的阻碍,铁路与城市之间以站房综合体作为连接和过渡的纽带,实现铁路客站与城市

图1-8 新时代站城融合发展的杭州西站

的融合。对城市而言,客站多定位于城市新区和副中心,成为促进城市空间结构调整的重要触媒,引导城市的更新发展;对站域而言,客站带动周边土地的升值和快速发展,土地利用呈现出高密度、高强度的发展态势,产业业态日趋高端化,站域空间形象得到有效改善。当更多的城市功能被纳入站房综合体中时,流线组织和与城市功能的衔接的问题需要得到更多的关注。

新时代新阶段在站城关系上,城市应该结合自身条件,依托铁路发展的溢出效应,因地制宜地采取措施实现铁路客站及其周边区域协同发展的策略,最终形成铁路建设带动城市发展,城市发展反哺铁路建设的双赢局面,即站城融合。

1.1.3 中国铁路客站功能与布局模式的演变

1. 中华人民共和国成立初期的铁路客站

受当时国内生产水平与综合国力限制,铁路客站及其他基础设施建设相对缓慢。大城市开始将客货运分开,设立客运专用车站(线路仍然客货共用)。在造型上注重立面形象设计,大型和特大型铁路客站往往加入民族和古建筑的元素以体现中华人民共和国的新形象,具有深刻的时代烙印。这种客运车站仅作为客运作业的一个场所,候车空间被细分为多个区域分别管理,基本没有导入除客运服务外的其他城市功能(图1-9)。在流线上以解决铁路自身的交通问题为主,通过站前集散广场为旅客提供休息、换乘的场所,流线组织方式相对简单。其代表性客站有北京站、南京站、广州站和长沙站等。其中,北京站作为中华人民共和国成立十周年的献礼工程及首都十大建筑之一,平面规整、布局对称,建筑雄伟壮丽,具有浓郁的民族风格,确立了独立客运车站的形象,被誉为"新中国"铁路客站的开山之作,对我国后来的客站设计影响深远。

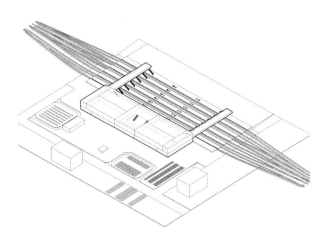 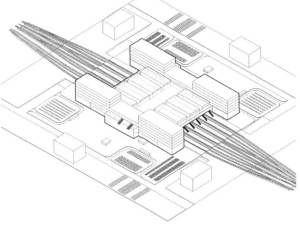

图1-9　中华人民共和国成立初期的铁路客站布局示意图　　**图1-10**　改革开放初期的铁路客站布局示意图

2. 改革开放初期的铁路客站

该时期广泛吸收国外先进设计理念，普遍开始重视建筑造型，并表现出较为明显的地域文化特征。客站平面由线侧式向局部立体化布局发展，上海站是第一个采用高架站房（跨越铁路轨道）分层进出站的铁路客站。同时，参考西方和日本等发达国家商业车站经验，客站功能由单一客运向多元综合方向转变。虽然大面积的候车室仍被保留，但出现了通过式空间的特征。站内增设饭店、宾馆、商业网点和邮政等服务设施，初步形成了市场经济下的商业综合型铁路客站（图1-10）。随着功能向复合化发展，流线组织变得复杂，逐渐形成了"南北开口，高进低出，跨线候车"的组织模式。该时期的代表性客站有上海站、北京西站、郑州站、天津站等。

3. 世纪之交的铁路客站

这一阶段处于中国高铁快速发展和城市化进程加快的时期。铁路客站开始注重引入多种城市功能，形成由铁路交通引导的多元化功能复合的综合客运枢纽。在造型上注重城市文化的表达。高架候车室和商业车站的模式得到广泛应用。在布局上突破平面化，开始向地下和空中三维发展。站房核心功能与站场在空间关系上进行竖向叠合，形成"桥建合一"的客站形式，这种集约化布局方式使得交通功能可以围绕底层换乘大厅或城市通廊布置，加强了线路两侧的联系；为社会车辆、出租车等小汽车设置专用匝道供旅客从高架平台直接进站；将出站口设在地面层，实现进出站完全分流，提高了疏散效率（图1-11）。具有代表性的客站有北京南站、武汉站、广州南

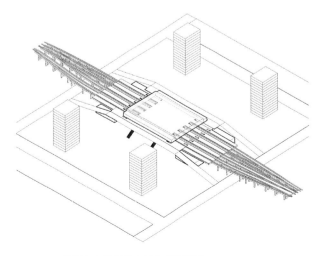

图1-11　世纪之交的铁路客站布局示意图

站、上海虹桥站等。其中，上海虹桥枢纽将高铁站与机场、磁悬浮、地铁、公交巴士、社会车辆场站融为一体，是我国第一个集铁路、城市交通、航空三位一体的世界级综合交通枢纽。

4. 近阶段的铁路客站

近年来，在建的铁路客站开始呈现出站城融合一体化开发的趋势。含有商店、餐饮等辅助配套设施的候车大厅，衔接各种交通方式的换乘中心，沟通城市的步道通廊、绿化景观和公共空间，商业商务

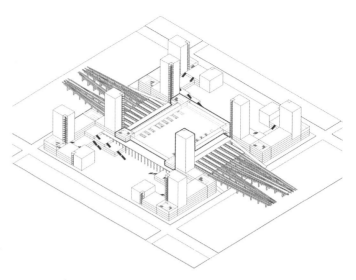

图1-12 近阶段的铁路客站布局示意图

休闲娱乐等开发项目被纳入到站城综合体中。在造型上也日趋多元化，有融入自然环境的，有折射地域文化的，有赋予人文意蕴的，也有展现现代科技的。站城界面在与城市空间融合的过程中逐渐消隐，立面不再是形象塑造的重点，从显性的形态呈现转向抽象的内涵表达。在布局上强调整体最优，立体化和明晰化（图1-12）。交通组织也采用立体分层，多点进出，以实现"零换乘"的设计理念为目标，注重客站与城市内外交通联系的便捷性。实例有已建成的重庆沙坪坝站，在建的杭州西站、广州白云站和北京城市副中心站等。

1.1.4　中国铁路客站建设的现状

中国高铁技术快速发展，高铁客站建设也得到了极大推进。

1. 概念界定

在本文中，铁路客站指办理各类铁路（高速铁路、城际铁路及普速铁路）客运业务，为铁路旅客提供乘降功能的场所。其主体包括站房建筑、站场客运服务设施，广义上也包含城市交通配套设施。

按性质，或者说按所在城市等级，铁路客站可分为省级站、地级站和县级站。

按规模，铁路客站可分为特大型站、大型站、中型站及小型站（表1-1）。其中，特大型站指站房面积大于8万m^2，每小时最高聚集人数超过1万人的客站，如广州南站、郑州东站和北京南站等；大型站指站房面积介于3万到8万m^2之间，每小时最高聚集人数在2000到1万人之间的客站，如厦门北站、黄山站和宁波站等；中型站指站房面积介于1万到3万m^2之间，每小时最高聚集人数在400到2000人之间的客站，如宝鸡南站，建德站和邯郸东站等；小型站则指站房面积小于1万m^2，每小时最高聚集人数在50到400人之间的客站，如塘沽站、华山北站和宜兴站等。

铁路客站按规模的分类 表1-1

类型	最高聚集人数（每小时）	站房面积（万m²）
特大型	$h \geqslant 1万$	> 8
大型	$1万 > h \geqslant 2000$	3~8
中型	$2000 > h \geqslant 400$	1~3
小型	$400 > h \geqslant 50$	< 1

1）铁路客站综合体（楼）

铁路客站综合体指铁路站房与其他功能要素有规律地结合而形成的一体化建筑单体。

2）站城综合体

站城综合体指站房或铁路客站综合体与周边城市空间一体规划建设形成的城市综合体或核心建筑群。在本文中用来表述"站城融合发展"下的铁路客站形式。

3）换乘中心

换乘中心在本文中指铁路客站与多种城市交通方式集中接驳换乘的空间。

2. 现状综述

截至2020年底，全国铁路营业里程14.63万km，其中高速铁路3.79万km。[①]2018年底前，我国已建成高铁客站共1228座。其中，特大型站54座，大型站17座，中型站211座，小型站946座。[②]近年来新建的铁路客站以县级站为主，其次是地级车站。随着高速铁路网络逐渐趋于完善，铁路客站的兴建活动于2014年达到顶峰后趋向平稳增加的态势（图1-13、图1-14）。

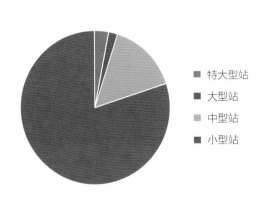

图1-13 现有高铁客站按等级的分类[③]

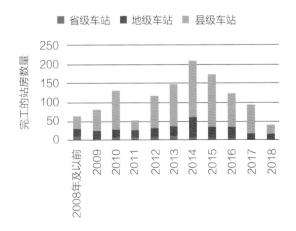

图1-14 各年份新完工站房数量车站规模规划分标准[④]

---

① 资料来源：国家统计局. 中国统计年鉴2021[M/OL]. 北京：中国统计出版社，2021. http://www.stats. gov. cn/tjsj/ndsj/2021/indexch. htm.

②③④ 资料来源：郑健，贾坚，魏崴. 高铁车站[M]. 上海：上海科学技术文献出版社，2019.

在中国城市和经济发展迈入崭新时代的背景下，高铁客站逐渐确立了高品质建设的发展方向和全新的科学价值观，而不是在既有火车站的基础上进行保守的局部改造、维系和修缮。站在国家经济建设的战略高度上，高铁客站建设提出了"适应时代需求，服务交通功能，体现地域文化，构建以铁路为主的绿色综合交通枢纽"的新要求。

近年，我国在铁路客站建设上取得了如下进展。

1）丰富了客站规划设计理论，客站规划与总体布局、功能设置与流线组织、空间形态与文化表现等重要问题都得到了深入讨论，特别是针对特大型客站，形成了包括价值取向、设计理论、专业设计、评价标准等内容的现代化铁路客站设计理论。铁路客站更加注重其作为公共服务设施的复合功能，同时，旅客在客站中停留时的活动也丰富了，对空间的场所营造也提出了更高的要求。

2）组织建立了高铁客站技术创新平台，整合国内科研资源和力量，统筹实施重大科研和技术攻关，取得了超大跨度空间钢结构等多项技术创新成果，实现了"站桥合一"的空间结构形式，使得客站立体化布局和"上进下出"的组织模式得以在特大型、大型站及部分中型站推广，满足了接入多种其他城市交通的客站综合交通枢纽的功能需求。

3）构建了高铁客站工程项目群管理新模式，探索解决高铁客站同期建设导致的规模与资金投入、工期与质量两个难题的途径。日趋成熟的高铁客站建设技术也越来越多地应用于老站的更新和改造工程中。

4）制定了针对不同气候区和规模的绿色客站评价标准。铁路客站作为超大空间公共建筑，其能耗问题逐渐受到重视，并开始在节地、节能、节水、低碳等方面展开讨论。

在站房本体设计的基础上，高铁客站建设还拓展到区域规划中来。客站与城市的关系进入"站城融合"的新阶段。客站综合体日趋成为铁路站房与城市之间的连接和过渡的纽带，其不仅仅是交通枢纽，还是促进城市空间结构调整的触媒，是带动客站及其周边区域土地升值和快速发展的引擎。

近年，我国铁路客站建设向站城融合发展模式靠近的道路上做了如下探索。

1）客站作为城市的重要节点，其定位及其与城市的区位关系已不再拘泥于某种固定模式，开始注意根据周边环境、功能、经济等具体条件和实际需求来配置，铁路客站开始更多地发挥城市公共空间的作用。

2）铁路客站被纳入城市整体网络中，其中包括交通网络和景观网络。营造与城市衔接良好的外部环境已成为各类客站的普遍诉求。

3）铁路用地多与地方用地混合，权属复杂。典型的铁路枢纽包括车站本体、站前广场、交通市政设施等，分属不同权属方、建设方和运营管理方。新建的高铁客站逐渐开始重视地方政府与铁路部门的合作，就责任权属划分、投资比例、相应的收益分配和风险分担进行协议，推动铁路沿线的土地综合利用。

1.2
站城融合发展视角下铁路客站建设的总体趋势与国际经验借鉴

1.2.1 趋势一：站城功能复合

站城融合发展视角下铁路客站功能布局的总体趋势是将功能复合化。这一趋势不仅包括平面方向上对周边地块进行功能分区，也包括在垂直方向将多种功能进行立体复合，从而呈现出一种超出了传统土地规划图表达能力的三维复合状态。铁路客站地段功能的复合是城市多样性要求的基础，不同功能之间能够相互激发、交融，从而产生部分之和大于整体的效应，这种功能复合首先为城市的经济和社会基础增加了多样性，提升房产商业价值，改善公共场所的安全性，并有效利用了片区可达性。同时铁路客站与周边地段之间的功能相互补充，所形成的多样性能够增加片区城市活力，规避单一交通功能造成客站在非运营期间人口密度骤降的缺点，并消解传统客站功能平面单一化设计所造成的城市肌理巨大空白斑块。因此，在站城融合发展视角下铁路客站设计要想丰富使用人群构成，提升空间使用效率，进而发展成为真正意义上的城市中心，必须注重功能复合设计（图1-15）。

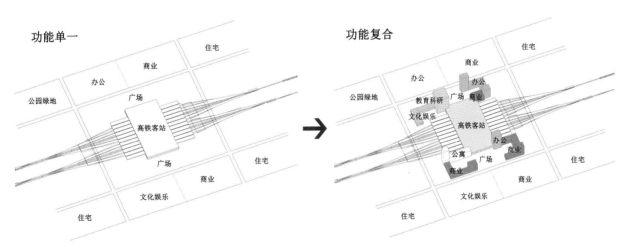

图1-15 功能从单一到复合示意图

站城功能复合设计趋势已有较为丰富的国际经验可供借鉴，典型如日本铁路公司，从私有化运营回报的角度出发发展出了一套成熟的功能复合模式。通过将商业设施、体育设施、游乐设施等直接布置在车站建筑内，充分发挥铁路运输的流量优势，使铁路客站成为沿途社区中心，获得了较好的经济效益和社会效益：日本京都火车站大厦中车站功能只占建筑总面积的5%，其余空间设置了伊势丹百货、购物中心、包含925座大剧场的文化中心、博物馆、大型旅馆和9层大型立体停车库，并以大量的公共活动空间联系不同功能，这样的功能复合模式使京都站跳出了单一的交通枢纽定位，并成为京都市的城市会客厅。荷兰代尔夫特则利用了切割城市的铁路轨道上方空间，设计了一座一体化的火车站和城市市政厅，将整个交通站房体量放置于地下，地面建筑则作为市政厅办公和配套商业，强化了火车站建筑的城市公共性。近年来国内新建的铁路客站也在逐步探索这种三维功能复合模式，刚刚投用的重庆沙坪坝高铁站将高铁、商业、酒店、办公，以及城市核等不同体量的功能进行整合，形成了具有一体感的标志性形象，其中车站主体建筑上部设置的两栋超高层办公塔楼不仅充分利用了上部空间，同时也形成了沙坪坝站主立面壮丽的建筑意向（表1-2）。

站城功能复合典型客站案例   表1-2

车站名称	所属地区	建筑面积	照片图表
京都火车站	日本京都	238 000m²	
代尔夫特站	荷兰代尔夫特	28 320m²	
沙坪坝站	中国重庆	480 000m²	

1.2.2 趋势二：站城交通接合

站城融合发展视角下铁路客站交通设施设计的总体趋势是将各种交通资源深度结合。交通系统是铁路客站设计中最为重要的功能要素，铁路客站往往集中了城市交通中几乎所有的交通方式，其交通设施接合的本质是充分利用城市有限的交通资源和土地资源，对聚集在铁路客站区域内的各种交通方式进行系统的组织和规划，提高各方式自身的运行质量，并在各方式之间实现科学、紧凑、人性化的协作和衔接，使铁路客站枢纽成为城市综合交通的核心，继而支撑站城融合发展的需求。将多层次的公交系统尤其是轨道交通系统引入铁路客站是站城交通接合的重点，传统的二维平面换乘组织方式已经力不从心，现阶段国内外公共交通设计趋势普遍体现为：一是将多种交通方式集中在一个枢纽内部，二是借助立体分层的垂直换乘解决复杂的换乘问题。对步行系统的组织也是站城交通接合的趋势所在，步行系统的接合可以降低市民对私人机动交通的依赖，激发社交机会的产生以保持铁路客站枢纽的活力度，并诱发高质量的商业行为（图1-16）。

站城交通接合设计趋势已有较为丰富的经验。美国旧金山环湾客运中心地上地下共4层，垂直衔接了不同的交通方式：首层为城市公共空间，二层为公交层，地下一层设置中央站厅，地下二层为分别服务于加州火车

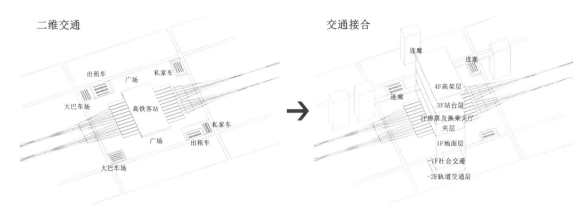

图 1-16　交通从二维到立体接合示意图

系统和加州高铁系统的站台铁轨，使用者平均换乘距离保持在60m之内。德国柏林中央火车站从两条铁路线的角度出发设计，将地面层设置为地面交通，一层和地下一层为售票和换乘大厅，二层和地下二层为两条轨道交通站台，立体换乘布局呈对称状，十分简洁清晰。注重于步行交通接合的铁路客站实例有：荷兰阿纳姆车站的概念方案设计中，建筑师则将人行流线作为设计的出发点生成概念图解，利用计算机互动技术生成了与步行环境融为一体的流线型建筑形态。阿姆斯特丹比尔梅火车站通过抬高轨道层标高将地面空间解放，形成了开敞舒适的步行空间，在其中置入了超市、音乐厅、影院、体育馆等公共活动空间，吸引了大量的步行消费者（表1-3）。

站城交通接合典型客站案例　　　　　　　　　　　　　　　　　　表1-3

车站名称	所属地区	建筑面积	照片图表
中央火车站	德国 柏林	175 000m²	
环湾客运中心	美国 旧金山	14 000m²	
阿纳姆站	荷兰 阿纳姆	21 750m²	

车站名称	所属地区	建筑面积	照片图表
比尔梅火车站	荷兰 阿姆斯特丹	33 000m²	

1.2.3 趋势三：站城空间缝合

站城融合发展视角下铁路客站空间设计的总体趋势是利用客站建筑将被铁路割裂的城市空间缝合。作为物质层面的研究，铁路客站公共空间的主要问题集中在城市空间的缝合、城市与枢纽空间的一体化上；而作为精神层面的研究，铁路客站公共空间的主要问题是如何将城市生活成功地融入公共空间当中。需要强调的是，站城空间缝合并不等同于简单的道路或步行涵洞、天桥连接，二者的缝合必须超越交通层面的联系，具有更加优秀的空间品质和更加多样化的功能附着。站城空间缝合带来的重要结果是枢纽内部空间与城市空间的一体化、同质化，原本发生在枢纽外部的一些城市行为活动逐渐向枢纽内部转移。一个封闭的空间体系显然已经不能满足火车站作为城市空间场所的需要，铁路客站枢纽更多地通过边界的消解和弱化处理，将外部城市空间引入枢纽内部，使得枢纽中的空间替代传统的广场成为城市的"客厅"。站城空间缝合的最终目的是将城市公共空间与铁路客站整合成为一个完整的系统，形成体系。这种体系化具有以下特点：一是连续性，城市公共空间与枢纽空间之间形成自然过渡连接；二是立体性，城市公共空间与枢纽空间之间的体系化是建立在三维空间坐标中的；三是步行方式的点线结合，即作为公共空间节点，重要公共空间之间以步行方式加以连接，形成通过与停留的动静节奏（图1-17）。

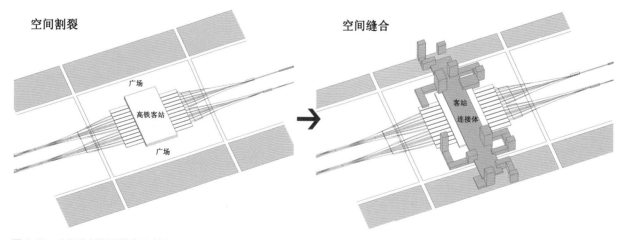

图 1-17 空间从割裂到缝合示意图

站城空间缝合趋势有一定的国际经验可供借鉴。如荷兰乌得勒支中央火车站在车站地区总体规划结构中将站场两侧城市空间通过多种连接体联系，其中火车站主体大厅作为"中央大街"的重要部分联系了两侧城市空间，弥合了该地区与城市间在城市肌理上的明显裂痕。日本的大阪——梅田枢纽作为西日本最大的车站拥有极强的土地开发强度，综合开发时通过多个活动平台广场来组织联系不同的地块，如北向的中庭广场通过步道联结了梅北广场和GFO综合体，时空广场横跨于铁路站台强化了被铁路割裂的车站南北区，分层化的公共空间从三维体量上缝合了各个地块。重庆沙坪坝高铁站设计的出发点之一就是缝合被铁路割裂的南北沙坪坝和小龙坎片区，为了解决这一状况，建筑师以车站为中心在两侧分别设置自由贯穿通道，构建起沟通大片区的步行洄游网络，项目竣工之后这两条贯穿道路也成为基地内人流量最多的场所（表1-4）。

站城空间缝合典型客站案例　　　　　　　　　　　　　　表1-4

车站名称	所属地区	建筑面积	照片图表
乌得勒支站	荷兰 乌得勒支	25 000m²	
梅田站	日本 大阪	210 000m²	
沙坪坝站	中国 重庆	480 000m²	

1.2.4　趋势四：站城景观整合

站城融合发展视角下铁路客站设计的另一总体趋势是对站城景观进行整合。铁路客站作为城市基础设施，往往表现出与周边城市形态所不同的特质，如枢纽的体量尺度与周边地段城市建筑的体量相差悬殊形成肌理断裂，成为城市消极空间存在，让市民感到缺乏生机、索然无味。事实上从发达国家的经验来看，随着信息社会和全球化下人们对交通空间使用频率的增加，铁路客站枢纽完全有可能拥有高品质的外部空间，同时新技术的运用也可以让站城景观起到节能减排、改善环境的生态效益。但站城景观的整合不仅只是客站红线内绿地空间的增加，还包括调整项目的规模尺度、改善与周围环境的关系并吸纳城市外部景观优势的综合设计，生态意识和可持续理念是这一趋势的核心。这一趋势在精神层面上也有利于将城市生活融入铁路客站的公共空间当中，实现对城市自然地形地貌和人工建成区域的适应，形成丰富的城市生活"容器"，激发站城空间的人文和社会价值（图1-18）。

这一设计趋势在一些发达国家和地区已有成功案例可供借鉴。位于旧金山城市中心的环湾客运中心利

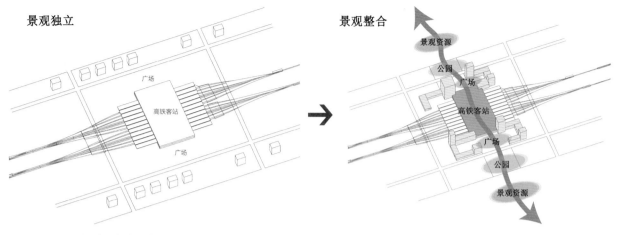

图 1-18　景观从孤立到复合示意图

用顶层屋顶花园打造了一个开放的城市客厅，长达400英尺（约122m）的屋顶花园横跨5个街区，涵盖了从沙丘到湿地到树林的不同景观类型，屋顶公园还与周边建筑廊桥互通置入了圆形露天剧场、咖啡店、游戏场等公共功能，成为周边市民日常休闲的场所。中国香港西九龙站则采用地下设站、地上绿化的空间布局为场地引入超过3hm²的"绿色广场"，形成香港高密度城区难得的开放空间，设计鼓励并引导人们登上车站的屋顶，置身于郁郁葱葱的树木和灌木丛中远眺华美的维多利亚湾景观，如同一座港湾剧院将客站本体与城市景观建立起密切的联系。位于玄武湖畔的新南京站改造工程充分发挥了火车站的景观潜力，通过下穿隧道将过境交通与站区交通剥离，使火车站南广场和落客高架与开阔的玄武湖公园融为一体，将传统铁路客站人气稀少的站前广场转化为风光秀丽、最适合观赏南京城市天际线的城市公共空间（表1-5）。

站城景观整合典型客站案例　　　　　　　　　　　　　　　　　　　　　表1-5

车站名称	所属地区	建筑面积	照片图表
环湾客运中心	美国旧金山	14 000m²	
西九龙站	中国香港	430 000m²	
新南京站	中国南京	88 500m²	

1.2.5　趋势五：站城形态耦合

当代铁路客站在建筑形态设计上的趋势是与周边城市空间形态相耦合，这一物质形态耦合所体现出来的标志性与早期铁路客站建筑所体现出来的标志性具有本质不同：早期铁路客站建筑所体现出来的标志性是建立在单体建筑设计的基础上，重视其造型的视觉美学和独特性，而当今铁路客站物质形态所表达的标志性则建立在更加宽泛、超越单体建筑设计的城市区域形态基础上。从物质形态上说，铁路客站枢纽地段物质形态的标志性首先是一个群体的标志性，是由枢纽和枢纽地段相关建筑共同组合而成的；从城市功能上说，铁路客站枢纽物质形态的标志性应该引导一种新的活力，具有相当的社会影响力，在完善城市功能方面起到核心作用；从人文角度上说，铁路客站枢纽物质形态的标志性应该是一种生活方式，一种新思潮的体验。同时，铁路客站枢纽物质形态的标志性还应具有识别性和引导性功能。作为人员特别密集的门户地区，铁路客站枢纽物质形态应为人们提供城市方位感、方向感，使观察者易于识别（图1-19）。

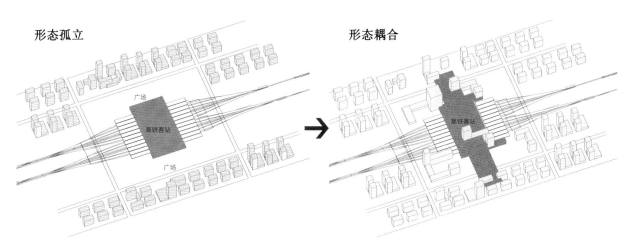

图 1-19　形态从孤立到耦合示意图

站城形态耦合设计趋势在发达地区有一定国际经验可供借鉴。日本新宿站作为世界上最繁忙的火车站，集合了百货、购物中心、写字楼等功能，通过上百个出入口将车站本体和周边的功能业态进行连接，站体本身的形态早已淹没在周围的城市建筑群中，而不以单体建筑的造型凸显在城市中。法国里尔市"欧洲里尔"项目在老火车站与新火车站之间设置了巨大的多层建筑裙房，裙房内设置购物中心和娱乐中心，上部设置酒店、办公、住宅等高层塔楼，其站房本体造型并无出奇之处，而更多是利用枢纽建筑与周边建筑组合，或利用周边的高层塔楼来表达其独特标志性。中国台湾高雄在建的绿色车站则利用庞大的绿色屋顶将铁路轨道隐藏起来，并统筹联系了整个建筑群体，使站房整体形象融于城市空间，客站建筑更像是一个农贸市场或是传统的露天歌剧院，而非传统体量巨大的客站单体，塑造了较好的城市与建筑关系。中国深圳福田高铁站则采用了全地下的设计，在地面上以公园的形态和市民公园绿地相耦合，形成了低调宁静的意向（表1-6）。

站城形态耦合典型客站案例　　　　　　　　　　　　　　　　表1-6

车站名称	所属地区	建筑面积	照片图表
新宿站	日本 新宿	—	
"欧洲里尔" 项目	法国 里尔	—	
高雄站	中国 台湾	182 000m²	
福田站	中国 深圳	153 000m²	

1.3
中国铁路客站升级建设中面临的关键问题与挑战

1.3.1　铁路客站设计中关于站城融合的认知问题

我国对于站城融合的学术研究和建设实践仍处于起步阶段，目前对于站城融合发展的认识还存在一些不全面、不准确的情况，主要表现在以下两个方面。

1.　对站城融合的影响机制尚未理解透彻，对功能和空间形态理解固化

在大量铁路客站相关项目工程设计实践中，经常会碰到必须进行超高层围绕铁路客站、上盖开发、西九龙式消隐设计等形式上的站城融合设计要求。这大多是照搬国内外其他城市的经验，并未深入研究项目的实际情况。这一现象是将特定空间形态认定为站城融合的主要目标，未能真正理解站城融合的内涵，脱离实际的开发还可能造成社会资源的浪费。

铁路客站对城市空间结构、城市功能、城市节点等具有举足轻重的作用。目前的设计方案较为注重形式的表达，并没有深入研究空间形态与城市互融的底层逻辑，对站城融合的机制也并未进行透彻地理解。

2. 认为站城融合模式固定，缺乏因站制宜的考虑

目前，对于站城融合的概念还存在一些片面认知，误认为站城融合开发就是大型线上候车厅结合高强度上盖开发的固定模式，缺乏根据不同车站情况因站制宜进行设计的考虑。站城融合是一种理念，不是某种具体模式；站城融合的功能布局、开发强度因站而异，因城不同——可以是盖上高强度一体化开发，可以是地下站场、站房结合地上公园，亦可以是结合特色站型设置的站房及周边开发。以东京几个重要站点为例，其功能布局各不相同：东京站为新老两个线侧站房，结合周边高强度综合开发；新宿站为线上站房结合盖上步行公园；涩谷站为地下站场、站房结合高强度上盖开发（图1-20～图1-22），不同的站点情况产生不同的布局模式。

图 1-20　东京站

图 1-21　新宿站

图 1-22　涩谷站

1.3.2 铁路客站规模、定位与功能配置的问题

高铁建设为沿线区域和城市的发展带来巨大机遇。高铁带来了大量的人流、物流、资金流和信息流，促进了沿线城市交通配套、服务业的发展和城市的开发建设。但由于缺乏对高铁影响机制的深入认识及对城市发展阶段和现实条件的考虑，产生规模、定位、功能配置等方面的问题。

1. 铁路客站的规模、定位和功能配置存在偏差

地方政府往往把高铁视为城市发展和产业调整的重要机遇，站点地区通常被作为城市功能的增长极，在政府力、市场力和社会力的推动下，突破常规范式，直接定位为产业高端的新城区。客站不仅被赋予催化区域发展的期望，还被寄予了促进城市结构调整的职能，以期形成带动城市发展的"引擎"。

然而，高铁能带来多少发展机遇与城市规模、客流量等实际条件息息相关。对于位于中小城镇的铁路客运站，盲目将城市发展需求设定在远超高铁催化能力之上，将会导致站点地区定位过高、建设规模过大等问题，造成车站与开发区资源浪费，同时也会拉高债务风险。

以京沪线为例，沿线24个站点中有16个规划了大规模的高铁新城或新区，站域空间也进行了大面积的开发建设。枣庄站周边区域规划了大量的商业商务用地，但2011年通车后，站前区域商业配套闲置较多，原规划为商务片区的高铁站北部区域现状仍然是大片空地，目前开发使用率低，没有相应的需求支撑。宿州东站站前也规划了大量商业办公、产业园区等开发项目，但由于站点距离市区远，宿州市人口数量也不足以支撑过高的开发量，因而宿州东站站前区域至今未能形成成熟且具有活力的站前空间（图1-23~图1-25）。

同时，某些铁路客站由于缺乏对客流量的准确预估，建成后的客站规模难以满足实际需求，又不得不进行扩建。这类问题常出现在位置特殊的大型甚至特大型铁路客站中。如重庆北站的前期研究主要基于当时的城市和枢纽现状，随着高速铁路的建设、客站区域的发展，重庆的"客运中心"由菜园坝站向重庆北站转移，其重要性大幅提升。在此背景下，大量客流的引入，导致最初的建设难以满足

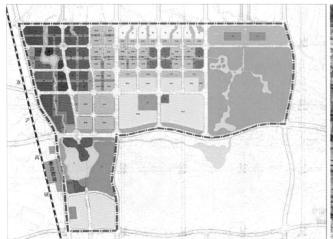

图1-23 枣庄新城商务文体中心城市设计（2010）（左）用地规划图及枣庄高铁站周边区域现状（2020）（右）

图 1-24　枣庄高铁站周边区域现状

其实际需求，于是又经历了多次改扩建，如新建售票大厅、扩建候车厅、增建临时站台、建设南北广场地下通廊等一系列"弥补性工程"（图1-26）。

2.功能定位雷同

　　目前我国站点地区普遍存在功能定位雷同的问题。仍以京沪线为例，沿线24个站点有12个站点地区定位于城市副中心和新城区，占50%。在功能业态上均以交通枢纽、商务办公、商业金融、商贸服

图 1-25　宿州东站站前开发规划

图 1-26　重庆北站

务、总部经济、文化休闲娱乐、旅游集散、居住生活等设施为主，功能重复雷同，这必然带来城市竞争力过剩，后续发展途径狭窄。高铁邻近地区在资源、环境、发展模式等方面有较大的共性，倘若面对相同的机遇而采取相同的定位和雷同的功能，可能会造成资源与人力的过度消耗。

1.3.3 客站与城市的交通衔接的问题

1. 站域与城市组团的对外关联性不强

目前我国很多地区的站城融合发展未能在城市空间结构层面上处理好高铁站周边区域与中心城区及其他组团之间的关系。站域主要关注与中心组团的交通联系，忽视了与其他功能组团之间的交通关联，甚至与其他组团之间的关联仍需借助中心城区进行转换。这种布局既不利于高铁站对全市的交通、功能辐射，使得高铁站域自身的发展受阻；也不利于支撑城市空间结构的发展，

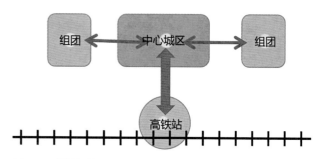

图 1-27 站域与城市对外关联性不强的示意图

统筹城市主城区、新城、组团、新区等功能单元的关系。站域作为独立组团发展，与外界联系不便、呈现边缘化发展的态势（图1-27）。针对站域与城市组团的对外关联性不强的问题，我们应该构建区域多中心交通联系来支撑城市空间结构发展。

2. 站域与城市其他组团之间路网衔接不畅，连接效率较低

站点地区与周边区域之间路网衔接不畅也是制约站城融合发展的重要原因之一。当前国内的主要做法是站点地区与中心城区之间通过一条或几条快速路、主干道相接，忽视了次干道、支路之间的贯通性。位于主城区或主城边缘区的高铁站大多采取小路网的道路结构进行交通组织，此类高铁站与中心城区联系密切，通过主干道衔接城区交通，实现快速交通的分流。地区间的路网"割裂"发展，导致整体道路等级结构失调，路网密度偏低，路网衔接不畅，容易造成区域之间的"蜂腰"及路网错位发展的问题。

路网衔接不畅进一步导致站域与城市连接效率低，站域城市交通和车站交通混杂、流线组织不清导致瓶颈和拥堵等情况。高铁站点地区是节点交通价值与城市功能价值结合的区域，[1]承担着站点交通功能、城市交通功能，以及城市其他功能，吸引了以站点出行为主要目的的交通性人群和以城市其他功能为主要目的非交通性人群。[2]高铁站点地区的交通组织会受到站点自身交通、城市功能与站点周边开发的多重影响，不同的人群在站点空间内交织流动，一旦交通疏导无法满足多元化的交通需求，就会导致片区功能、流线之间的相互干扰，不同目的交通流线混杂下的道路组织不畅，进一步导致高铁站周边区域交通拥堵、交通组织混乱无序等问题（图1-28、图1-29）。

针对站域与其他组团之间路网衔接不畅致使站域交通组织混乱的问题，我们应该从整体层面优化

①② 陈沂. 基于"三圈层"理论的城市高铁枢纽片区功能布局浅析 [J]. 建筑学研究前沿，2018（19）.

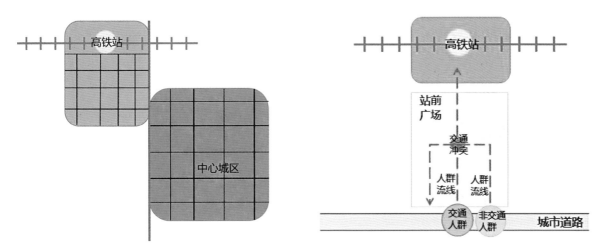

图1-28　站域与城市路网衔接贯通性不足示意图　　图1-29　交通流线干扰示意图

道路系统，加强路网衔接的贯通性；综合考虑不同人群出行交通需求，既要保障高铁站点与城市中心的有机互动，又要避免不同交通流线之间的相互干扰。

3. 交通发展理念占主导，空间割裂化发展忽视了对人的需求考虑

目前，高铁站在交通接驳方面主要考虑的是出租车、网约车、小汽车等机动车的换乘，对公交车、轨道交通等中、大运量公共交通方式的换乘便利性考虑不足。比如，小汽车通过高架层进站，而公交站点、轨道交通站点与高铁站进站口距离较远，增加了乘客换乘的时间、距离成本（图1-30）。

此外，由于目前对站域各种交通方式的整合以及其与铁路的换乘关系较为重视，反而出现了交通设施占据较好的空间位置阻碍了车站与邻近城市功能的衔接，以及交通设施没有充分考虑服务周边城市等问题（图1-31）。

针对以上问题，我们首先应该构建综合交通换乘枢纽，使得不同交通方式之间换乘更加便捷；其次要注意站点与城市在功能、空间上的衔接，树立以人为本、交通为辅的发展理念，保障车站周边作为城市空间的人群活动效率。

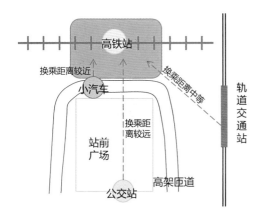

图1-30　站点地区与其他交通方式换乘便利性不足示意图

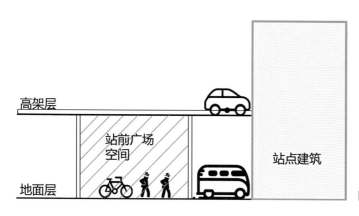

图 1-31 站点地区交通设施阻隔城市空间示意图

1.3.4 城市空间形态的整体性问题

1. 铁路与地方工作界面缺乏融合导致形态割裂的问题

一直以来，铁路交通被视为是城市对外交通的重要组成部分，而与城市内部交通、铁路周边的城市空间发展等少有关联。从铁路规划与设计的角度来说，它较多考虑的是铁路交通网自身的合理布局以及运行安全，而较少考虑城市空间形态的整体性。而地方政府虽然将高铁视为推动城市发展的重要助力，但是在空间规划上却往往缺乏整体衔接。铁路与地方之间工作界面缺乏融合，是造成站城空间形态分离的重要原因之一。

2. 形象优先的观念忽视了站城之间的内在关联

无论何种规模的铁路客站都被视为"城市大门"的观念，在我国铁路客站设计中曾经长期占据主导。也正因为过于强调铁路客站作为"城市大门"的象征性意义，这也导致了在很长时间中，我国铁路客站设计都更为重视站体的独立性存在，而较少地考虑站与城之间彼此互动影响的关系。这样一种车站形象优先的观念，不仅不利于站城融合，而且还会进一步加剧火车站空间的孤岛化。

例如在铁路客站设计盲目追求宏大的视觉形象。巨大尺度的开放空间系统（尤其是站前广场），不能形成站与城之间的有效连接，反而进一步加深了站与城的分离。部分城市与客站之间存在缺少空间连续性的问题，传统的车站站前广场往往受自身交通集散的功能限制及铁路运营的管理限制，并没有充分发挥城市客厅的功能，与城市的互动性也不强。如南京南站北广场，尺度过大且缺乏近人尺度设计，不但空间使用效率低下，而且也进一步造成了车站与城市的割裂。

可以说这样一种形象优先的观念，将铁路客站在某个角度的视觉形象凌驾于车站及其站域空间与周边城市空间在交通、行为、公共空间、景观系统等方面的深层联系之上，是导致城市形态割裂的重要原因（图1-32、图1-33）。

3. 站前广场孤立，缺乏与周边地区公共空间和景观系统的整体考虑

铁路客站作为城市中各种人流、能量、信息交汇的重要节点，周边地区的发展与铁路客站本身具有高度的关联性。其中站前广场等公共空间与景观系统作为连接城市与车站空间的系统性要素，对于实现站与城之间的融合具有重要意义。

图 1-32　大型站前广场案例（一）

图 1-33　大型站前广场案例（二）

而现有的高铁站前广场往往比较孤立且缺乏弹性，日常使用率低，对于与人的体验密切相关的公共空间与景观系统的设计缺乏整体性考虑，没有融入城市空间中，造成城市形态的断裂。这一方面固然是与设计层面缺乏精细化的考虑有关；但另一方面，土地管理权属方面的壁垒也是其中重要的原因。长期以来我国由于政策和管理体制的原因，铁路站房用地属于铁路系统内部用地范围，而周边土地则属于城市。这种土地权属与开发主体的分离，也在一定程度上导致两者之间协调困难。

1.3.5　铁路客站设计中空间设计的问题

1. 对站城融合趋势下产生的新空间场所设计重视不足

站城融合促生了新的空间形态需求，由于在我国尚未发展成熟，缺乏相关设计建造经验以及使用者的反馈，对新需求的认知尚存在不足。站城融合促进了旅客与市民对铁路客站的共同使用，激发了城市客厅、综合换乘中心等新的融合空间的产生，这些空间的重要性有可能在功能和精神两个维度上超越传统客站广场与客站主立面所构成的场所。新的空间该如何设计？有哪些可能性？这些问题仍需探索。

2. 铁路客站设计中空间体验与文化表达问题

铁路客站是城市的重要的公共空间，在站城融合发展的背景下，需要承担更多的公共活动。有活动的地方，就不得不关注人的空间体验。这涉及空间尺度推敲、结构选型、材料选择、功能配置甚至家具选择等一系列设计问题。目前中国高铁站设计往往只重视交通需求，忽视了其作为公共空间的场所营造。站内空间较少以人为本地思考具体的空间感受，也缺乏对文化表达的深入思考，导致存在空间体验不佳的情况。

例如，在提升换乘场所空间品质方面，丰富有趣、高品质的场所空间会"缩短"行进路程在心理感受上的距离，在改善换乘体验的同时，还能延长乘客在站内的逗留时间，增强其与场所空间的互动性。以杭州东站和日本大阪站的换乘路径为例，同样的步行换乘距离，大阪站在换乘路线上考虑了良好的公共空间氛围，换乘体验较佳；杭州东站换乘路线中对尺度宜人且丰富多元的空间设计考虑较少，换乘体验较为单一，难以吸引乘客进行活动或停留（图1-34、图1-35）。

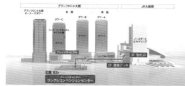

图 1-34　日本大阪站换乘路径

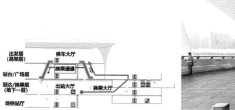

图 1-35　杭州东站换乘路径

3. 候车厅尺度的讨论未能充分考虑我国旅客出行特点

随着对高铁客站流线便捷和空间节能的重视，候车厅的尺度问题引起大家的反思和讨论，认为我国目前的候车厅可能存在空间尺度过大的问题。但是，我国的铁路旅客具有人员数量多，候车时间长，旅行经验少，客流波动大的特点，春运、节假日高峰期等乘客量骤增的基本特征。同时，最高聚集人数的预测模型难以做到准确。当出现预测之外的客流高峰时，易发生安全事故。所以在现阶段，国内客站设计不应轻视候车厅承载候车旅客的基本功能，在目前的国情条件下，依然有建设大体量候车厅的需要。

1.3.6　站城配合脱节带来的技术衔接问题

在站城配合的过程中，技术细节与客站设计衔接脱节。主要表现如下。

1. 轨道标高等技术设计未能考虑城市空间需求

高铁线路标高等技术设计需要铁路方和城市方达成一致，根据不同城市级别和客站类型，确定对高铁建设与城市发展均有利的线路标高。然而，在实践中两方需求较难平衡，这也影响了城市空间的整体效果。以轨道标高的设定为例，位于城市中心区的站点轨道若设置在地面标高处，则可能会割裂城市空间,影响城市的联系和发展。以北京南站为例,周边为建成居住片区,地面高铁线路的建设造成两侧城市区域联系不畅,影响了区域的整体性(图1-36)。另外,若高架高铁线路轨道标高设计过高,且高架下空间未得到很好地利用,则可能造成空间浪费,还成为城市的消极空间,难以实现站点与城市的紧密联系与融合。如海口长流站,高架线路标高很高且高架下空间难以利用,也不利于车站与城市的融合发展(图1-37)。

2. 站场站房立体化设计不足

部分车场与高铁站房缺少立体化设计,不利于土地资源和空间的有效利用,也不利于站城融合发展。以杭州东站与丰台站为例,两站均为特等站,采用双层车场17台32线的丰台站比采用普通平面站场13台24线的杭州东站的占地面积还小。铁路站场立体化对节约城市土地资源效果明显(图1-38)。

3. 在建设过程中各方施工进度不一致

在建设过程中,铁路方主要负责线路及必要的站房建设;城市方则主要负责城市相关的配套设施建设。建设目标不同,这导致实际工程中施工进度难以保持一致。如在红岛站的建设过程中,中国国家铁路集团有限公司出资建设的部分与地方政府投资建设的部分施工进度不一致,有的建筑部分外墙已经施工完毕,而有的建筑部分工期进度则严重滞后(图1-39)。

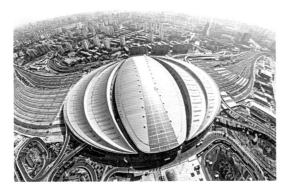

图 1-36　北京南站

图 1-37　海口长流站

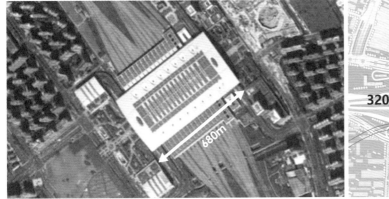

图 1-38　杭州东站——未采用立体化设计(左);丰台站——立体化设计(右)

图 1-39　红岛站施工现场图

1.3.7　流线设计的问题

1. 流线交叉，缺乏空间可识别性和引导性

车站是一个多种流线交汇的场所。如果不能在规划设计时综合考虑站内流线、城市交通以及联系问题，则易出现流线交叉、人流过于集中的问题。同时，空间可识别性与引导性也是一类急需考虑的重要问题，对此目前还未引起足够的重视。其原因一方面在于建筑师在设计中没有通过建筑、室内设计的手段来增加换乘空间的可识别性和引导性；另一方面，客站的标识系统设置不够合理，导致迷路现象频发的同时还易造成混乱和拥堵。

例如，在武昌站主广场地下换乘空间中，乘坐公交车、长途客运车、地铁到站的旅客，与在次广场通过通道步行至主广场地下层的旅客，都需要通过出站厅旁的垂直交通上到地面层广场。由于联系地面广场的垂直交通设置不合理，使得进站旅客和出站旅客在广场地下换乘空间的垂直交通处产生的流线交叉干扰（图1-40）。

2. 重复安检，进站广厅没有足够的安检缓冲区域，导致进出站口拥堵

我国铁路客运站旅客运送量较大、安检要求高。即使乘坐轨道交通前来的旅客已进行过安检，进站时

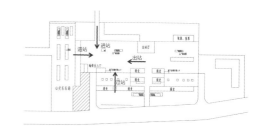

图 1-40　垂直交通布置不合理，造成流线交叉干扰，换乘时间增加

仍需进行二次安检。从高铁站出站进地铁站同理，安检重复。若作为必要的安检缓冲区域的空间设置不足，将导致进出站口旅客拥堵。以南京南站为例，进站广厅处狭长的安检缓冲区域难以满足使用需求，进站空间拥挤。

3．公交与小汽车出行的均衡性考虑不足

我国铁路客站与城市交通换乘接驳中，小汽车所占比例很高，这是中国目前的特殊国情，需要与公共交通兼顾。某些建筑设计方案盲目模仿国外模式，在整个城市并不具备配套条件（即地铁覆盖率高，没有"最后一公里"的接驳问题，每个地铁站都配有直梯或上下行扶梯等）的情况下，过分倚重地铁等公共交通方式，不设或少设供小汽车落客的匝道，导致进站区域拥堵，这也脱离了当前阶段的国情需求。

4．网约车流线、物流考虑不足

近年来，对网约车的需求日益增强，目前网约车送站较为方便，接站却往往出现困难。其原因在于客站在规划之初并未给网约车设置像出租车一样的排队接客站台，网约车普遍缺乏固定的接站地点，旅客寻找不便，同时，长时间停靠等客的网约车也会加剧道路的拥堵。物流也存在建设之初考虑不足的类似情况。

1.4
应对站城融合发展需求的铁路客站综合体的功能与作用

1.4.1　铁路客运功能

站房核心功能是铁路客站中最为重要的部分，虽然随着铁路客站的发展，站房面积占总建筑面积的比例越来越小，但是乘坐铁路交通始终是旅客最主要的功能需求。虽然我国铁路客站的规模和功能已经发生较大改变，但由于铁路交通的乘车机制变化不大，大部分旅客依然需要在站房内完成"进站—候车—检票—乘车"的流程。因此，站房主体功能的类别也大体不变。另外，随着旅客消费水平的日益提高，站房内的餐饮、零售等商业辅助配套功能所占面积也相应增加。

以站内大部分旅客是否必须穿过作为划分依据，可以将站房功能分为主体功能和辅助功能。主体功能有进站广厅、进出站口、售取票厅、候车大厅、高架连廊、站台、换乘大厅等；辅助功能有零售和餐饮等（图1-41）。

1.4.2　交通衔接功能

铁路客站作为城市的重要交通节点，各类交通换乘功能聚集于此。目前，我国铁路客站的旅客换乘需求以城市轨道交通、公交车、出租车、社会车辆及长途汽车等为主。少数铁路客站与飞机、城际铁路等其他交通功能结合设置，满足旅客不同的换乘需求。随着共享汽车的发展，部分旅客也会选择这种交通方式与铁路交通接驳。另外，传统的非机动车和新兴的共享单车也是旅客的选择之一。

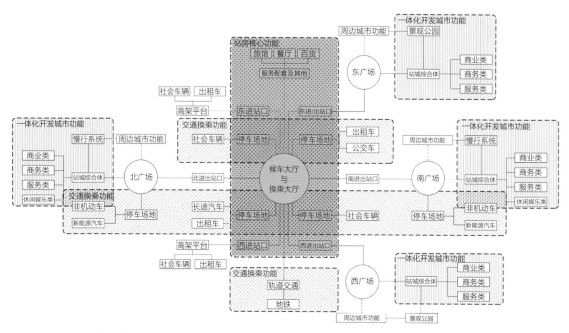

图 1-41 铁路客运功能示意图

以换乘客流量大小作为划分依据，可以将交通衔接为主流换乘方式和非主流换乘方式。其中，主流换乘方式有公交车、社会车辆、出租车、长途汽车和地铁等，非主流换乘方式有城际铁路、飞机、电动车、自行车、共享单车和共享汽车等（图1-42）。

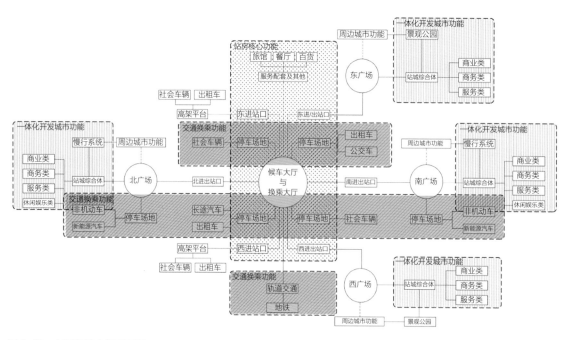

图 1-42 交通衔接功能示意图

1.4.3　城市沟通功能

城市建成区往往存在地面机动车交通与步行交通的冲突。步行困难的区域城市活力也会相应减弱。在站城融合发展的契机下，重新梳理周边城市区域的慢行系统，连接路线两侧的城市空间，通过城市通廊、景观绿化、公共空间等建立完善的步行体系。这不仅能够有效缓解高密度城市的交通压力、提高土地使用效率和商业效益，还能够提供多样化的公共空间，激发铁路枢纽地区的城市活力（图1-43）。

铁路客站设计中可用来沟通城市的功能主要有城市通廊（包括地下城市步道、空中城市步道、地面城市步道等），绿化景观（包括高线公园、休闲绿地等）和公共空间（包括城市广场、商业中庭、共享平台等）。

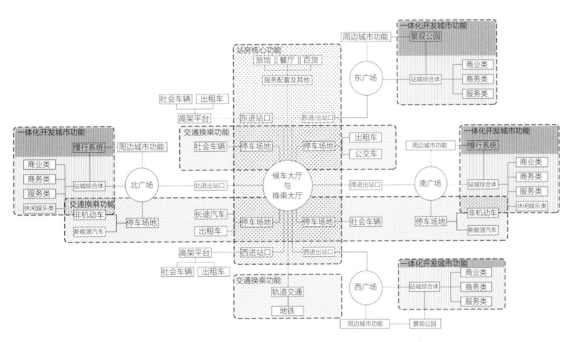

图1-43　城市沟通功能示意图

1.4.4　城市开发功能

随着铁路客站的发展，站城融合开发逐渐成为我国铁路客站建设的关注焦点。旅客对站房综合体功能复合的需求也日益强烈。在客站这个触媒的引导下，各类城市功能被纳入进来。主要有商业类，包括零售、餐饮、百货等；休闲娱乐类，包括美术馆、博物馆与公共绿地等；服务类，包括银行、咨询等；商务类，办公、会展等；居住类，包括酒店、公寓等。这些功能同时也成为支持站域可持续发展的重要保障（图1-44）。

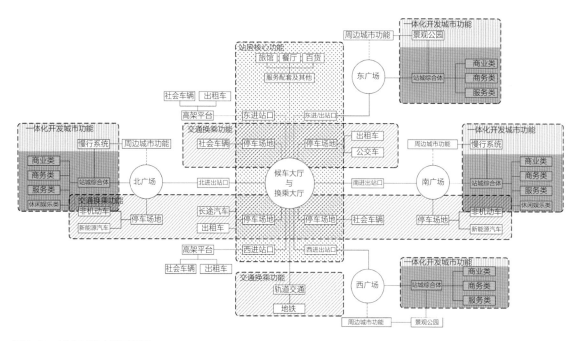

图 1-44 城市开发功能示意图

第 2 章
铁路客站与城市的
关系与衔接

2.1　铁路客站在城市中的功能定位

2.2　站城融合的区域交通组织理念

2.3　铁路客站与城市空间形态的整合

　　铁路客站从产生起就与城市紧密关联、密不可分。它不仅是传统观念中的城市大门，更是城市的重要组成部分，是城市中最具活力的场所。铁路客站作为城市综合运输网络中的重要节点，其合理布设、合理设计对未来城市建设的格局、城市其他交通工具的干线的设置，以及站址周边的经济、政治、文化和生活将产生重要影响，对改善整个交通系统功能、提高运营效率和解决出行换乘问题都具有极其重要的意义。因此，在客站设计中，要系统研究客站与城市的关系，使铁路客站建设与城市的快速发展相契合，这是未来铁路客站建设的一个非常重要的课题。

2.1 铁路客站在城市中的功能定位

2.1.1 影响铁路客站功能定位的因素

1. 客站与城市的区位关系

　　高铁车站的区位是指站点与城市建成区之间的关系，包括站点距市中心的距离。综合国内外现有的研究，根据其与城市建成区的相对位置关系，可将高铁站分为中心式、边缘式以及郊区式，不同区位的车站对适应于不同类型的城市发展，对城市空间形态的影响也具有一定的差异。

　　高铁与城市平面形态布局关系主要是线路与城市关系、站点区位选址两方面的内容，直接关系到城市新的功能区的形成以及城市发展方向。观察分析高速铁路选线布局情况，可将其与城市建成区的关系归纳为以下3种类型（图2-1）。

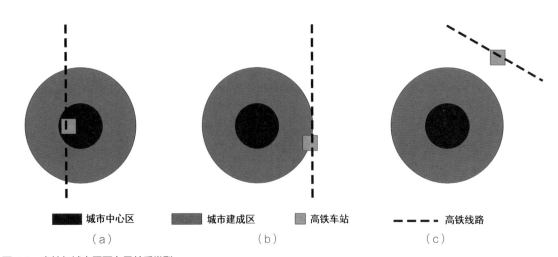

■ 城市中心区	■ 城市建成区	■ 高铁车站	- - - 高铁线路
（a）	（b）		（c）

图2-1　客站与城市平面布局关系类型
（a）中心贯通型；（b）边缘相切型；（c）外围通过型

1）中心贯通型

这种类型指高速铁路在城市中心区内或贴近城市中心区的边缘穿过，城市建成区跨越高铁线路两侧分布。高铁车站位于城市中心区，通常在原有车站的基础上改建或扩建而成。城市规模并无限制，既包括大城市也有中小型城市，如巴黎（北站）、柏林（中央火车站）、北京（南站）、挂川（站）、台湾乌日乡（站）、廊坊（站）等。

中心式的高铁车站一般是由城市既有车站改建，设施较为完善，随着城市规模的增加，高铁站点地区成为聚集功能强大的城市核心区，车站建设和周边地区的重新开发，改善了中心区的基础设施，优化产业结构。在欧洲和日本，较多城市都抓住了高铁车站改建使得旧城中心地区得到更新，如日本东海道新干线，沿线17站点中有12个利用原有车站改扩建完成，仅5个选择新建。这主要出于三方面的原因：在交通方面，与其他车站的联合建设可以快捷有效地换乘，方便乘客出行；在提升竞争力方面，中心的区位优势可以提升乘客对高铁的选择；在土地利用方面，由于中心区土地资源稀缺，激发有限用地的最大潜力价值符合城市发展要求。

中心式的高铁车站腹地小，周边已有的大规模建筑和城市路网限制了用地扩展，面对客站规模扩大和城市交通容量的增加难以满足新要求。例如上海站，铁路客站1987年建成后，以其为中心向周边发展，形成了城市的商业中心，客站周边被大量的旅馆、商场、餐饮等服务建筑环绕，且多为高层和大体量建筑，严重限制了用地扩展，新机遇带来新契机，无法在土地利用上得到体现，利用效率低下。作为城市区域门户，站域整体环境不相匹配。另外，中心区在长期的发展过程中，由于土地权属不同和各自为政，站域开发始终缺乏统一的整合，而呈现出碎片化特征。再者，传统铁路客站多采用平面式布局，铁路客站的建设和铁路线路在城市穿越，致使城市空间被割裂成两个区域，甚至多个区域，而各区域之间无论是空间还是交通联系都极不方便，严重地阻碍了城市系统的整体发展。而且，传统客站地区以平面流线和交通方式为主，人车混行，往往导致站前区域混乱。我国现今的城市中心区本身就交通负担极大，加上客站人流和交通流的叠加，给城市带来极重的负担。

2）边缘相切型

这种类型指高速铁路从城市建成区边缘通过，城市建成区分布在高铁线路一侧。此种类型的高铁车站多为在城市边缘用地较为宽裕地区的重新建设，站址距离市中心较远。呈现这种类型的包括大中小等多种规模城市，如上海（虹桥站）、南京（南站）、济南（西站）等。

边缘式的车站地区的建设和发展有利于城市边缘区土地的开发和增值，缓解原有城市中心区的压力。其与既有城市中心的交通条件较为便利，具有一定的集聚能力，高铁的建设降低了城市中心区的发展速度，增加了站区所在的新城的吸引力，为新城的建设带来正面效应。在快速城镇化和高铁快速建设这一大背景下，城市扩张的诉求明显，高铁的到来，给城市带来了新契机，有利于实现城市空间结构从"单中心"向"多中心"的演变，而郊区由于土地成本低，可拓展空间大，土地升值潜力大，有利于高铁、客站，以及各项公共配套设施建设，成为我国客站选址的首选之地。而且各级政府都将高铁作为城市发展和产业调整的重要机遇，倾尽全力打造。以京沪线济南西部新城为例，其规划面积55km^2，达到了主城区的三之一以上的规划面积。另外，边缘式的车站地区产业基础薄弱，可持续发展动力不足。站域空间产业的形成需要通过各种途径吸引更大区域范围内的产业，形成内在发展动力。而城市边缘区域的产业发展需要较长时间的培育，要考虑城市自身的发展条件，通过对我国高铁站区的抽样调查发现，市场、酒店、办公和居住四种功能业态成为主要类型，所占比例平均值分别为7.71%、6.95%、25.27%和56.17%，是典型以房地产开发为主的站区发展模式，有城无产，致使站域可持续发展能力差。

3）外围通过型

这种类型指高速铁路从城市建成区外围通过，高铁车站新建于城市的近郊或远郊。此类型的城市多为一般性地方节点，城市规模较小，如日本岐阜（站）、丹阳（北站）、宿州（东站）、德州（东站）等。

郊区式的车站包括两类，一类是位于城市郊区，周边设施较差，站区功能单一，难以利用城市建成区的资源，客流量较少，站区集聚能力较差，难以发展，使车站陷入孤立的局面，或被撤销。例如日本岐阜市新站选址距离市中心较远，并与市中心缺乏有效的交通联系，导致客流量急剧下降，大量乘客更愿意选择换乘方便的名古屋站。另一类是与机场站或者海港站合建，以交通职能为主，是城市交通入口或区域交通枢纽。周边用地功能单一，国内目前这种形式的高铁站较少，荷兰阿姆斯特丹的史基浦（Schiphol）高速铁路客运站较为典型：集中了航空运输、高速列车和内城火车之间换乘功能。由于没有市区交通系统的衔接，在史基浦（Schiphol）广场及史基浦（Schiphol）飞机城仅建设了一些商业、娱乐设施和少量的办公空间服务于乘客。

过远的区位导致日后乘客上下车和换乘困难，在城市内部前往高铁站点的时间甚至超过了高铁出行所缩短的时间，增加了旅客出行成本，降低了铁路的竞争力。另外，由于客站脱离了与主城区的联系，站域空间的发展也更为孤立，受损的不仅是乘客，还有铁路和城市的长远利益，对站域发展形成了阻碍。再者，由于距离中心城区较远，站点地区的发展几乎兴建于荒地，基础设施严重缺乏，限制了站点地区的快速发展，而人口集聚、产业培育、城市功能形成需要较长培育时间，因此其发展需要较大的财力、物力，以及保障政策来推进。

也有一些大城市或特大城市同时出现两种或多种形式的车站，但是即使是同一城市，不同区位的车站地区的发展程度也参差不齐。以法国里昂贝拉舒（Perrache）站、拉帕迪（LaPart Dieu）站、萨托拉斯（Satolas）站的建设和发展很好地阐释了这一问题。

由此可见，高铁站点区位选择对于城市空间的影响很大，是否能对城市空间结构产生正面的影响，还需要政策、资金、交通等多方面因素的配合。

2. 铁路客站与城市的规模关系

高铁与城市的相互作用受高铁站点规模与城市规模的影响，亦可称其为高铁与城市的规模关系，具体影响因素包括：高铁站点等级、停靠频率、城市人口规模、经济规模等。

首先，沿线城市的规模大小直接决定其是否能够设站。其次，对于设站的城市而言，城市规模大小决定了高铁客运站的规模等级、停靠频率，以及站点地区的建设范围。一般而言，城市规模较小的城市，经济发展水平较低，形态较为集中，其客运站的建设规模也较小，布局简单，相应客运站的等级也较低，停靠频率较低，如定远、宿州、枣庄等城市；而城市规模越大，形态越分散的城市，客运站数量较多，如天津、上海等城市，其站点布局也较复杂，规模和等级较高，车辆停靠的频率也较多。

再者，城市规模越大，人口越多，其产生的客流需求也就越大，而客流量的大小正是客运站规模和等级的规划依据之一。2004年制定的《中长期铁路网规划研究》根据高铁站的客运量、停靠频率及站区配套设施的规模，从铁路系统内部将全国高铁站分为四级。

最后，城市的规模不同，其高铁车站的选址也不同。一般来讲，对于规模较小的城市，其站点的设置往往以保证列车运营速度为前提，车站一般位于城区边缘或建成区以外，距市中心较远。如京沪高铁泰安站（原泰山西站）和镇江南站（原镇江西站）都位于城市建成区边缘，距离市中心6km左右，而宿州东站远离建成区，与市中心距离约24km；对于城市规模较大的城市，根据城市的需求高铁车站可建于市中心或城区边缘。如北京南站、南京南站、上海虹桥站都接近城市中心区，而天津西站、济南西站则靠近建成区边缘。

3. 铁路客站与城市的功能关系

高铁与城市的相互作用受城市功能定位与高铁站区功能定位的影响，本文称之为高铁与城市的功能关系。具体影响因素有城市产业结构、城市规模、城市化水平、客运量、城市交通网络、站点区位等。

城市功能是城市存在的本质特征，是城市发展的动力源。城市主要功能有生产、服务、居住、商贸、政治、文化、集散等。当然，城市的功能不是单一的，城市功能定位与城市的主导产业密切相关。例如，有些城市依靠农业发展，其功能以农业生产为主，我们称之为农业型城市；有些城市矿产等资源较丰富，其功能则以矿产开发、工业生产、交通运输为主，称之为工业型城市；有些城市自然风景资源或历史人文资源较丰厚，功能以旅游、商贸，可称为旅游型城市；还有些城市是国家的政治中心，其功能则以政治、文化为主，我们称之为政治型城市。然而，城市的功能也不是一成不变的，随着城市的发展、城市化水平的不断提高，城市功能定位也随着城市产业结构的变化而改变。

城市功能对于高铁客运站的影响主要通过客运量的变化来表现。从阿姆斯特丹和鹿特丹两个高铁站区的研究可以看出，发展城市的旅游业，尤其是能够吸引大量世界各地的游客，激发站点地区的活力，使得车站能够融入城市和公共空间的创造。这类城市一般多为功能较为综合的特大城市，如北京、上海等；或者著名的风景旅游城市，如杭州、苏州等。而一般的工业城市和农业城市侧重于原材料、工业产品或农产品的运输集散，相应的客运量较少，进而影响站区的规模和空间发展。这类城市的城市化水平相对较低，城市发展面临着产业转型和空间重构。

高铁站的功能和定位与高铁客运枢纽的基本功能密切相关，受城市交通网络和站点区位影响。根据贝尔托里尼"节点—场所"理论，高速铁路客运站拥有交通节点价值和场所价值。从土地使用而言，交通节点价值表现为售票、候车、站台、集散大厅等交通枢纽功能和站前集散广场等交通配套功能用地；场所价值表现为商业、居住、办公、公共服务等城市功能用地。在当今世界的全球化进程中，随着科学技术的创新、信息与服务经济的发展，高速铁路站点成为连接城市场所功能和时空收缩节点功能的纽带，开启了"第二个铁路时代"。一般而言，高速铁路客运枢纽地区会同时具备以上多种基本功能，但根据其在城市或区域交通网络中的地位、所在城市的规模，以及城市中所处区位不同，其功能定位有所侧重，可以根据高铁站客运站的主要功能，将车站定位为交通枢纽型和城市节点型两类。

1）交通枢纽型高铁客运站的功能以交通运输、集散为主，此类车站所在城市多为中小型城市，车站以满足城市居民交通出行或区域交通网络畅通为目的，车站地区服务设施较为缺乏，不具备吸引大量游客在此停留的条件，难以成为支撑城市空间发展的功能区。

2）城市节点型高速铁路客运枢纽兼有交通枢纽型车站的功能，更偏重场所功能。这类车站往往位于特大城市或大城市，是区域重要的交通节点，能够吸引大量客流，吸引开发商围绕车站和站前广场进行商业和居住开发，形成具有城市中心性质的高铁功能区或高铁新城，能够发展成为新的城市中心，从而改变城市的空间结构。目前，我国高速铁路车站多向交通枢纽型发展，例如上海虹桥综合交通枢纽，既是长三角交通网络中的重要节点，又是面向长三角的商业中心，集商业、会展、信息技术交流等现代服务业为一体的上海重要中心区之一。

此外，影响城市空间形态的因素还包括城市的自然环境与人文环境、高铁技术，以及国家的政策法规等。首先，鉴于工程技术难度以及建设资金的节约，山川河流、地形地质等自然条件影响高铁站区的区位选择，以及线路的选线和走向。另外，站点周边的自然环境影响站区的发展的空间规模及特色塑造。首先，现状若有河流、山体等自然因素可以结合利用，则能够形成具有生态特色的高铁站区空间；其次，每个城市都有各自的历史文脉、社会生活习俗等历史发展积淀，使得城市形成一定的街道尺度和建筑风格。而高铁的建设应当以保护城市的历史文脉为前提，高铁站区的规划设计应结合城市现有的结构形态进行规划和建设；再次，高铁的技术水平直接影响其运输速度以及可达性。国家或地方有关高速铁路的政策、法规和规划对于高铁站区的建设和发展具有指导性的作用。

2.1.2 铁路客站的城市职能

铁路客站是城市铁路运输和城市空间网络的复合重心。一方面，作为城市公共交通枢纽，具备快速换乘、停车、旅客集散等交通中转功能与服务设施的属性；另一方面，作为城市空间场所，其还是刺激和催化一座城市快速发展的引擎，承担着地区文化表达、商业服务、联动土地开发的功能。因此，铁路客运枢纽地区普遍具有双重价值，一是交通节点价值（Transport Value），二是城市功能价值（Functional Value）（图2-2）。

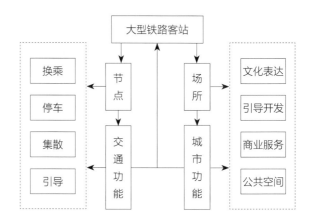

图 2-2 大型铁路客站的功能组成

1. 交通节点功能

客站的到发客流，按照不同的目的和方向实现"换乘、停车、集散、引导"是客站的四个基本功能。通过四个基本功能改善公共交通服务水平和优化城市交通结构。程泰宁院士认为："铁路旅客站不仅仅是美学意义上的'城市大门'，由于现代化交通的发展，铁路旅客站实际上已成为各类交通工具：铁路（包括高速铁路）、地铁、轻轨、公交、长途汽车客运、专用以及出租车辆的换乘中心，是担负城市内外联系最重要的交通枢纽。安全、快速、方便地组织旅客换乘，成为铁路旅客站设计中最基本的问题。"[①]满足日益增长的城市流动性需求，高密度、大流量、高流动性的客运服务，始终是铁路客站的核心功能和本体

---

① 程泰宁. 重要的是观念 [J]. 建筑学报，2002（6）：10-14.

功能。另外，铁路客站由于在城市中的影响力和特殊地位，不断地吸引各种交通工具的汇聚，加之客站自身交通流量的不断增加和规模的扩大，逐渐形成了铁路交通网络和城市交通系统的节点，成为内部交通体系和外部交通体系的纽带和衔接点。对外起到城市间的联系功能，其主要体现在快速、大容量的城市间客运出行组织，加强了城市群内部各城市间的社会经济联系。对内则承担多种交通方式、各种流线交汇和再组织的职能。这要求铁路客站能快速联系从中长城际铁路交通到市内轨道交通、快速公交，以及汽车、自行车等各种交通方式，并创造便捷舒适的换乘体系，以满足换乘的高效性和出行方式的多样性。

2. 城市场所功能

1）文化表达功能

客站作为城市出入和内外交往的载体，起着"大门"和"名片"的功能。它不仅是城市功能构成与空间结构中的核心要素，还是城市重要景观资源的富集区，集中彰显着一座城市的文化意象。站区域作为旅客进出城市的起终点，大量的人流集散地区，是休闲购物、商务办公、旅游服务的最佳承载地，并逐渐成为现代大都市中富有吸引力的标志性公共空间。其良好的城市门户形象会产生巨大的"磁场"作用，推动城市功能升级与文化活力建构。

2）引导开发功能

站域一般具有较高的可达性，集散客流量大，人流密集吸引着其他城市功能集聚，这将促进土地价值的提高，并吸引商业、住宅和其他设施的集聚，促进客站片区的更新和再开发，对提升地区的开发强度和引导地区发展有着积极的作用。如今客站与城市其他地区综合考虑、统筹规划、联合开发成为可能，众多城市以此为契机，作为城市发展新动力，引导城市再发展。其主要表现为：①新客站的建设打破既有元素的稳定，促进客站周边地区的发展；②客站作为区域发展的触媒，通过交通流线、功能组合、建筑形式引发城市政治、经济和文化等多方面反应，将城市和客站系统进行综合考虑，以促进城市的发展；③客站自身承担更多的城市功能，促进城市发展。

3）商业服务功能

大型铁路客站不应该只是一个单纯的交通枢纽，而是越来越集商业、办公、居住、娱乐等为一体的区域地区中心。[①]商业活动的特点决定了商业需要大量的消费人群，铁路客站大量人流集散创造了巨大的商业需求，便捷的交通可达性加强了空间凝聚力。客站的商业空间逐渐从之前客站运营的补充地位，转向具有规模的、集中的空间形态，它集合了购物、金融、餐饮、酒店、娱乐等于一体，形成富有经济活力的城市中心。而且，除了客站建筑外部的商业建筑外，客站内部商业空间比例也在逐渐增加。在满足客站交通功能的基础上，增加了商业服务性复合空间，既符合现代旅客的交通需求，又可以依靠商业取得丰厚的利润反哺车站。日本铁路公司2003年的企业决算表明，虽然公司的主营业务交通客运的收入下降，但随着商业的繁荣、商品销售额的增加，其总体营业收入却是有所提升的。[②]关于商业服务功能，虹桥高铁枢纽在规划初期，围绕着是否应建设商业功能而争论不休。规划部门曾提出旅客出行区对交通增加了压力，如果再把商业设施放在里面，交通将不堪重负。而今天看来，其商业还有很大的开发空间。

① 陆锡明. 大都市一体化交通 [M]. 上海：上海科技大学出版社，2003.
② 张钒. 我国铁路客站商业空间设计研究 [D]. 天津：天津大学，2008.

4）公共空间功能

客站作为城市区域的关键节点，不仅是一个客运交通换乘中心，也是重要的城市节点和公共生活中心，担负着展现城市形象和促进城市发展的职责，自然应该与城市整体空间综合考虑，形成交互融合，达到城市空间形态的系统完善。而且，客站高质量的公共空间往往能成为城市的标志，实现铁路部门和城市的双赢。如日本京都站的设计目标便为营造全新的"城市生活中心"。设计师原广司道："我想建一个这样的公共广场，人们可以从这里到各种各样的场所去，而且还可以到达不同高度的场所中。这里虽然是车站，但也是城市的一部分，是一个能让人体验空中城市的地方。"[①]

2.1.3 铁路客站在城市中的作用

我国城市空间布局的形态以集中型的单中心发展为主。但随着城市化进程加快，人口密度过高，集中型城市发展出现许多弊端，如中心区交通拥挤、环境污染，城市"摊大饼"式无序蔓延等。高速铁路的建设引导城市空间发展的方向，为城市由单中心向多中心发展，重塑城市空间建构提供了契机。同时城市为做好站区疏解也必须对站区空间进行优化和组合。

1. 完善城市交通系统

高铁客运站作为重要的城市对外交通方式，加强了城市对外交通联系。高铁快速集散走廊的完善和成熟，无疑增加了城市大运量快速轨道交通系统的建设，完善城市内部交通系统。随着"零换乘"理念的推广和实施，高铁客运站正逐步演变成为综合各类交通设施的一体化城市客运交通枢纽，届时高铁客运系统与城市客运交通系统之间实现更高效地换乘，城市交通系统进一步完善。

发达国家都十分重视城市交通枢纽的规划，例如日本东京站同时是国家重要铁路枢纽和城市交通枢纽，承担城市内外交通衔接和城市内部交通换乘的双重功能，集10条新干线、2条地铁线、17条常规公交线和多条快速公交线于一体。其中公交枢纽设在地铁"丸之内线"东京站的南北两个出入口处；东京车站有六个出口，每个出口的中央位置都设有新干线换乘通道；地铁丸内东京站与东京国铁通过中央地下通道相连，极大地满足了旅客的换乘需求，提高换乘效率。另外，巴黎北站、柏林中央火车站等都是集高速铁路、地铁、出租车、汽车等为一体的综合性多模式的交通枢纽。

2. 引导城市中心区再发展

接近城市中心区的高铁客运站，多数是由旧火车站改建或扩建而成，这一建设过程对城市中心区的发展带来一定的影响。从交通发展来看，一方面高铁客运站本身位于城市中心区附近，为中心区提供便利的对外交通，加强了中心区与周边城市的联系；另一方面，连接高铁客运站的快速集散走廊得到发展，优化了城市中心区的交通系统。例如，北京南站建设扩建之前，并没有轨道交通连接，北京南高铁站投入使用后，2009年北京地铁四号线开通运营，连接了北京南站、动物园、西单、西直门、国家图书馆、海淀黄庄、中关村、北京大学、圆明园等多个重要交通枢纽、商业区、高等学校，成为

---

① （日）彰国社. 新京都站 [M]. 郭晓明，译. 北京：中国建筑工业出版社，2003.

北京中心区南北交通的主要线路，为周边商业发展、住宅建设提供交通保障。

从产业发展来看，改建或扩建的高铁站点对周边区域的交通可达性、基础设施等都有所改善，必然吸引更多的企业进驻，完善站区原有产业结构。从土地利用和环境发展来看，作为稀缺资源，重新开发城市中心区的高铁站区时，更加注重土地的高效集约化利用，推动旧城环境改造，提升中心区品质，增强中心区的吸引力。例如，德国法兰克福车站改建时，将原有铁路枢纽站引入地下，将空出的用地建设中心公园，沿公园周边进行高密度住宅和商业开发。另外拆除原有的货运站场，开辟了一条2km长的博览会林荫道，连接枢纽地区的商业界和贸易中心。对法兰克福铁路枢纽站地区的综合改造，在完善道路系统和商业结构的同时，创造了良好的城市生态景观特色，提升了城市活力。

3. 促进多中心结构形成

多中心结构的特点是在城市中心区周边发展若干相对独立的组团，承担城市中心区的部分功能，缓解中心区的压力，这些组团逐渐发展成为城市新区，形成城市的副中心，与城市中心区相互补充又相互竞争。这种发展模式既可以避免土地过分集中利用，又可以大规模地鼓励绿色交通出行，抑制小汽车的发展，体现城市可持续发展的理念，是我国特殊国情下的城市空间发展的理想结构形态。

一般位于城市边缘，与市中心具有便捷的交通联系的高铁功能区，在高铁与城市协调发展的情况下，由高铁引导城市空间资源再分配，极易发展成为城市次中心，推动城市由单中心向多中心发展。

事实上，高速铁路只是给沿线设站城市一个空间重构的机会，并不意味着每一个站点都能对城市空间发展产生巨大影响。若城市经济水平较低，缺乏网络化的交通体系来保证站点交通可达性，站点枢纽地区"节点"与"场所"功能的不能协同发展，则车站客流量较低，站区难以发展。

因此，高铁建设能否对城市空间发展产生强劲的推动力，实现重塑城市空间的预期效果需要以下几个方面因素的配合：

1）良好的区域和城市经济环境

由于高铁站点地区的发展需要城市功能价值与节点交通价值的平衡，即人流是带动站区开发的核心资源，站点地区城市功能发展需要客流量的支撑。高铁出行多以旅游和商务出行为主，而城市和区域的经济环境直接影响高铁站点的日交通量，因此较高的区域和城市经济发展水平是实现城市的空间结构重组的经济基础。

2）与城市交通系统的紧密衔接

高铁站点地区道路与城市内部道路网络连接顺畅、便捷的交通换乘系统对于提高站点可达性具有积极作用，有利于优化整合城市内部交通系统，发挥高铁枢纽的"触媒—集聚"效应，带动旧城更新和新城建设，是实现城市空间结构重组的交通基础。

3）与城市中心区的合理分工

高铁站区专业化职能分工与组合有利于形成城市节点，是高铁背景下城市空间重组的功能基础。高铁站区功能与城市中心区功能紧密相连、互相影响，应综合考虑城市资源、发展水平，站点区位与中心城区职能，合理确定高铁站区主要职能与土地利用模式，例如以商贸功能为主导、以商务功能为主导、以居住功能为主导或者多功能均衡开发等，避免重复建设造成资源浪费。

4）政府对于高铁发展的支持

高铁作为国家的一项公共开发项目，其选址和建设过程中涉及多方参与者利益，需要政府进行统筹博弈，以保障公共利益为前提平衡各方利益，进行合理规划和开发建设，以期实现城市空间良性发展。因此，政府相关政策和规划是高铁背景下城市空间重构的政策基础。

2.1.4 铁路客站功能定位的典型模式

综合考虑国内外站点地区的功能和空间特征的不同，以及构成要素、影响因素、发展阶段等方面的差异，本文将站点综合开发分为客站综合体、城市综合体、站域综合开发和站域立体化开发四种典型类别。

1. 客站综合体

郑健和沈中伟认为铁路客站综合体与其他综合体一样，是多种传统功能空间类型复合而成的立体空间系统，既要进行交通换乘服务，又融合了多种城市功能，全面服务于市民，是客站发展的高级阶段。[①]王新认为客站综合体通常是将各种城市功能通过合理的竖向叠加和有序的垂直交通联系形成一个有机的整体。其本质是充分发挥客站站场土地高可达性优势，高效集约利用客站上部空间。[②]

综上所述，"客站综合体"是以铁路运输为中心，以满足铁路客运（包括高速铁路客运专线）与城市交通设施之间的交通换乘功能，同时通过竖向叠加商业、服务业、办公等其他城市职能的建筑综合体。其本质是节约用地、提高效率，高效集约的利用客站上部空间，是客站本体空间综合发展的模式。这类客站主要承担着交通枢纽职能中心角色，同时在客站上方配置高附加值的物业，将多种城市功能进行一体化整合（图2-3）。此模式在我国得到了较为普遍的发展，如杭州东站、南京南站、合肥南站等站点，但目前配置的物业比较少，且仅仅服务于客站，未能充分发挥客站的土地价值，而在日本、中国香港等地区这类模式发展比较成熟，如新横滨站、小仓站等，交通效率提高的同时，站场土地也得到了充分利用。

2. 站城综合体

城市综合体指自身由若干城市功能单位组成，并形成一个多功能、高效率的城市实体，这种综合体建筑内部空间（包括交通空间）可以成为城市公共空间，相对于建筑综合体更加强调城市性。[③]本文站城综合体主要指的是客站与相邻城市建筑综合开发的模式，属于城市综合体的一种类型（图2-4）。此模式是以客站为核心，通过多项内容的整合，将客站与周边城市建筑联系成一个相互依存、相互补益的整体，可能是城市巨构，也可能是多幢建筑组成的建筑群。其与客站综合体的区别是客站建立了与周边建筑的连接，形成一个功能多样、高效率的综合体，除了完成本体的交通职能外，还引入多项城市职能并进行整合发展，由单体转向城市综合单体或群体。客站的发展不再仅仅局限于交通枢纽本身，更加注重节点功

① 郑健，沈中伟，蔡申夫. 中国当代铁路客站设计理论探索 [M]. 北京：人民交通出版社，2009：98+155-164.
② 王新. 轨道交通综合体对城市功能的催化与整合初探 [D]. 北京：北京交通大学，2014.
③ 董贺轩，卢济威. 作为集约化城市组织形式的城市综合体深度解析 [J]. 城市规划学刊，2009（1）：54-61.

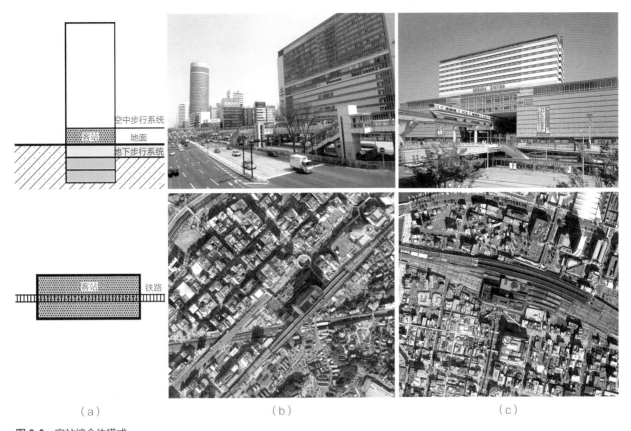

图 2-3　客站综合体模式
（a）客站综合体模式图示；（b）新横滨站；（c）小仓站

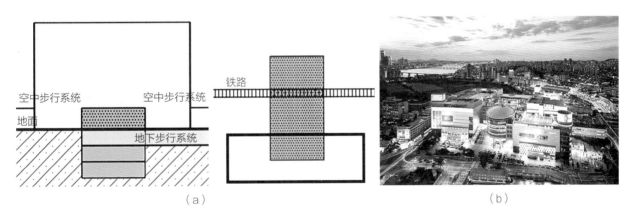

图 2-4　站城综合体模式
（a）站城综合体模式示意图；（b）龙山站

能和城市功能的均衡。其主要表现为：客站的规模和尺度的社会化、巨型化；客站不再是综合体的职能主体，仅为其中的一小部分，功能更为复杂化；空间领域也越来越向城市层面靠拢，并形成彼此交织的密切关系。

　　总而言之，可以概括为以下三方面：

　　第一方面是站城综合体的产生。它是依托高铁的集聚效应和导向效应，客站核心区域整合，多功能复合化发展的产物。

第二方面是站城综合体的功能。客站除了完成自身的交通服务功能，还复合了多种其他城市职能，一体化发展，形成互为补充、相互依存的整体。客站成为城市功能体系的组成部分。

第三方面是站城综合体的范围。突破客站本体，而是将客站与周边城市建筑联系成为一个功能多样、高效率的整体，客站作为所处区域中的一个开放性环节。

另外，"站城综合体"是一个紧密联系的整体，而步行是其最重要的联结方式，因此"站城综合体"要发挥其整体性，应将范围控制在步行可达的范围之内。

3. 站域综合开发

站域的综合开发是以客站为核心，在客站与其所带动和影响的核心区域（步行圈内）进行有机联系而形成的功能多样、空间立体、高效率的整体，是站域空间圈层化发展的一种新型城市功能区。此模式下站域多承担着城市副中心职能角色，客站的发展不再拘泥于客站本身，而是利用城市解决车站的问题，同时利用车站解决城市的问题，将车站、城市存在的问题在站域范围内一体化解决，促进站与城相互融合。其与城市综合体的区别是车站发展上升到地段、区域的高度，通过一组或多组建筑综合体来实现，车站成为城市区段的关键节点并与城市整体结构形成有机渗透、交叠等延展性关系，形成一个功能复合而统一的城市空间系统（图2-5）。

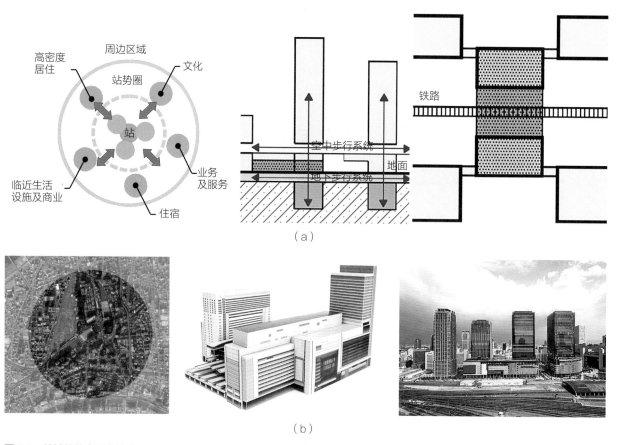

图2-5 站域的综合开发模式
（a）站城综合开发模式的示意图；（b）大阪站

4. 站域立体化开发

站域立体化开发是站域综合开发的一种特殊模式，可以有效地连接车站与周边地区，通常表现为地下街。"地下街"一词，最早在日本是因在地下空间开发与地面上的商业街相似的街道空间而得名，在发展初期，其主要形态是利用地下步行通道两侧开设一些店铺。经过几十年的建设，如今地下街从内容和形式都有了很大变化，早已从单纯商业街发展成为商业、交通及其他设施相互协同的地下综合体。[①] 车站地区地下综合体得到了快速发展，主要是由于车站地区的广场和街道，通常都因为客流量大、车辆多，而交通问题突出。地下空间综合开发以车站建筑的地下空间为中心，以地下的步行通道为交通骨干，形成一个各种交通线路在地下互相连通与便捷换乘的网络系统，再加上繁华的商业设施和便利的地下停车设施，以及空中步行道的联系，可以吸引大量乘客和顾客在地下和空中空间中活动，从而可以缓解站域交通矛盾，紧密联系周边区域交通和城市设施，实现地上、地下交通一体化，其建设通常伴随着立体交通设施的建设而建设的。在车站地区的再开发过程中，地下综合开发的核心是地下交通系统的网络化，应该考虑地下、地上交通的平滑衔接，做到快速有效地疏散出入客站的客流，提高交通设施的可达性与便捷性。同时，为旅客提供适当规模和数量的购物、休闲场所（图2-6）。为了有效地支持枢纽的正常运作还需要开发市政基础设施、防灾与生产储存设施等。

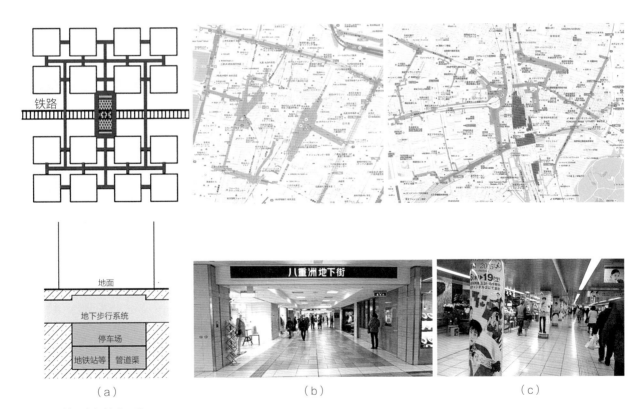

（a）　　　　　　　　　　（b）　　　　　　　　　　（c）

图 2-6　地下空间综合开发
（a）地下空间综合开发示意图；（b）东京站地下街；（c）新宿站地下街

---

① 童林旭. 论日本地下街建设的基本经验 [J]. 地下空间，1988（3）：76-83.

2.2
站城融合的区域交通组织理念

2.2.1 区域多中心交通联系支撑城市空间结构发展

高铁枢纽地区的规划建设与城市的发展密切相关，在中观层面上主要影响着城市的空间结构。[①] 站点作为城市空间的增长极之一，有助于城市空间结构的优化；同时站点片区也不是完全独立的组团片区，其内部的良好运转也离不开城市的支持。[②] 以欧洲里尔站为例，老城边缘区的新建高铁站规划，注重"链接"的规划理念，加强了新站与老城中心、老火车站之间的联系，成功打造了新的交通枢纽，同时成为城市重要的服务中心。[③]

国内新建的高铁站大多位于城市腹地，与老城区之间存在一定的距离，需要通过构建区域多中心的交通联系来支撑城市多中心空间结构。高铁站的选址布局及区域交通组织应该与城市的发展方向保持一致，以站城融合为引擎带动周边地区的发展，同时强化中心城区的核心地位，促进城市空间结构由单中心向多中心、发展模式由圈层独立发展向组团式发展转变（图2-7）。

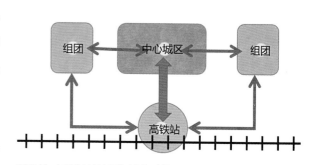

图 2-7 加强站城片区与城市对外关联性示意图

2.2.2 加强路网衔接贯通性，合理组织不同交通流线

加强站城片区与中心城区之间的路网衔接贯通性，除了加强快速路、主干道与城区的联通，同时注重次干道、支路与主要干道的通达性，以及区域间其他路网之间的通达性（图2-8）。使得站城片区与主城区之间的道路存在多条联系。为此应该加强城市道路的流量预测，明确城市道路的功能等级，尤其是不同片区路网衔接的道路等级，保证不同路网之间衔接的流畅性，以及交通联系的有效性。

同时站城片区也应该处理好外部区域交通与内部交通之间的关系。快速化对外交通系统实现站点与主城区的快速联系，新城与外部区域之间点对点精准连接，站城内部重点区域交通组织通过站点与

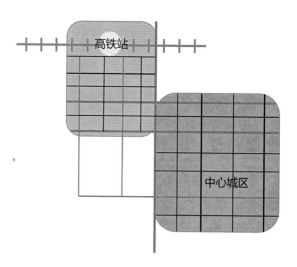

图 2-8 加强站城片区与城市路网衔接贯通性示意图

① 季松，段进.高铁枢纽地区的规划设计应对策略——以南京南站为例 [J]. 规划师，2016，32（3）：68-74.
② 殷铭，汤晋，段进. 站点地区开发与城市空间的协同发展 [J]. 国际城市规划，2013，28（3）：70-77.
③ J. Trip What Makes a City: Urban Quality in Euralille, Amsterdam South Axis and Rotterdam Central[M]// F. Bruinsma, et al.Railway Development: Impacts on Urban Dynamics[M]. Heidelberg: Physica-Verlag, 2008: 79-99.

高速公路下道口衔接组织、站点出入口设置、站点周边高架与地下通道设置、周边道路系统交通流线合理组织等方法保证不同交通流线互不干扰，实现进站车流与过境车流的有效分离、道路交通系统顺畅运行[1]。

2.2.3　构建综合交通换乘枢纽，城市、交通空间协调发展

交通功能是站点很重要的一个功能，欧洲的许多车站将构建以大中运量公共交通为主体的交通快速疏散体系作为站点地区的规划重点，[2]公共交通分担率基本维持在50%以上（表2-1）。

欧洲车站公共交通体系表[3]　　　　　　　　　表2-1

序号	车站名称	轨道交通	常规公交	公共交通分担率	车站照片
1	德国法兰克福中央车站	U地铁2条，S城际快铁线9条，有轨电车线4条	5条	40%~50%	
2	法国巴黎里昂车站	巴黎地铁线2条，郊区地铁线2条	日间9条 夜间15条	55%~70%	
3	意大利米兰中央车站	地铁线2条，有轨电车线4条	16条	30%~40%	
4	法国里尔欧洲车站	地铁线2条，有轨电车线2条	8条	37%~48%	
5	法国巴黎蒙帕纳斯车站	地铁线4条	17条	55%~70%	
6	比利时布鲁塞尔中央车站	地铁线2条	日间8条 夜间10条	60%~75%	
7	德国慕尼黑中央车站	地铁线6条，有轨电车线11条	18条	32%~55%	

① 王泽. 西安高铁新城交通组织研究 [D]. 西安：西北大学，2019.
②③ 邹妮妮，等. 行走空间——欧洲城市交通综合体观察解析 [M]. 南京：东南大学出版社，2020.

序号	车站名称	轨道交通	常规公交	公共交通分担率	车站照片
8	比利时 布鲁塞尔南站	地铁线2条，轻轨线2条，有轨电车线8条	4条	40%~55%	
9	葡萄牙里斯本东方车站	地铁线1条	24条	40%~48%	
10	法国里昂帕迪欧车站	地铁线1条，有轨电车线4条	13条	47%~60%	
11	比利时 布鲁日车站	—	52条	55%~70%	

　　里尔欧洲车站位于主城区边缘，连接公共汽车、地铁、有轨电车、小汽车等多种交通方式。新车站建在一个天然斜坡之上，递升3个标高合理解决了不同交通方式之间的衔接以及小汽车停车问题（图2-9、图2-10）。[①]

　　采用"上进下出"与"下进下出"混合的换乘组织方式，乘客可从不同的标高层就近进站。整合站点的交通体系，综合布局多种交通换乘设施，可实现空间共享、立体或同台换乘，打造一体化、复合化的换乘环境，推动构建高质量综合交通枢纽。

　　在关注交通设施便利化发展的同时，也应该强调站点作为城市重要节点所承担的城市功能，为此应该加强站点片区的步行交通体系建设，实现步行交通空间的网络化、系统化、人性化设计。地上地下空间一体化开发，在地下通道、地面交通空间、空中步道三个层面上，加强站点与周边城市区域的步行交通联系，在重要连接处布局诸如广场、平台等城市公共节点空间，对不同行人的交通流线组织起到空间上的过渡作用。同时要注意交通设施对重要公共节点空间的影响作用，尽量避免大型交通设施对空间的割裂和干扰（图2-11）。[②]

① APEP 欧洲里尔高速列车（TGV）火车站 [J]. 建筑创作，2005（10）：74-75.
② 吴沅沅. 高铁交通综合体功能复合及空间布局设计研究 [D]. 成都：西南交通大学，2020.

图 2-9　里尔欧洲车站图

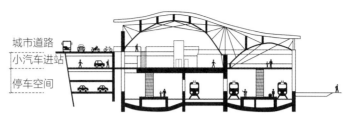

图 2-10　里尔欧洲车站剖面示意图

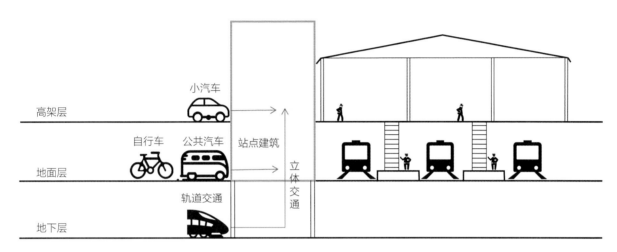

图 2-11　加强站城片区与其他交通方式换乘便利性示意图

2.3
铁路客站与城市空间形态的整合

2.3.1　线路设计、客站设计、城市设计三者联动

　　一直以来，铁路交通被视为是城市对外交通的重要组成部分，而与城市内部交通、铁路周边的城市空间发展等少有关联。从铁路规划与设计的角度来说，它多考虑的是铁路交通网自身的合理布局，以及运行安全，而较少考虑其与地方城市发展的关系。地方政府虽然将高铁视为推动城市发展的重要助力，但是在空间规划上却往往缺乏前瞻性的考虑与整体性的思维。可以说铁路与地方之间彼此隔膜，是造成站城分离的重要原因之一。由此，要实现站城融合的目标，首先就需要打通铁路设计、车站设计与城市设计之间的关系，建立三者之间的联动机制。

　　此外，除了少数采取了铁路下穿线路的特例，一般情况下，铁路线路穿越城市，其轨道区域多会对城市空间产生分割，具体地体现轨道两侧地区在尺度肌理、交通组织、空间体验、景观生态等多个层面。为了削弱轨道对于城市空间发展的负面影响，尽管有些城市在经过既有建成区的时候会采用高架线路，以加强铁路客站两侧城市空间的联系。但是总体来说，铁路及站点地区对于城市空间形态的分割作用并不会因此消失。

所以站城融合要解决的不仅仅是站、城之间的问题，也可以此为契机解决已经存在的轨道线路对城市的分割问题。而这种可能性的实现，则需要从铁路线路设计、客站设计及周边城市设计这三个层面出发，三者联动，寻找整合策略。

近年来铁路客站设计与城市设计联动，已经越来越多地成为实践领域中的常态，但是铁路线路设计却常常被视为是规划与建筑设计的前置条件，而较少被讨论。而事实上，线路设计是决定站城关系的重要前提。

首先通过站场自身的立体化设计，不但可以大大节约土地资源，也有利于促进站城融合。如杭州东站与丰台站均为特等站，13台24线的杭州东站没有立体化设计，高铁站房占地面积比17台32线采用双层车场的丰台站大，占用的城市用地较多，并对旅客的交通体验造成影响。

其次，通过轨道线路下穿的方式能较好地解决好站（对外交通）与城（综合开发）之间的关系，也避免了轨道对于城市的分割。但是也会带来并发成本增加的问题，需要设计者对于地下空间开发与城市安全问题作更为精细的考虑。因此，一般来说，只有位于城市中心的铁路客站才会采取站场部分地下化的策略，如美国纽约市曼哈顿中城的纽约大中央车站、英国伦敦的利物浦街车站、中国重庆的沙坪坝站、中国香港的西九龙站，等等。这些车站大多位于繁忙的城市中心区内，车站周边看不到大尺度的广场和停车场，反而是高效率的地铁线和频繁的公交线路成为来往客流的主要转换交通工具。通过将铁路线路下穿，配合以公交为主导的城市交通接驳方式，以及较高强度的城市开发，形成了铁路客站与城市空间形态的整合，实现站城融合的目标。

此外，今天国内所更为普遍采用的是高架车站的模式，由于高架线路与城市交通形成立体交叉，避免了轨道线路完全割裂城市。但是从现有的许多建成案例看来，铁路线路高架虽然减少了轨道线路对于城市的分割，更有利于线路两边之间交通组织、视廊连接，但是并不能完全解决空间形态割裂的问题。铁路线路高架之后，往往连带产生高架形式的城市道路与站房空间直接相连（例如现在普遍采用的四角进站的交通组织模式），而这些大尺度的交通基础的存在也会进一步造成站城分离。因此在建筑设计与城市设计层面，如何致力于建立铁路线路两边的城市街区在形态肌理、交通体系、知觉景观等多个层面的联系，成为站城融合的重要挑战。值得关注的创新案例有正在进行建设中的杭州西站。在杭州西站的设计中，建筑设计、铁路设计、城市设计等专业经过协商，将同一客站的两个站场拉开28m间距，创造了一种从中部交通谷进站，并通过这一中部交通空间沟通全站各个主要层面的全新模式（图2-12）。这种模式一方面激活以往低效的咽喉区用地，更为有效地利用了土地资源，同时也防止了进站匝道分割站城关系，是一种值得推广的站城融合新模式。

2.3.2　交通空间的缝合与织补

要实现"站城融合"的目标，铁路客站就需要处理好人流"汇集"与"疏解"的要求，同时也要利用好大人流带来的城市发展契机，形成安全、有序、富有活力的城市片区。

我国现有的铁路客站大多采用快进快出的交通组织模式，并要求在人流、车流组织上不交叉。

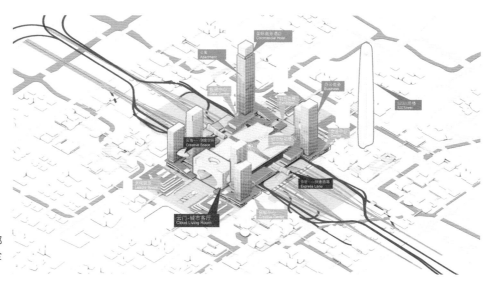

图 2-12　杭州西站从中部
交通谷进站，并由此沟通全
站各个主要层面

如现在普遍采用的是上进下出、下进上出和下进下出等几种主要类型，从空间上分离机动车的进出站车流，实现枢纽交通快进快出。同时，充分利用不同高度组织交通流线，满足车流组织不交叉，车流流线与人流流线不交叉。这样一种快进快出的模式，通过人车分离、速度分离，使得交通的组织效率与安全得到了保障，但同时这也给站城融合带来了一些挑战。

这主要是因为，铁路客站周边的集散交通具有很强的独立性，为了保证其快速疏散的能力，往往与车站周边的城市街道系统之间的直接联系较少，如果处理不慎甚至阻断了铁路客站周边街道系统的连续性，使得车站周边形成了一个被交通匝道所环绕的"独立王国"，客站与周边区域难以建立有效联系，车站无法真正地融合到城市功能与周边的城市环境中。因此如何优化铁路客站周边的交通系统，使其不仅能发挥快速疏散的功能，也能实现空间形态的缝合与织补，是实现站城融合的关键，具体包括。

1. 重构交通疏散的组织模式，逐步减少交通接驳方式中对小汽车的依赖。从国内外的建成案例来看，根据铁路客站区位条件与各个城市发展条件的差异，应鼓励有条件的城市，充分发挥城市轨道交通（地铁）对于交通人流的疏散作用，通过轨道交通与步行系统结合的方式，减少铁路客站周边大尺度交通系统对于客站与城市关系的割裂，形成良好的站城关系。

2. 重视铁路客站周边道路系统的整体性，营造具有街道感的城市空间环境，实现交通空间对于站城关系的缝合与织补。具体来说，为了避免道路网络被轨道与快速道路所打断与切割，可以通过立体化的处理，以保证街道网络的整体性。铁路客站周边的城市街区应结合用地功能，形成合理的街区尺度，避免孤岛式的"块状开发"。

3. 根据具体的情况，对于进站匝道、高架道路的布局形态进行优化设计，减少其对"站""城"关系的分割。如前面所述的杭州西站通过轨道中部交通谷的进展方式，就解放了铁路客站两端的城市界面，使得其铁路客站能更好地与城市空间融合衔接。

4. 充分发挥铁路客站周边慢行系统在交通疏散与提升城市活力两方面的作用。构建立体的跨越式和下穿式的步行网络，使人行流线清晰、便捷，缓解瞬间客流对站区地面交通的影响，并使得客站与周边地区形成一个高度融合的整体。例如，日本东京的新宿车站虽然是全球日到发旅客量最大的车站，地面铁路线也分隔了两侧城市，除了间隔500m的上跨和下穿铁路的车行道路外，还设计了穿越铁路的地下商业街，使人们在不知不觉的商业消费活动中穿越了铁路。在法国巴黎，利用塞纳河左岸地形的高差，修建了跨越铁路的街道格网，通过混合商业办公住宅等多功能的小街坊，实现了整个片区的缝合。

2.3.3　从城市大门到新型城市门户（兼谈标志性与文化性的问题）

所谓"城市大门"，指的是我们进出一个城市出入口，强调的是其作为城市内与外之间转换的职能。将铁路客站视为"城市大门"的观念，在我国铁路客站设计中曾经长期占据主导。也正因为过于强调铁路客站作为"城市大门"的象征性意义，这也导致了在很长时间中，我国铁路客站设计都更为比较重视站体的独立性存在，而较少地考虑站与城之间彼此互动影响的关系；较多地考虑铁路客站的视觉形象，而并非交通换乘的效率，以及人们对铁路客站的空间感受。事实上，有些地方的铁路客站设计，盲目追求宏伟形象，兴建大体量站房和"非人性"的大广场、大轴线的问题，也与这一观念有着很深关联。

近年来，随着铁路客站设计的发展，我们对铁路客站作为城市门户的理解变得更为丰富。创造兼具城市复合功能，且能为人所感知与体验的新型城市门户，营造人性化、生活化的客站环境，已经成为今天城市铁路客站设计的重要趋势。

首先，对于铁路客站所在的城市来说，铁路客站是城市中最为重要的城市地标之一，因此铁路客站的设计应该关注其对在城市空间中的可识别性与标志性。而这种可识别性与标志性的形成，不应该盲目追求宏大的尺度与所谓的视觉冲击力，而应该与其所处的城市环境相结合，通过充分挖掘地域特色，形成对城市文化、精神气质的回应与表达。

而对于每个旅客来说，铁路客站是进入城市中所体验的第一个空间，是他对这个城市认知的开始，构成了人们对于认知城市意象的起点与重要渠道。对于市民来说，铁路客站不仅仅是他们进出城市的转化点，也是各种潜在的城市生活，如消费、文化、休闲、娱乐等的发生器。

我国以往的铁路车站的设计中，虽然非常关注铁路客站作为城市地标与名片的重要性，强调一站一景，不同城市的铁路客站各有特色。但是总体来说，对铁路客站门户特色的营造，强调的是视觉形象，尤其是从某些特定的视角看到的图像性特征，而较少从空间与场所的角度着眼，形成清晰可辨的门户特色的思考，更缺乏从旅客与市民对于铁路客站的感知与体验出发，塑造铁路客站的门户特色。

在这一方面，国外有许多优秀的案例值得借鉴，比如横滨市未来港站，以"巨大的城市地下管道空间"为设计理念，在全部的地下空间设置了能够观察到交通活动和城市市民活动的可视化装置，车站不仅仅是一个单薄的"城市大门"，甚至也不只是一个高效的换乘空间，还是一个能够给车站使用者带来轻松愉悦感的场所，通过精心设计的场所性体验，创造了极具魅力的城市空间，被认为是横滨城市形象的代表（图2-13）。

巴黎市中心的圣拉扎尔（Saint Lazare）火车站在经过改造后，车站大厅（注：法国铁路站为站台候车，不设候车厅，大厅为公共区域）18小时开放，容纳了零售、餐饮、时尚用品等商业店铺和街

头演艺活动，在节庆日，还成为演出、展览等
大众文化的传播地，成为巴黎人记忆中最重要
的公共场所（图2-14）。

在高铁时代下，铁路客站已经不仅仅是城市
内外交通的转换节点。通过精心营造的一系列空
间场所，以及完善的服务设施与信息覆盖，使民
众在便捷、高效的换乘过程中，也能感受到独特
的城市文化，享有多元复合、人性舒适的空间环
境，已经成为高铁时代下我国站城融合发展的重
要方向。

图 2-13　横滨港未来站"车站核"纵向空间

（a）　　　　　　　　　　　　　　　　　　　（b）

图 2-14　巴黎市中心的圣拉扎尔（Saint Lazare）火车站
（a）改造前；（b）改造后

2.3.4　公共空间与景观系统的连接与整合

如前所述，铁路客站不仅是城市对外交通门户，也是城市中的重要场所与节点。在站城融合的理
念推动下，人们对铁路客站的认知，也逐渐从单纯的城市门户，向着门户与场所并重的方向发展。从
铁路客站自身来说，尽管最基本的功能虽然仍然是交通服务，但是其本身也融入了多种类型的城市
功能，而这些功能的实现也有赖于与周边城市地区在空间层面的联系。同时，铁路客站作为城市中各
种人流、能量、信息交汇的重要节点，周边地区的发展与铁路客站本身具有高度的关联性，也需要主
动地思考两者的内在关联，形成整体联动。公共空间与景观系统作为连接城市与车站空间的系统性要
素，对于实现站与城之间的融合具有重要意义。

具体来说可以从以下几个方面入手：整体组织，塑造站域形象；属性复合，空间衔接融合；尺度
控制，避免大而无用；界面激活，增强场所活力；立体景观，丰富景观层次。

1. 整体组织，塑造站域形象

铁路客站及其周边地区作为城市重要的场所和"窗口"，其空间格局和整体形态对于外来旅客

的感知和本地居民的活动有着至关重要的影响，因此需要在整体上对站域空间核心区的公共空间进行组织。整体空间的设计可以通过：对建筑的形态及组合进行控制，形成有序的公共空间体系；对建筑的高度和天际线进行控制，形成连续而富有变化的天际线；充分考虑视线通廊和景观轴线的作用，增强公共空间的引导性和可读性。以此形成整体的公共空间，提升站域空间核心区的形象。

南京南站的站域空间核心区正好位于南京城市发展的主要轴线上。因此在设计时，在南京南站核心区内以一条中央景观轴串连站房与秦淮河风光带，以中央景观轴组织核心区的空间形态，对核心区内的建筑高度和景观视线进行控制，将站域空间核心区的公共空间与城市的发展轴线连接为一个整体，增强了公共空间体系的整体性，提升了站域空间核心区的整体形象。

2. 属性复合、界面融合

对于过去许多铁路客站的站域空间核心区而言，客站综合体外部的公共空间在属性上大多站城分明、较为单一，使得铁路客站与城市之间缺乏积极的空间互动，因此在一定程度上造成了铁路客站与城市空间之间的隔离感。随着站域融合理念的出现，站与城的界限应该逐渐被打破、逐渐模糊，因此需要对单一属性的空间赋予更加复合的属性，以此使得站与城的空间更加交融、衔接更加紧密。

以站前广场为例，铁路客站的站前广场长期以来只是作为乘客进站排队和交通换乘的空间，是一个客站属性明确的空间。通过对城市的商业、休闲、服务等属性的复合叠加，可以使得原本仅用于交通换乘和等候的站前广场转变成客站空间与城市空间过渡交融的复合空间，模糊和打破原本站与城的空间界限，在外部达到站与城的衔接融合。

如日本大阪站的站域空间核心区中，在客站南北两侧分别建设了一座体量，在其中植入商业、休闲等城市服务，南门大厦和北门大厦在客站前方形成类似于大门的巨大灰空间，在客站空间与城市空间之间做了衔接与过渡，模糊了客站与城市空间之间的界线，打破了原本站与城的隔离感，使得铁路客站与城市之间的空间更加交融。

同时站房空间与城市空间之间的连接，应该采用中介空间过渡的策略，用空间化的形式来处理二者之间的关系。中介空间摆脱了传统城市与建筑通过单一"界面"过渡的单薄联系，形成了有"厚度"的过渡空间，除了提供通行的路径外，中介空间本身也具有容纳一定城市活动的能力，同时活动人群导向范围更广的建筑内部空间。

目前我国的铁路客站实行较为严格的旅客实名制验证验票进站和人员及携带品安检核查制度，对人员的自由流动有较大影响。但在我国近期的多项铁路客站的设计中，都尝试引入"城市客厅"的概念。其要点是并不寻求改变现有管理规定，而只是把原有客站广厅覆盖范围扩大和前置，扩展人员可自由通行的范围。铁路客站开门迎宾，把远道而来的旅客先迎入室内或能够遮风避雨的半室外空间停留小憩，选择所需求的服务，为铁路客站与城市空间之间的彼此渗透，铁路客站场所性特征的打造创造了可能。[①]

---

① 盛晖. 站与城——第四代铁路客站设计创新与实践 [J]. 建筑技艺，2019（7）：18-25.

3. 尺度控制，避免大而无用

对于我国早期建设的铁路客站，主要采用平面化的交通换乘组织，交通换乘围绕站前广场进行组织，车站一般都设置有巨大空旷的站前广场来满足交通换乘和疏解高峰期客流的需求，并且利用空旷的站前广场展示铁路客站的门户形象。然而随着立体化、一体化、零换乘的交通组织方式的使用，许多新建铁路客站的站前广场已经逐渐失去了交通换乘的功能需求，高峰期的客流压力也主要集中在铁路客站的换乘中心的区域，因此超大尺度的广场在今天已经显得不合时宜。巨大的站前广场也因此显得独立、低效、缺少舒适度与亲近感，甚至变成阻隔客站与城市的屏障。因此需要对铁路客站的站前广场进行合理的设计，通过控制面积、划分区域或解离拆分等方式，使得站前广场单个区域的尺度合宜，避免大而无用。

如广州白云站的站域空间核心区中，改变了过去在铁路两侧设置空旷的大尺度站前广场的模式，将站前广场进行小型化、分散化处理。多个广场分散地布置于铁路枢纽的上下各个位置，其中包括位于铁路两侧站前的东、西广场，位于站场咽喉区上方高架层的两个呼吸广场，位于站房相邻四角的四个阶梯广场。对于主要的东、西广场则采用了高差、景观等方式进行划分，使得广场的尺度更加亲切舒适。

4. 区域融合，增强场所活力

一个具有活力的铁路客站地区，除了具有便捷的交通、完善的功能之外，还需要与周边城市区域形成深度联系的整体。这种联系体现在形态、空间、景观的多个层面，其中由慢速网络为骨架的整体空间系统将发挥重要的作用。在铁路客站及其周边地区的设计中，应重视慢速网络为核心的流体网络与城市活动空间、景观系统的相互融合，彼此促进形成具有一定规模的活力核心区。同时这个核心区也与城市整体的发展形成一种彼此协调，相互促进的关系。

同时，还应该在时间维度上，考虑核心区未来发展的可能性，以慢速网络为依托，为未来区域空间内可能出现的新的活力点提供一个"生长"的平台。在这个平台内，城市空间的发展遵循一种特殊的框架式开发，各个部分在遵守一定的共同规律的前提下，可以进行个性化的发展，使得局部与整体之间始终能够保持很好的协同关系，使区域内的空间成为一个具有可生长结构的有机体。这样，在未来长时间的城市空间演变中，无论是城市形态、功能组织还是空间结构，都能在保持个性化的同时，也在整体上呈现出协调与延续的趋势，避免了碎片化发展带来的各自为政的混乱局面。

英国谢菲尔德市政府于2002年启动了谢菲尔德火车站及其入口谢菲广场（Sheaf Square）的改建项目（Station Gateway Project）。改造前的火车站将城市空间分为割裂的两部分，为两侧居民的出行和日常生活带来很大不便，而站前广场交通组织混乱，人车混杂严重，影响了出行体验。在新的改造方案中，对站前广场的空间组织进行了重新梳理，利用景观小品来实现人车分流，并强化了空间的竖直联系，提高了换乘效率。另外，还在车站内增加了两条公共空中连廊，既作为跨线的联系通道，同时也面向非铁路出行的普通民众的日常生活开放，为周边的居民穿越车站前往市中心提供了便捷的通道，对铁路割裂的城市空间进行了一定程度的织补（图2-15）。更为重要的是，谢菲尔德市政厅将火车站的改造和"千禧年画廊""冬园"等公共项目做了整体考虑，打造了一条贯穿城市的"黄金步道"（Gold Route）将城市中各个重要的公共空间节点联系起来，谢菲尔德火车站也因此与城市中心区域建立起了舒适的步行路径，提升了城市空间品质。通过"黄金步道"，火车站地区的游客可以便捷地前往城市中的重要活动空间，而城市中的人群也能够快速地到达火车站，使火车站和市中心之间建立起了良好的促进和互动关系，再融入教育、住宿、零售、休闲等功能，真正实现了可持续城市的复兴。

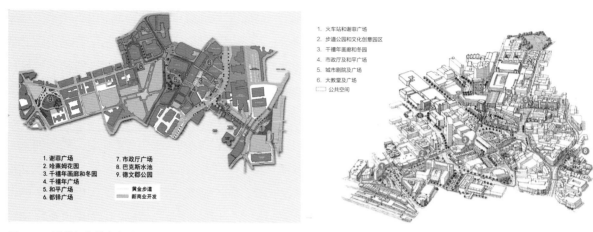

图 2-15　谢菲尔德黄金步道步行网络系统构建

3

站城融合的形式多种多样，客站功能空间需求与站城融合度联系紧密且因城而异。因此，研究客站功能布局和空间优化需要充分考虑不同客站与城市的条件，从解决问题角度出发，采取差异化的功能布局与空间优化策略，以满足不同客站的站城融合要求。大中型与小型客站的特点不同：大型客站客流较多、所在城市能级较高，一般需要较高的站城融合度与之匹配，其客站功能与空间相对复杂，面临更多的挑战；小型客站客流较小、部分城市能级较低，功能与空间相对简单，站城融合的应对策略更为特色化、多样化。本章大部分内容具有普适性，但考虑到大、中、小型客站特征不同，部分策略可能对大型客站更具适用性，对中小型客站也做了适当描述。本章将从功能布局优选、功能布局创新、客站空间优化三大方面展开，结合不同类型客站特征进行分析，提出优化策略。在功能方面，铁路综合体需要实现铁路客运功能、交通衔接功能、城市沟通功能及城市开发功能等四大功能目标，而本章研究的各类功能布局策略可充分实现这些功能目标：例如，铁路站房、站场等组成要素实现了铁路客运功能，城市交通换乘中心作为重要的集中换乘空间承载了交通衔接功能，关注站城联系的节点与场所融合空间、城市精神场所满足了城市沟通功能，各类型的客站综合开发体现了城市开发功能。

3.1
对标站城融合需求，优选客站功能布局，多样化提升站城联系

站城融合需要通过交通、功能和环境的协同发展策略，使客站与城市高度协同，产生触媒效应。然而部分国内铁路客站存在功能定位不准确、站城联系不足等问题，阻碍了站城融合发展。除此之外，随着出行需求的提升，功能空间的进一步补充完善和升级也将促使客站演变得更为复杂，为实现站城融合带来新的挑战。本节将主要以"铁路站场、铁路站房、城市综合"开发三部分为研究对象，在论述并比较分析不同客站功能布局对站城融合影响的基础上，为客站优选和改进自身功能布局提供参考，从而促进城市与客站功能空间互动，实现站城融合发展。

3.1.1 铁路站场布局优选与应对策略

铁路站场是铁路客站交通属性的重要物质表现之一，更是影响站城融合的重要因素。在站城融合的视角下，客站应综合考虑各类地缘因素，选择适合的站场布局，然而铁路方在确定站场布局时大多情况下偏向于考虑线路、地理、投资成本等因素。另外，以往铁路站场的布局通常由铁路院率先确定，在建筑设计介入铁路客站项目时，其布局模式大多已经确定，以致对于站城融合具有助力作用的站场布局模式难以得到应用。随着站城融合理念的发展，铁路部门对此也愈发关注和重视，建筑设计单位与铁路院的合作亦趋紧密。建筑设计的前置介入，为充分考虑各类因素优选和创新站场布局模式

提供了可能性。

不同站场布局模式之间相异甚大，全面了解各类站场特点，有助于更深入分析其对站城融合的影响作用。主要的四类站场布局的特点如下。

路基站场是指铺设在地面路基结构上的铁路站场（图3-1），是传统铁路站场中最为常见的形式，其特点为施工简单、安全性高、投资小、普遍适用于各类地形地质。

高架站场是指铺设在桥梁结构上的铁路站场（图3-2），一般抬升地面9～10m。"站桥合一"的空间结构形式使得桥下有较多的架空空间，得益于空间集约、换乘便利等优势，高架站场目前在武汉站、雄安站等新建大型车站中应用越来越广泛。

地下站场是指铺设在地面以下的铁路站场（图3-3），有深埋和浅埋之分，该类布局在集约土地、便利城市交通、提升周边环境品质方面具有巨大优势，尤其是对于城市中心地区，建设地下站的优势更加明显，我国已有案例包括福田站、北京城市副中心站及于家堡站等。

立交叠合站场是指多个站场呈一定角度或平行立交叠合形成的高度复合、立体化的多层站场，此种特殊形式为站城融合提供了截然不同的思路，立交叠合站场主要包括十字、平行两种类型（图3-4、图3-5），典型案例包括正在建设中的苏州南站、丰台站，以及国外的德国柏林中央车站、纽约中央车站等。此外尚有多场并列布局（图3-6）。

1. 各类铁路站场布局对站城融合的影响及应对策略

1）路基站场

尽管路基站场具有造价、施工、适用性等多方面的优势，但从站城融合角度出发，该类站场将站房周边分割为边界明显的多个部分，造成空间、视觉的双重屏障，一定程度上阻碍了站城融合发展（图3-7）。站房需要采用架空连廊、民用建筑整体上盖、城市通廊、地铁站厅等功能空间，在多个层面强化轨道两侧之间的连通性，以消解路基站场的不利影响。以杭州东站为例（图3-8），其站场上方为候车厅，四周为进站落客平台，通过落客平台道路和人行道联系站场两侧，但车站站房与周边城市功能的衔接相对薄弱。站场下层为换乘大厅层，在解决换乘需求的同时通过城市通廊强化两侧城市功能的联系。

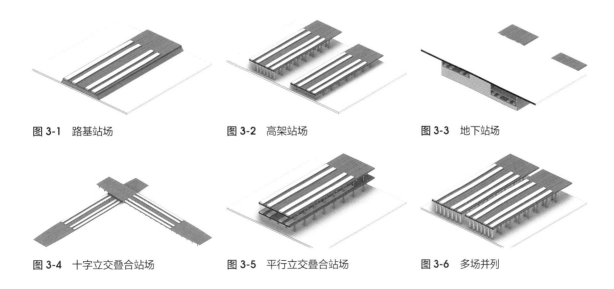

图 3-1　路基站场　　　　图 3-2　高架站场　　　　图 3-3　地下站场

图 3-4　十字立交叠合站场　　　图 3-5　平行立交叠合站场　　　图 3-6　多场并列

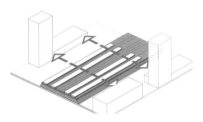

图 3-7 路基站场与城市联系示意图

图 3-8 杭州东站照片

图 3-9 高架站场与城市联系示意图

图 3-10 雄安站效果图

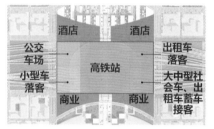

图 3-11 雄安站地面层功能连接分析图

2）高架站场

高架站场在地面架空层可以将站场两侧地块及地面地下空间直接相连，增加站区内的步行连通性，削减铁路站场对城市的割裂作用（图3-9）。此外，地面层交通核可以为上盖开发提供更多的可能性，建立站与开发的交通联系网络，挖掘地块整体开发潜力，从而促进功能互动、推动空间协同，最终助力站城融合。例如，雄安站将站房外的城市配套功能引入高架桥下空间，拉近了与站房的换乘距离，加强了与周边城市的衔接（图3-10、图3-11）。

需要注意的是，很多铁路高架下空间，尤其以区间段为代表，由于使用率低、缺乏管理，环境日益变差，成为城市发展的消极空间。在空间资源紧缺的城市核心区域，需要开发土地价值、激发空间活力，促进站城融合。例如，日本中目黑高架、荷兰赞斯堡阿姆斯特丹附近的A8高架公路、美国迈阿密高架等，在架下空间设置潮流店铺、公共活动场所、绿色开放空间，充分与城市融合，成为城市发展新助力（图3-12～图3-14）。

图 3-12 日本中目黑高架下改造为潮流店铺改造前后对比图

图 3-13　荷兰阿姆斯特丹高架下一处空间改造为公共活动场所改造前后对比图

图 3-14　美国迈阿密高架下改造为低线公园，提供绿色公共空间

3）地下站场

　　在地下站场的布局模式下，站与城在地面层不再有铁路的阻隔，部分情况下站房甚至与站场共同设置在地下，站城在视觉与空间上的阻碍被大幅度摒除。同时，该类布局通过将站场消隐于地下，将站域内的地上空间完整释放，使得站区与城市的综合开发一体化、建筑肌理协调统一（图3-15）。然而，地下站场在地下空间连通、经济性和建设难度方面存在先天不足，需要控制好埋深和规模。其一，由于轨道铺设范围较大，站场所在地下层空间的联通可能受限，需考虑在更深层面标高联系轨道两侧；其二，地下站场造价高昂，需从城市发展、区

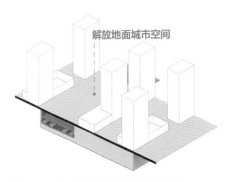

图 3-15　地下站场与城市关系示意图

域定位、站场选址出发，考虑并平衡地下站场的代价和收益；其三，地下站场的建设对于消防、疏散和结构提出了更高要求，建设难度相较传统站场更高。

　　以深圳福田站为例（图3-16），其位于寸土寸金、高楼林立的福田中心区，与多条地铁线路衔接，面临着巨大的体量、占地和人群交通压力。因此，该站建设为铁路站场位于地下三层的全地下式高铁车站，为地面城市空间创造了良好的站城融合基础。北京城市副中心站属于地下深埋站场（图

图 3-16 福田站剖视图

图 3-17 北京城市副中心站效果图

3-17），站房位于地下二层与三层，市民共享空间位于地下一层。地面通过下沉广场及共享空间与地下空间交互连通。地下承载车站交通功能，地上满足市民公共活动需求，实现车站交通与城市开发的融合。

4）立交叠合站场

（1）十字立交叠合站场：十字立交叠合站场可以充分利用其两条线路交点处形成的特殊空间，建立站城联系，创造独特的站城复合空间，促进站城融合发展（图3-18）。正在设计中的苏州南站在一个站房内提供了两个标高的候车区域，分别采用"上进下出""下进下出"的模式，服务于上下两个车场。该布局使得多标高进站流线共同协作提升客站集散效率，中庭充分利用站场交叉优势整合出站流线（图3-19）。德国柏林中央车站枢纽（图3-20）的东西向高架轨道交通线（图3-21上）和南北向地铁线（图3-21下）呈空间交叠状。候车与商业活动在两层铁路之间的开放空间中融为一体。列车行驶与人行活动共存于车站内部空间，具有视线通达、交通便捷的显著优势，实现了站城空间、功能的融合。

（2）平行立交叠合站场：平行立交叠合站场在有效减少站场占地面积，将更多的站场空间转换为城市空间的同时，使得步行交通流线缩短、交通功能更紧凑，城市交通衔接可能性更丰富、旅服空间更开放，从而促进站城融合（图3-22）。正在设计建设中的丰台站采用上下叠加的双层站场设计，将普速站场设置于地面层，高铁站场设置于距地面23m的高架层，并设置上下两个候车厅，同时服务于两个不同标高的站场，充分利用竖向空间，提升客站集散效率（图3-23、图3-24）。与未采用立体化设计的车站相比，丰台站直接节省了近1/3的土地，释放了更多的城市空间环境资源。而纽约中央车

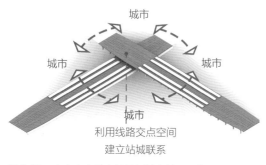

图 3-18 十字立交叠合站场与城市关系示意图

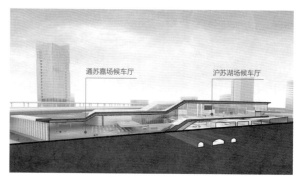

图 3-19 苏州南站两个候车厅剖透视

图 3-20 德国柏林中央车站室内照片

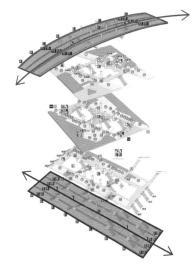

图 3-21 德国柏林中央车站枢纽交通分层示意图

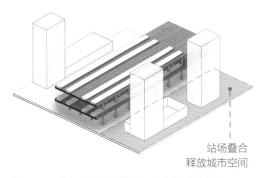

图 3-22 平行立交叠合站场与城市关系示意图

图 3-23 杭州东站未采用立体化设计，站场垂直向长度较大

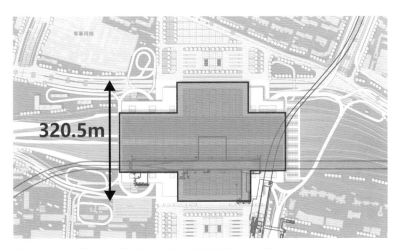

图 3-24 丰台站采用立体化站房设计，站场垂直向长度较小

图 3-25 纽约中央车站模型

站由于接入铁轨过多，也将站场分设为地下两层，保证了该站能够在有限空间内容纳巨大的交通体量
（图3-25）。

5）多场并列拉开站场

传统的多场并列客站布局大多为进站及交通换乘在站场两侧，城市综合开发在站房外围，乘客进

站和换乘都需要绕到站场最外缘（图3-26）。当城市能级较高、客站规模较大、站场较宽、交通流线复杂时，存在旅客走行距离过长、站城接触面被阻隔等问题。针对这些问题，国内对多场并列拉开站场布局模式进行了探索，即根据站场数量与实际需求，将并排的站场从中间拉开一定距离，进站及交通换乘布置于其中，这类空间一般称为"光谷"（图3-27）。

图3-26 多场并列站场从中间拉开一定距离，形成"光谷"空间

　　站城融合新视角下，"光谷"是一个全新空间，这个空间不仅是站房的新空间，同时也是城市的新空间，对新时代站城融合起到的作用独一无二。首先，在空间联系方面具有若干积极影响：水平方向上，将原来在站场两侧的换乘进站空间引入中央"光谷"空间，站场两侧可以直接与周边开发建立联系，充分拉紧站城距离，解决站与城接触面被进出站人流阻隔的问题。此外，站场拉开可以建立站城在顺轨方向的联系，与传统城市通廊等垂轨联系通廊共同组成纵横交错的联系网络。垂直方向上，光谷空间可实现客站与上盖综合开发在竖向空间的联系，削弱了轨道上下方向空间的割裂。以南京北站设计方案为例（图3-28），三个站场拉开形成了两条间距20m的"光谷"，水平方向上拉近了客站与城市的距离，让出了宝贵的站城界面，使城市功能与站房"零距离"连接，垂直方向上实现了客站与上盖开发的紧密联系。其次在交通方面，可在"光谷"空间打造站中交通换乘系统，提供进出站及换乘功能，缩短旅客换乘走行距离，从而有效提升交通换乘效率。杭州西站在站场拉开的28m"光谷"空间中布置交通换乘（图3-29），与城市通廊共同形成十字形站内综合交通系统，实现多种交通方式的衔接；另外在环境方面，两场拉开形成的"光谷"空间将自然光线引入站内，增加了通风采光，提升了候车厅的环境品质。以雄安站为例（图3-30），两场拉开15m形成"光廊带"，尤其对于线下候车厅环境的提升大有裨益。此外，新老站场之间也可以利用"光谷"解决新旧站房的交通问题、分期建设问题，及站城衔接问题（图3-31、图3-32）。

　　土地集约方面，站场拉开后是否会造成土地浪费，如何平衡站场拉开带来的铁路红线占地更大的问题，需要进一步深入研究分析。站场拉开后增加了两场之间的距离，整个站场的占地面积虽有所增

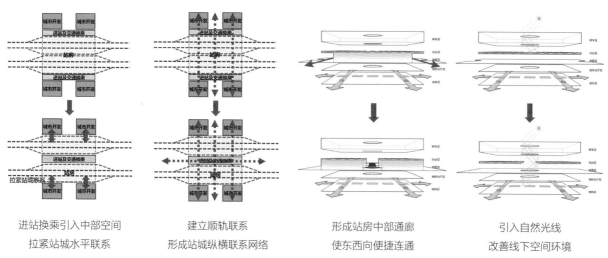

进站换乘引入中部空间　　建立顺轨联系　　形成站房中部通廊　　引入自然光线
拉紧站城水平联系　　形成站城纵横联系网络　　使东西向便捷连通　　改善线下空间环境

图3-27 多场并列拉开站场布局在环境、交通、空间联系方面的优势

图 3-28　南京北站方案设计光谷空间室内效果图　　**图 3-29**　杭州西站方案设计光谷空间室内效果图　　**图 3-30**　雄安站光谷空间

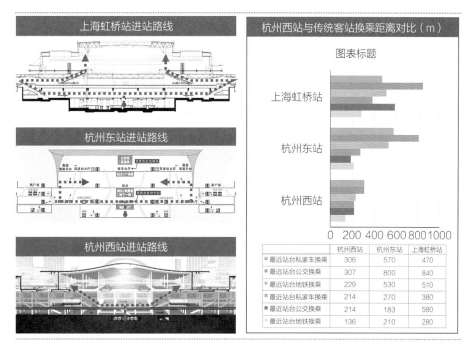

图 3-31　采用中央进站系统的杭州西站与其他客站换乘路线及距离对比

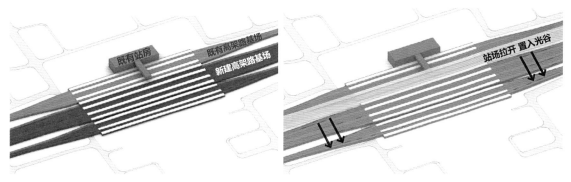

图 3-32　新老站场改建项目置于光谷前后对比图

加，但站场拉开后形成的光谷空间，可以引入原有
站房两侧的进站及换乘功能，甚至站场间隙也可引
入进站道路或城市道路。同时，光谷在多个层面有
着重要的交通衔接作用，可以优化交通换乘、进站
出站流线、功能空间联系、周边开发路径等方面。
从站区角度出发，"光谷"通过资源的重新配置提
高了整体的空间利用率，一定程度上可以缓解站场
拉开占用额外土地带来的影响（图3-33～图3-35）。

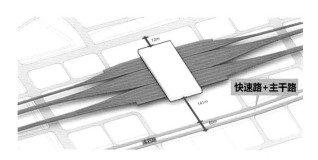

图 3-33　未置入光谷站场设计

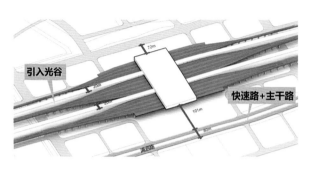

图 3-34　置入光谷站场设计

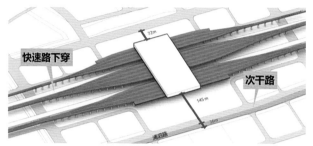

图 3-35　城市快速路引入光谷

　　站场拉开具有空间、交通、环境联系等方面优势的同时，也具有其局限性。其一，该类站场布局
的选择需要客站站场具有一定规模基础，需要两个站场或以上；其二，对于处在大型城市中心地带的
客站，站场拉开提高的空间利用率是否可以平衡额外占用土地的价值需根据实际情况确定是否选择该
类布局；其三，由于站场拉开形成了全新的"光谷"空间，在其中植入交通系统使客站与城市的联系
更为复杂，对铁路和城市方的协同管理提出更高要求。

2. 不同铁路站场形式对站城融合影响的比较分析

1）路基站场和高架站场的比较分析

　　高架桥基站场可以充分释放线下空间作为城市交通的换乘空间，实现"零换乘"的理念。节省出
的站前广场空间则可进行高强度开发，提升站房周边的土地价值，同时避免路基站场对城市空间的割
裂。相较之下，路基站场具有一定的劣势，其将城市空间割裂为两部分，占用大量城市土地用作基本
配套，无法提升土地的价值，并且导致旅客换乘流线加长（图3-36）。

图 3-36　路基站场与高架站场对比图

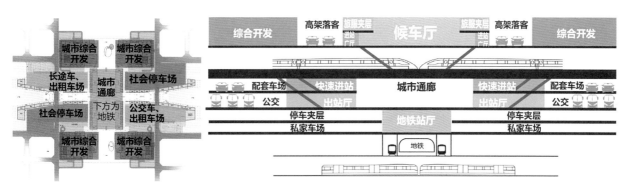

图3-37　杭州西站平面及剖面功能布局示意图

例如在杭州西站枢纽的可行性研究阶段（图3-37），原路基站场被调整为桥基站场，以联系因铁路轨道割裂的城市空间，保证桥下和城市空间的连接通畅。同时设计方案利用桥下空间设置高铁站区配套的公共交通停车场，方便高铁与城市交通的换乘，提升站与城的融合度。站房两侧及站前广场的土地则全部用于商业开发，提升了站场咽喉区以及更远处的城市铁路沿线两侧的联系，推进了城市形象的建设，也提升了这些地块的土地价值。

虽然桥基站场在站城融合方面具有一定优势，但咽喉区约1.5km范围内结构形式的改变导致其造价成本远高于路基站场，不同客站需根据自身发展需求和条件选择适宜类型。

2）高架站场不同高度的比较分析

通常桥基站场只需将站场抬高9～10m就能满足在站场下设置公共交通停车场的需求。如果将站场抬高到15m左右，虽然投资成本相对较高，但可以在站场下设置夹层空间，提供线下候车、专属流线通道、夹层停车场等，满足客站交通需求的同时，为周边开发配套解决部分停车需求。同时，站场抬高可使铁路下方增加联系通道，建立与城市慢行系统的联系（图3-38、图3-39）。

例如杭州西站枢纽高架桥基站场的轨顶标高由通常的9～10m，进一步抬升至13.75m，也因此有条件在6m标高设置了线下夹层，相较于抬高前可获得更多站城融合方面的积极影响：夹层作为客站快速进站厅及中转换乘厅，通过商业空间与综合开发、城市慢行系统联通，提升旅客进站效率的同时，实现了客站的整体通达性。通过站场的抬高，使得铁路线下方增加了更多联系城市南北的通道，并通过与城市慢行系统的联系，方便城市人流步行于各个街区，有助于城市活力的延续。此外，夹层停车场使私家车停车位数量翻倍，在满足杭州西站配套要求的基础上，可为上盖及周边综合开发提供停车支持。

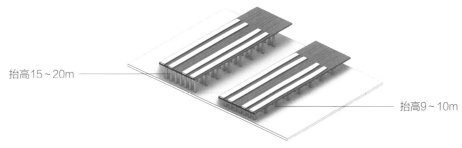

抬高15～20m

抬高9～10m

图3-38　高架站场不同抬高高度比较示意图

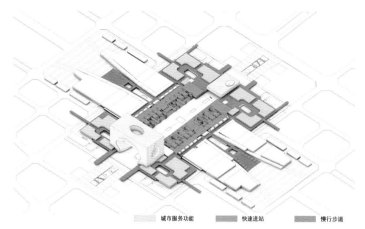

城市服务功能　　快速进站　　慢行步道　　**图3-39**　线下夹层空间与城市慢行系统连接

3）路基站场与地下站场的比较分析

在视觉和空间方面，地下站场消除了地面铁轨对城市的割裂作用，解放了地面层的空间，使站场两侧城市空间在地面层建立了有效沟通，为站城融合创造了更有利的基础条件。在与城市轨道交通衔接方面，地下站场与地铁距离更加紧密、换乘更加方便（图3-40）。

图3-40　路基站场与地下站场对比图

地下站场和路基站场相比有很多优势，但也存在不足。一方面是经济上，地下站场的造价更高，一般说，高架线是地面线的2～3倍，而地下线又是高架线的3～4倍，[①]其运营成本也更高。且这类站场一般处于地下空间开发价值较高的区域，地下站场所在的地下层必然也会被站场隔断，对站区地下空间整体开发带来挑战。另一方面是技术上，结构和建筑消防设计更具挑战性。地下站场消防疏散要求甚是严格，疏散距离及至地面楼梯的疏散宽度都有颇高要求，需要占用更多的土地资源和地下空间用于疏散，技术难度也大。

4）地下站场埋置深度的比较分析

地下站场的埋置深度有浅埋和深埋之分：浅埋是指站场在半地下或者地下一层，站房一般设置于地面及以上，站房在视觉上会有较明显的建筑体量，大多在地面层解决旅客集散的需求；地下站场深埋是指站场在地下二层或者更往下的位置，站房位于地下或半地下，建筑体量大多消隐在城市空间中，利用地下空间来解决旅客集散（图3-41）。

① 周翊民，金辰虎. 降低城市轨道交通造价的思考［J］. 城市轨道交通研究，1999（2）：1-4+28.

地下浅埋站场会将城市利用价值较大的地下一层空间占据和割裂，从站城融合的角度来看不具备明显优势。建设地下站场一般为较发达城市，浅埋车站对于未来城市地下一层的开发、市政建设都存在潜在的不利影响。相较而言，深埋车站没有占用宝贵的地下一层空间，将空间留给城市，地下开发可以在地下一层或二层进行地下空间连接，城市可充分利用地下一层的空间进

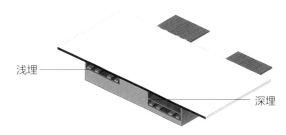

浅埋
深埋

图 3-41 地下站场埋深示意图

行市政设施建设，对于站城融合的促进作用更加明显。但深埋站场造价相较浅埋站场更为高昂，需综合考虑城市经济水平与土地价值，理性确定地下站场深度，促进城市可持续发展。

3. 站场布局对站城融合的影响评价及相关建议（表3-1）

站场布局对站城融合的影响评价　　　　　　　　　　　　　　表3-1

站场布局类型	融合影响评价			
	功能	交通	空间	环境
路基站场	阻碍地面层的互动与联系，迫使站城功能融合单一	站场割裂了城市交通网络，使站与城在地面交通上难以建立有效的融合	空间改扩建方便，需另置架空层或地下层联系空间	对城市割裂影响比较大
高架站场	桥下空间可用作铁路配套功能及城市交通功能布置	因架空形成的地面空间使站场周边产生良好畅通的交通网络	通过城市廊或其他公共空间，将站场两侧地块及站房上下空间直接相连	释放地面层空间用以连通城市两侧，但高架桥在视觉上依然有割裂影响
地下站场	可在地下布置铁路配套功能及城市交通功能等复合功能	可将城市交通功能与车站布置在地下，使交通换乘便捷	地上地下空间可一体化开发，空间可能性更多样	消除了对城市的割裂感
立交叠合站场	利用不同车场叠合的角度适配不同功能	多标高的进出站流线与城市交通衔接更加密切	更加集约化利用土地资源，可充分利用竖向空间	在站房设计中使站与城更好地融合，与城市建立联系
多场并列站场	可结合两场或三场之间的空隙，引入更多的复合功能	车场之间空隙可布置交通功能，使城市交通更好与车站融合	因车场之间拉开较大距离，创造了全新的位于车站中部的进出站空间	站场拉开可改善线下物理环境，增加采光通风，为旅客带来更好的出行体验

在站城融合视角下，应当着重考虑选择能与城市在功能、交通、空间、环境产生多维联系的站场布局，倡导建筑设计前置介入站场布局阶段，根据客站自身禀赋和限制条件，综合考虑上位规划、投资成本、地质地形、分期建设等因素，优选适宜的站场布局类型。以下述几种考量方面作举例说明。

第一，位于大城市中心地区、土地紧张、环境要求高的客站，应以减少站城割裂、提高空间利用率为重要因素选择站场布局，可考虑高架或地下深埋站场，其中：高架站场通过桥下空间立体化设置交通配套功能，方便旅客换乘的同时减少对周边土地的占用；地下深埋站场可一定程度规避对城市的割裂影响，但建设代价相当大。在周边限制条件较多的情况下，还可考虑平行立交叠合站场，充分利用竖向空间减少站场占地，但应在土地集约收益及更高造价成本之间进行权衡。

第二，若面临客站改扩建的情况，应选择能够持续适应改扩建全周期的客站运营和交通承载的布局。可考虑采用多场并列拉开站场布局，通过光谷的置入在后期客站的增建过程中不影响老站运营，

新站建成后亦能充分承载交通换乘，从而有效解决分期建设、新旧站房交通、站城衔接等问题。然而需要注意的是，城市建成区域老站的改扩建，由于成本高、涉及要素复杂等原因，需要结合实际情况综合考量。

第三，存在多条线路叠合的需求时，应当充分利用线路叠合特点进行站场设计。在客站需要衔接多方向线路的情况下，无须刻意追求两场并行，可以适当考虑在多方向线路交汇处设计十字立交叠合站场，在节约线路建设投资的同时，实现更多样的功能配置、更紧密的交通衔接，促进站城融合。

3.1.2 铁路站房布局优选与应对策略

铁路客站站房作为展示铁路外在形象的重要窗口，是连接客站与城市的重要空间。在站城融合的新要求下，铁路客站需要在线路、场地标高、地形等因素考量的基础上，综合考虑铁路客站所在区域的城市发展情况、规划需求等多方面因素，选择符合现实需求的站房布局，为客站与周边城市相互促进、协调发展提供重要前提。

铁路站房的布局选择，实质上就是候车功能空间和其他功能空间的关系选择。所以，对铁路站房布局的研究，多以候车空间位置模式为表述方式。根据不同的布局组织条件，以平面和剖面两个大类型作为基本布局分类。从平面上可分为横向集中式布置、横向分线式布置、纵向分线式布置等。从剖面关系上，候车厅布局形式主要有线上候车、线下候车、线上+线下、线侧候车、线端候车，也有相对复杂的复合型候车形式。平、剖面两个角度的候车厅形式彼此包含，剖面上对候车厅的分类与研究更有利于阐释站城融合的相关问题。所以，本研究将从剖面分类的角度梳理几类铁路站房布局模式的特点、对站城融合的影响及应对策略。

不同的站房剖面方向布局（即候车厅布局）各具特色，需要先对其进行全面了解，从而在此基础上分析比较其对站城融合的不同影响及应对策略。各类型站房布局的特点具体为：

线上候车指候车厅在站台层以上布置的形式（图3-42），通常适用于大型铁路交通枢纽，中小型铁路客站由于经济、需求等原因，适用性不高。线上候车对周边城市建设用地占用较少，能够获得更充裕的候车空间，大幅缩短候车区与站台区域的距离。上海站、北京南站、上海虹桥站等均采用了该类布局模式。

线下候车指的是候车厅在站台层以下布置的铁路站房布局模式（图3-43），通常更适合中小桥基线路站房的设计条件。该类布局模式中，由于站场对候车厅的遮盖，容易造成通风、光线不足等负面影响。站场拉开的空间组织方式可改善线下候车环境，使之适应大型和特大型铁路枢纽的建设。我国余姚北站、怀化南站、常州北站等是该类型的站房模式。佛山西站是目前我国采用全线下候车的唯一大型高铁站。

线上+线下的候车模式指的是在站台层上下都设置有候车厅的站房布局模式（图3-44），此模式主要在一些大型特大型站房的设计建设中有所应用，是线上、线下候车模式更进一步的发展融合。北京南站就采用了线上+线下的候车厅布局模式。

线侧候车指的是候车厅在站台层单侧或者两侧布置的铁路站房布局模式（图3-45）。其主要布局逻辑是在平面上将站前广场、站房和站场空间依次并置。这种功能布局形式总体来说，铁路功能关系

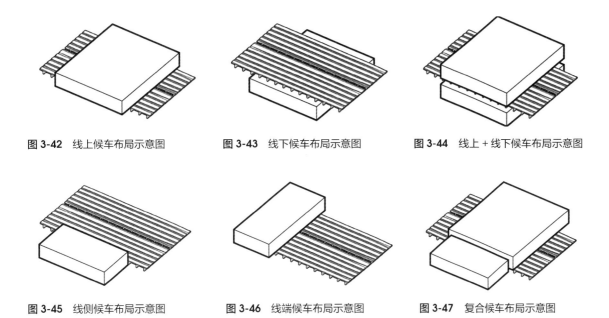

图 3-42　线上候车布局示意图　　　图 3-43　线下候车布局示意图　　　图 3-44　线上＋线下候车布局示意图

图 3-45　线侧候车布局示意图　　　图 3-46　线端候车布局示意图　　　图 3-47　复合候车布局示意图

简单清晰，模式相对固定，流线较长，换乘不便。从经济投入和施工难度等方面综合评估的话，对于 3万m² 以下、站场规模不大的中小型铁路客站有很好的适用性。北京站、广州站、长沙站等早期建设的大型站房是这种布局的典型。

线端候车指的是候车厅设置在铁路线路尽端的站房布局模式（图3-46）。在这种情况下，铁路站房通常垂直于轨道布置在端头，旅客流线类似于梳子的形态从站房区域集中，通过检票口后直接进入到各个站台。我国该类候站型较少，南京西站、北京北站由于线路设置的关系采取了线端候车模式。欧洲国家该类候车模式比较常见。

复合候车是结合了两种及以上的候车空间组合方式的候车模式，站房与站场的关系根据不同情况有多种选择（图3-47）。

1. 铁路站房布局对站城融合的影响及应对策略

1）线上候车

线上候车形式对于站城融合的影响可归结于水平空间的布局影响和垂直空间的布局影响（图3-48）。首先从水平空间来讲，线上候车布局相比较早期应用最广的线侧候车布局来讲，能够释放占据站前广场和站场之间的空间，大量节约土地，拉紧城市功能和铁路站房之间的关系，对于站房周边的城市综合开发非常有利。其次从垂直空间布局的影响来讲，由于候车厅位于站台上方，如果进行站台上方的城市综合开发则会产生相互的空间挤占。在与城市空间结构的互动关系层面，由于候车厅被托举到更高的标高，有利于城市空间地标的形成。

2）线下候车

线下候车对综合交通一体化的优势明显，从空间布局来讲，线下候车与线上候车类似，可以节约土地，拉紧站城之间的关系。在加强城市空间穿越性等向度对站城融合有着有利的影响（图3-49）。对垂直空间的利用而言，一般都会考虑是否进行上盖开发，这需要结合每个城市的具体的经济技术

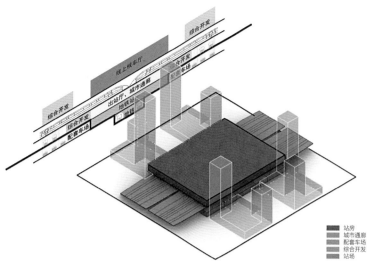

图 3-48　线上候车布局示意图

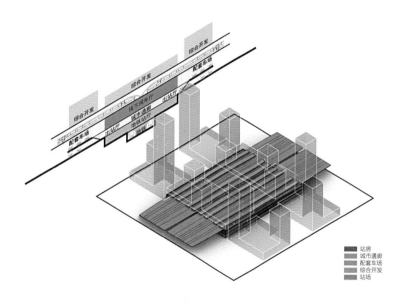

图 3-49　线下候车示意图

条件进行谨慎决策，避免盲目开发产生的一系列问题。如果确实需要进行上盖物业的综合开发，由于站台上没有大跨度的候车厅会保有大量可被开发的上盖面积。线下候车的功能布局模式虽然有很多条件限制和不足之处，但对于站城融合发展有着特殊作用，能够使得站城在功能布局与空间形态上有更多相互融合的选择，对于站城融合发展有着积极作用。对于站场标高条件适合做线下候车的情况，应该积极考虑线下候车的可行性，同时应该注意的是，线下候车对线下空间的占用较多，在站场与城市地面高差不大的情况下，安排好城市通廊及换乘组织与候车厅的关系具有一定难度。当然，线下候车的候车厅主体空间被藏于线下，对客站建筑本身造型的凸显性有需求的情况有较大的设计难度。

　　3）线上+线下候车

　　线上+线下候车的功能布局对站城融合的影响而言，兼顾了线上和线下这两种布局模式的特点，

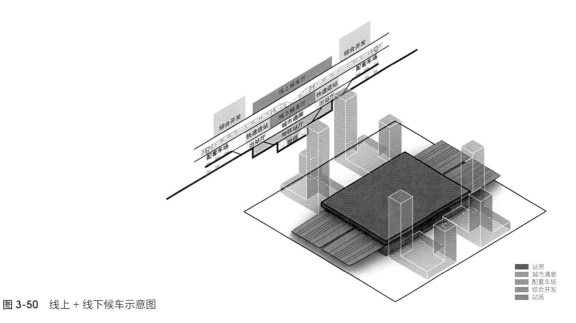

图3-50　线上+线下候车示意图

对各自的优点有强化，对缺点有改善。由于最核心的候车空间在线上和线下都有相应的配置，所以从城市功能的衔接来讲，有更多的节点可以进行连接选择，站房与城市的融合度比单纯的线上或者线下布局模式有一定的提升（图3-50）。线上+线下候车的功能布局模式中候车效率提升的同时，释放出更多的土地给其他的城市功能。此外，候车空间的分层布局，也为未来铁路客站的功能调整留出了条件，不仅可调整客流峰谷值的使用需要，甚至有条件将部分候车厅调整为商业、展览等城市功能，为站城融合留出弹性空间。

4）线侧候车

线侧站房的功能水平展开，铁路核心功能对土地的覆盖较多，从节地的角度来讲并无优势，对大型交通枢纽的整体布局有一定限制（图3-51）。但是，其经济性、可操作性都较强，向上和向下做城市综合开发均具有一定潜力。从站城融合角度思考线侧站房的布局优劣，主要需判断铁路核心功能的效率与垂直向度的城市综合功能增量之间的取舍平衡问题。

5）线端候车

线端候车布局模式对于站城融合可以具有一定程度的有利作用，其线路位于站房一侧，对城市空间的割裂要优于其他候车布局模式，但其决定因素取决于线路设置（图3-52）。该候车模式对于建筑设计环节来说，基本上是前置条件的形式加以接纳。对于此站房布局模式，铁路核心功能水平展开，对土地覆盖较多，但可考虑将城市综合开发紧凑的排布在站房两侧呈现"U"字形，拉近城市与站房的距离。同时，独特的

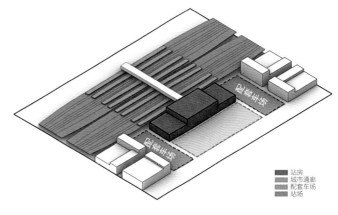

图3-51　线侧候车示意图

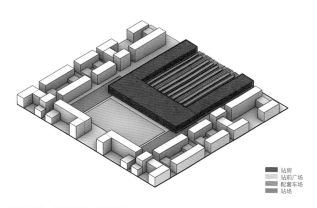

图 3-52　线端候车示意图

图 3-53　英国伦敦国王十字车站

站房布局易形成鲜明的记忆，在强调站房的场所性方面有独到的优势。例如英国伦敦国王十字车站（图3-53），改造后成为伦敦的标志性建筑，也成为周边区域的整体开发引擎。

6）复合候车

若同时具备两种及以上的候车空间组合方式时，则对于站城融合的影响方面，将兼顾他们所具备的优势和劣势，具备共通性。复合型候车多出于具体铁路客站的特殊情况做出的综合设计选择，在此基础上扩大设计研究范围，融入城市发展需求，更有条件创造出富于创新性的铁路客站设计（图3-54）。

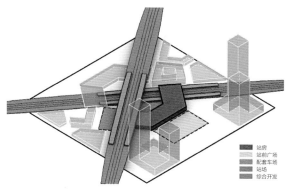

图 3-54　复合候车示意图

2. 站房布局对站城融合的影响评价及优选策略建议（表3-2）

站房布局对站城融合的影响评价　　　　　　　　　　表3-2

站房布局类型	融合影响评价			
	功能	交通	空间	环境
线上候车	有利于城市功能的毗邻设置	旅客流线清晰高效	水平空间与城市融合度好，垂直空间利用有影响	站房形象突出
线下候车	有利于城市功能的毗邻设置	综合交通组织优势显著	水平和垂直空间的融合度都较好	站房形象可根据需求灵活设计
线上+线下候车	有利于城市功能的毗邻设置	综合交通组织优势显著，线上候车部分流线可能较长	提供弹性融合空间	形象设计较灵活，可适应多种需求
线侧候车	在水平空间维度需要一定距离	流线简洁，适用于小规模站房	垂直空间融合条件好	站房形象突出
线端候车	功能融合度较好	流线较为混合	空间融合条件好	有较大特殊性，有利于场所塑造

站场条件是影响候车厅布局的重要因素之一，在站场确定的基础上合理利用属地城市的地形和气候条件来选择候车厅的布局是最基本的站城融合理念。下面根据不同的站场类型给出相适应的候车厅布局选择策略。

第一，在路基站场的情况下，对于用地紧张的城市，选择线上候车可以有效缓解站城用地的矛盾；而对于用地不紧张的中小型城市，采用线侧候车的模式更符合经济规律，也对塑造城市空间重要节点有着积极的作用。

第二，对于高架站场而言，在轨顶高度充分满足的情况下，选择线下候车模式可为土地稀缺的大中型城市提供更便捷的城市交通衔接条件，同时也在上盖部分提供了更多可能的"增量土地"。需强调的是，上盖空间的开发要符合经济能够平衡的基本原则。在线下空间不足的情况下，线上候车相较线侧候车更能缓解城市用地紧张的问题。

第三，特殊的站场形式，如地下站场或立体叠合站场等，应因地制宜地根据站场的基本空间条件和城市对发展融合的诉求来综合判断候车厅的布局形式。

3.1.3　城市综合开发布局优选与应对策略

涉铁的综合开发，泛指铁路沿线为高铁提供服务、配套等多种功能、业态的整合性设置和开发，能够满足高铁旅客的多样需求，拉动以高铁为核心的城市区域经济发展，打造良好的城市空间形象。综合开发更是提高铁路增值收益反哺铁路和客站建设，实现铁路系统可持续、高质量发展的重要支撑。然而在部分高铁站区建设中，上位规划指引存在对于需求研判失准，或是缺乏站城融合导向性的问题，导致综合开发脱离现实需求，站城发展不协调。作为站城过渡带，综合开发需要在结合客站自身站场、站房布局的基础上，充分认清所处地区的定位、需求，选择适宜的综合开发布局，助力站城融合发展。本部分将从客站综合开发功能需求、对站城融合的影响、布局模式等方面进行论述以及对比优选。

1. 客站综合开发的功能需求、开发强度原则

1）客站综合开发功能需求

客站综合开发功能从最初的零售、餐饮发展到现在的商务、商业、酒店、会展、公寓、旅游集散等，铁路客站从交通建筑演变成提供满足旅客使用需求的多功能城市综合体，并将各个功能空间组合成一个有机整体，成为城市发展的重要助力因素（图3-55、图3-56）。

布置于客站周边且与客站紧密关联的城市综合开发功能被称为"亲站型城市功能"，如酒店、停车场、餐饮、会务、零售等。亲站型城市功能既属于城市的功能业态，又与客站有着紧密联系，具有特殊的站城双重功能属性，是城市与客站建立有效联系的重要媒介，能够显著促进站城融合。亲站型城市功能的首要属性是城市属性，所以，首先是从区域规划内选择能为城市带来更多的活力和效益的功能；该类功能第二属性是客站属性，因此，需要与客站和旅客紧密相关，从而让旅客在融合区域停留，模糊站城边界、拉近站城距离，提高客站的服务水平和旅客体验。

2）客站综合开发强度原则

客站综合开发强度与站城融合程度并不呈简单的正相关关系，即站城融合程度高，客站综合开发强度不一定高。在实践中，需要因城而异、因站不同、综合考虑客站相关各类因素，理性地确定其综合开发强度，形成适宜的综合开发布局，促进站城融合（图3-57）。

2. 客站综合开发对站城融合的影响

1）连接城市功能

铁路综合开发可以有效连接客站与周边的城市功能，建立站与城的联系网络，提升站城功能的丰富性和互动、互补性，推动站城融合。如在嘉兴南站方案中，在跨线平台上植入了综合开发，与铁路南北两侧城市开发功能产生联系，打造立体城市连廊，实现了站城高效融合（图3-58）。

2）延续城市空间

对于空间形态而言，铁路综合开发可以连续客站周边的城市空间，形成综合开发建筑群，延续城市肌理，丰富天际线，构建完整的城市形象，对站城融合有积极影响。同样以嘉兴南站方案为例，既有路基站场导致南北城市空间割裂，通过跨线综合开发慢行平台延续了南北城市空间，构建了尺度宜人的小体量商业开发。同时，站房南侧城市超级娱乐城与站房形成整体的城市形象，在空间形象上充分达到站城融合（图3-59）。

3）助力提升场所感

在营造客站精神场所的基础上，客站综合开发可以进一步提升场所感，形成独特的站城体验。通过商业氛围的营造、空间品质的提升、人流的引入，可以带来更好的场所体验，吸引更多旅客、市民参与，提升客站活力（图3-60）。

图 3-55 客站综合开发办公功能

图 3-56 客站综合开发商业功能

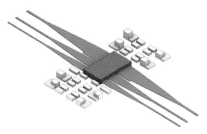
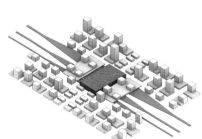
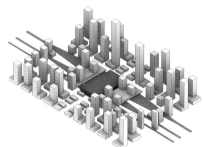

图 3-57 客站不同强度综合开发布局示意图

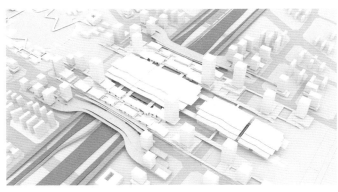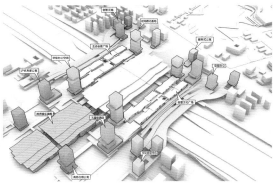

图 3-58 客站综合开发连接城市功能

图 3-59 客站开发延续城市空间

图 3-60 客站综合开发可以助力提升场所感

3. 客站综合开发布局特点及站城融合相关影响分析

1）线上开发布局

线上开发也称"上盖物业开发"，是指在铁路站场途经地区的上方形成再开发平台，进行开发建设的土地开发方式，提高铁路土地使用效率的同时，与站房共同塑造协调统一的站区综合体形象（图3-61）。这一开发方式在中国香港、日本和韩国等城市很普遍，而我国内陆近些年重点地市的枢纽、地级站也在逐步采用这种开发方式。

因为水平距离接近，线上开发一般与线上候车密切相关。由于进站便捷，线上开发的人流大多是去往候车厅或与之紧密关联。基于线上开发的收益需要，功能多样性、资产性是线上开发的首要特质，多是办公、商务、商业、酒店、公寓等功能，目前主要通过旅客服务、空间延续和平台作用促进站城融合。

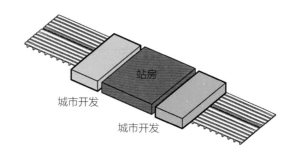

图 3-61　线上开发布局示意图

2）线下开发布局

线下开发是在站场下方进行开发建设的土地开发方式（图3-62）。受制于站场的高度和结构，线下开发往往存在空间尺度低、采光通风差等问题，也影响其构成形式。无论线上或线下候车厅，线下开发都能与之匹配。如果是线上候车，那线下开发与出站厅和换乘空间相结合，在各种换乘路径上设置，利用集聚人流最大化利益，功能以商业、餐饮、服务等为主，规模以商业街或小店铺为主。如果是线下候车，结合候车厅的大量人流，可以设置商业、娱乐、餐饮等线下开发功能，主要为旅客服务。现阶段国内外的高铁站区线下综合开发主要与换乘系统紧密关联，形成以高铁站区为核心的互通网络，将线下、城市空间有效联通，达到站城融合的基本效果。

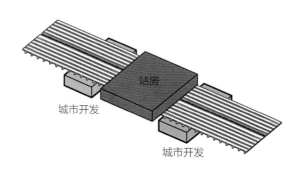

图 3-62　线下开发布局示意图

3）周边开发布局

周边开发，指在铁路途经地区的周边区域进行开发建设的土地开发方式（图3-63）。铁路站区作为城市的主要交通门户，交通人流集中、发展潜力大，高铁站区周边开发建设成本低、组织方式灵活、可分期建设。根据Schutz（1998）的高铁周边"三个发展区"结构理论，[1] 周边开发布局往往分为三个圈层：第一圈层是"内核"区域，主要配置与高铁站区最密切相关的商务、办公、酒店、旅客集散中心、公共配套车场等功能，整体空间建筑密度最高，开发量较大；第二圈层是"中核"区域，功能更为综合，整体空间建筑密度相较"内核"

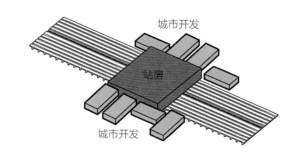

图 3-63　周边开发布局示意图

更低，开发量由上位规划决定；第三圈层是"外延"区域，依据国土空间规划配置功能，主要符合城市空间的功能和形象塑造。周边开发有利于塑造以高铁站区为核心，站房与城市建筑融为一体的城市空间，达到站城融合的空间形象效果。

4）复合型开发布局

复合型开发可以看作根据高铁站区的自身特点，两种或多种开发方式的组合，其目的是实现综合开发的最理想化配置（图3-64）。复合型开发具有两大特点：一是因地而异，综合开发类型往往

---

① 　E. Schütz Stadtentwicklung durch Hochgeschwindigkeitsverkehr. Konzeptionnelle und methodische Ansätze zum Umgang mit den Raumwirkungen des schienengebundenen Personen-Hochgeschwindigkeitsverkehrs (HGV) als Beitrag zur Lösung von Problemen der Stadtenwicklung[J]. Informationen zur Raumentwicklung，1998(6): 369-383.

取决于城市对于高铁站区的发展设想和整体规划；二是因级而异，综合开发形式主要取决于高铁站区的不同能级，能级越高对于城市经济发展、交通规划、空间塑造等的拉动作用越大，反之亦然。目前国内外的高铁站区开发大多数都是复合型。以位于重要商圈的沙坪坝站为例，其用户除高铁通勤、商务旅客外，还有大量购物消费娱乐人群。因此，该站将线上开发与周边开发结合，从空间时间维度促成了站城空间的多维度融合，随着城市空间的扩张，势必将达到功能形象的一体化，实现站城融合（表3-3）。

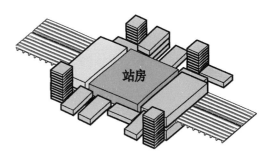

图 3-64　复合型开发布局示意图

各类综合开发布局特点分析　　　　　　　　　　　　　　　　　　　表3-3

综合开发布局类型	优势	劣势	与站的关系	服务客群
线上开发布局	节约利用土地； 加强站与城的联系； 带动城市发展； 引流城市人群	结构转换复杂； 上盖开发可能存在振动或噪声	非常亲密	车站旅客
线下开发布局	聚集换乘路径人流； 设置商业实现利益最大化； 为周边配套开发解决停车需求	空间尺度小； 自然采光弱； 消防疏散有较大难度	较为亲密	车站旅客
周边开发布局	便于建设；界面明确；方便管理	站与城缺乏路径联系	较难亲密	周边城市人群
复合型开发布局	实现站区空间利用率最大化； 通过高铁站区拉动城市发展； 形成统一的城市形象	建设成本较高； 较难分期实施	非常亲密	旅客及城市人群

4. 综合开发布局对站城融合的影响评价及相关建议（表 3-4）

综合开发布局对站城融合的影响评价　　　　　　　　　　　　　　表3-4

综合开发布局类型	融合影响评价			
	功能	交通	空间	环境
线上开发布局	对周边城市建设用地占用较少，能获得更充裕的候车空间，并兼容了候车厅功能中的等候和通过属性	线上开发需注重竖向交通联系	线上开发可促进城市空间的延续；与站房共同塑造独特的城市空间形象	削弱了站场对城市的割裂作用，并很好地将周边环境整合与车站相融
线下开发布局	结合线下空间的大量人流，可设置商业、娱乐、餐饮等服务旅客的功能	线下开发有大量地下空间可集中布置城市交通，缩短乘客换乘距离	虽然线下空间可利用率高，但线下可利用的空间高度有限	线下整体的采光条件较差，对多台多线的站房，自然光的引入非常困难

综合开发布局类型	融合影响评价			
	功能	交通	空间	环境
周边开发布局	周边开发布局能根据与客站的空间距离关系，提供符合不同需求的功能，且在建设中有利于灵活组织	客站核心区的交通功能水平铺开，难以形成立体集约的站城交通体系	根据圈层理论，周边开发有利于塑造以高铁站区为核心的城市空间	站房与城市建筑融为一体形成统一的城市，达到站城融合的空间形象效果
复合型开发布局	可以灵活组织线上、线下与周边开发，其功能、强度也随组合的多样性而变化	因其组合的复合性，适配的城市交通也更多样，使城市交通换乘更便利	通过两种或多种开发方式的组合，实现高铁站区综合开发的最理想化配置，打造空间多样性	使城与站之间更加融合，也因开发程度的复合使站的环境更加丰富

站城融合背景下的客站综合开发需要遵循以下原则：

第一，需要上位规划充分结合城市需求、区域分工、地区现状、站区发展特点、高铁影响等因素，对高铁客站站区提出明确合理且具有指导性的定位，从而对于客站综合开发的定位、开发模式、规模、强度及产业类型给出引导性建议。[①]值得注意的是，客站在站城融合视角下的综合开发因城不同、因站而异，没有固定模式。

第二，基于客站自身站场、站房布局，以及综合开发功能业态需求，对比不同综合开发布局模式的优劣势，确定适宜模式。实际设计过程中，还需综合考量旅客的进出站流线，以及不同业态中人的感受与需求。举例而言，若所需开发为出行、候车等紧密服务旅客的功能，可结合站房、站场布局选择线下开发布局，通过交通的集中布置，有效缩短站房旅客前往线下各类服务功能的距离，但需注意规避采光通风等因素的不利影响；若所需综合开发的业态目标客群对于环境品质有较高要求，可以考虑线上开发布局或其他含有线上开发的布局模式，利用线上空间更为通透自由的特点，结合候车功能，营造高品质空间，发挥其旅客服务、空间延续和平台作用，但线上综合开发需与站场站房同步建设实施，通过协调策略明确统一的建设时序。此外，还需注意预留足够竖向交通联系综合开发与客站，确保综合开发的交通可达性。

第三，利用综合开发，提高客站全周期经济收益，即通过路地协作分阶段投资，建设反哺、运营补亏，获取轨道项目全生命周期收益：在投资决策阶段，开展线路可行性研究及土地综合开发专项规划；在开发决策阶段，开展线路初步设计及一、二级土地综合开发实施工作；在运营决策阶段，进行线路安全运营、多网融合，并且关注综合开发的特许经营等。

3.1.4 客站相关功能布局优选建议及相关策略

由于自然、社会、文化环境的不同，一种客站功能布局定式难以在不同项目复刻。对标站城关系新需求，需要对客站相关功能布局进行站城融合视角下的评估、优选和相关改进。从整体来看，客站相关功能布局需要注意以下三个层面。

---

① 尹宏玲. 高铁站地区的功能定位思路与方法探析——以京沪高铁济南西客站地区为例 [J]. 山东建筑大学学报，2011，26（3）：199-203+214.

从比较评估层面来说，需要在站城融合新视角下对于不同的客站功能布局模式进行重新评估比较。应从已建或在建铁路客站的实际经验出发，以客站站场、站房、综合开发三大功能板块为对象，在功能、交通、空间、环境等维度挖掘，总结并对比分析不同功能布局模式对站城融合存在的影响。

从优选优化层面来说，需要明确站城关系新需求及因地制宜的原则，优选和优化客站相关功能布局。站场方面，注重站城融合视角下对于传统站场类型的优化和突破。站房和综合开发方面，注重二者功能空间的联动关系，同时与周边城市统筹规划设计。

从机制保障层面来说，在城市方面，需要国土空间规划提供相应的站区规划和产业专项规划，为客站设计提供引导；在客站方面，需要在实际规划、设计、建设过程中，倡导建筑设计前置介入线路选线、站场布局和枢纽规划，建立铁路与城市的可持续合作机制和平台，助力站城融合发展。

3.2
促进站城融合的客站功能布局新探索

随着TOD、站城融合、可持续发展等理念逐步深入人心，有关站城融合发展的政策体系随之完善，中国铁路客站建设开始进入全新时期。一方面，国铁系统与城市各类交通系统之间衔接更加紧密，另一方面，客站的城市属性和特征需求不断提高。然而，目前我国铁路客站仍存在城市和铁路交通衔接不佳、"节点—场所"失衡等问题，站城融合的发展仍然"路漫漫其修远兮"。诚然，为实现新时期发展对铁路客站提出的新要求，总结并优化实践工作中的先进经验具有必要性，但也需要通过探索创新实现铁路客站的突破性进步。本节将从城市交通换乘中心布局影响分析、节点与场所的平衡策略、车行落客布局新探索三个方面对客站功能布局进行创新研究和探索。

3.2.1　城市交通换乘中心布局

近年来，国内旅客出行目的越发多样化，上班、休闲娱乐、探亲访友等活动的范围扩大至不同城市、不同地区。出行结构的复杂化对不同交通方式的灵活组合提出了更高需求。铁路客站作为满足旅客多种交通换乘需求的重要场所，在其中增设城市交通换乘中心的意义重大。城市交通换乘中心不仅提高了交通换乘的便利度，并且通过搭建国铁与城市轨道交通、机动车、慢行系统等多种交通系统之间的桥梁，构建起站与城的联系，推动站城融合的发展。

3.2.2　城市交通换乘中心的概念

城市交通换乘中心，英文全称为"City Transportation Center"，简称"CTC"，由机场枢纽综合体中GTC（Ground Transportation Center）的概念衍生而来，意指陆侧客运交通中心，是机场

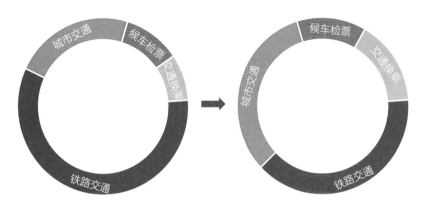

图 3-65　普铁、高铁时代旅行全程各过程占比

■铁路交通　■城市交通　■候车检票　■交通换乘　　　　　■铁路交通　■城市交通　■候车检票　■交通换乘

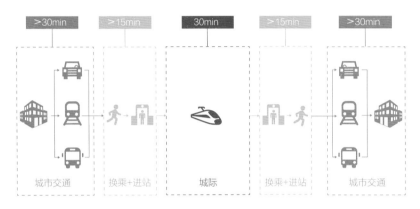

图 3-66　城市出行时间比例示意图

实现空、陆交通转换的区域。[①]

　　随着出行次数逐年上升，人们对于旅行时间的敏感性提高。随着技术发展和运营优化，在完整的旅行过程中（由城市交通换乘到铁路客站、进站、候车、乘车、出站、再由铁路客站换乘到城市交通），乘车时间所占总旅程时间的比例减小，换乘所占时间比重有所增加。因此，优化铁路客站与城市交通的换乘尤为重要。客站中优化后集中高效承载换乘行为的空间，我们称之为"城市交通换乘中心"（图3-65、图3-66）。

1. 城市交通换乘中心的构成及空间特点

　　城市交通换乘中心连接众多交通换乘区域：国铁系统、城市道路系统、城市轨道系统、慢行系统、城市航站楼，甚至码头、停机坪等，并以最高效集约的方式整合在一个空间内（图3-67），使旅客、市民能够在其间便捷、舒适地换乘。同时，城市交通换乘中心可在交通功能的基础上引入丰富的城市功能，例如商业、商务、会展、休闲

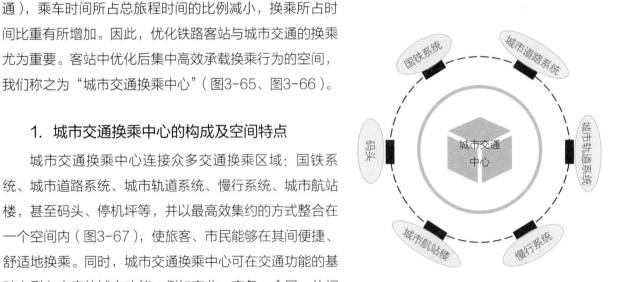

图 3-67　城市交通中心与多种交通连接示意图

①　李学. 中国当下交通建筑发展研究（1997 年至今）[D]. 杭州：中国美术学院，2010.

等，并在各个层次和界面上与周边城市部分连接。

城市交通换乘中心不仅作为交通换乘核，更作为一个开放的城市公共场所而存在。因此，城市交通换乘中心区域对旅客及市民来说，是更直观的站城融合空间。一般来说，城市交通换乘中心具有中庭空间、换乘空间、商业休闲空间的属性。

1）中庭空间属性

城市交通换乘中心作为具有标志作用的节点空间，有需求且也有条件打造类似商场中庭的大型空间，满足人流集散的同时提升空间品质，丰富旅客出行体验（图3-68）。

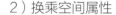

图 3-68　中庭空间

2）换乘空间属性

城市交通换乘中心类似一个集中转换器，基于多首层的概念，通过叠置集约利用空间，促进城市交通换乘中心与站房在多个界面上衔接（图3-69）。

3）商业休闲空间属性

与一般商场的商业设置不同，城市交通换乘中心更多是根据旅客及非列车乘客的人物画像预设其行走流线，据此策划入驻商业品牌的位置与定位，通过动线引导顾客的购物路径，并设置休息区做适度留白（图3-70）。

2. 城市交通换乘中心的布局方式

城市交通换乘中心的布局方式受铁路站场、站房站型、城市发展界面和运营管理模式的影响，在设计中应结合实际情况选择合适的形式，可划分为独立式、分列式、融合式三种。

1）独立式城市交通换乘中心

独立式交通换乘中心，指将站房相关的所有交通换乘功能集中设置在一个区域内，设置于铁路客站面对城市主要方向的端部或者一侧，指向性强，便于大部分旅客明确路径，迅速到达交通换乘地点。

传统铁路客站站前广场周边布设公交、长途、出租、社会停车场等交通换乘场地，与独立城市

图 3-69　换乘空间

图 3-70　商业休闲空间

交通换乘中心功能类似。但站前广场为兼顾城市形象、消防疏散等需求，被动采用大尺度空间，导致换乘流线较长、环境较差、使用率低（图3-71）。而独立式城市交通换乘中心将原本摊开平铺的站前广场立体化，与站房紧密衔接，在集约利用土地的同时具有更强的导向性，可以清晰、高效地集散人群，有效缩短旅客换乘距离。以重庆东站某设计单位方案为例（图3-72、图3-73），方案在站房一侧增设多层开放式进站区域，地铁、公交、长途、社会车辆、周边综合开发等人流均经此区域进站，并配有商业、休闲等空间，提升了旅客体验。以站前开放式进站区域为中心，在功能与交通上衔接站房与站前城市开发地块，这一思路是对促进站城融合的有效尝试。

独立式城市交通换乘中心投资相对较小，地方与铁路界面划分相对明确，是较易于操作的模式，但其与城市的联系为单侧，多适用于客站位于城市一端的情况。此外，由于功能高度集中，流线较为复杂，不利于分期建设和改扩建。

2）分列式城市交通换乘中心

分列式城市交通换乘中心指将站房相关的交通换乘功能分设于站房两端或站房两侧腰部。相较于独立式，分列式城市交通换乘中心更能满足复杂、大量的交通换乘需求，影响覆盖范围更为均衡，换乘流线也相较清晰（图3-74）。以上海虹桥站为例，该站为长三角区域的重要交通极，客流量大、换乘流线复杂的同时，大量的商务和通勤旅客对于出行时间更具敏感性，需要较高的交通换乘效率。因此，站房两端设置了东西两个交通中心，分层立体设置，分别与东侧的虹桥机场和西侧的虹桥天地衔接，服务于不同方向的城市人流。其中，东侧交通中心分层衔接地铁、国铁、社会车辆、长途、公交、航站楼，并形成上下贯通的中庭空间，便于人流集散和明确路径。受空间所限，西交通中心未能形成类似空间，相较而言，路径导向和换乘体验较弱。此外，由于两个交通中心分设在站房两端，距离过远，交通中心之间的联系较弱。

分列式城市交通换乘中心适用于规模较大，或需要衔接不同城市方向的铁路客站。其优势在于能随实际需求，分区分期建设，应对大规模客流换乘需求。若能够在多个城市交通换乘中心之间建立便捷的联系，则是较为理想的城市交通换乘中心布局模式。

3）融合式城市交通换乘中心

融合式城市交通换乘中心是更大范围内的站城融合综合体。国铁、地铁、公交车、长途汽车、出租车、社会车辆等各种交通功能围绕城市交通换乘中心布局，形成一个高效、集约、立体、复合的枢纽综合体（图3-75）。以杭州西站为例，利用两个铁路站场拉开的空间，设置云谷中央交通系统，在

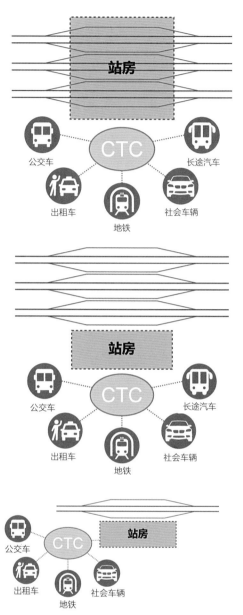

图3-71 独立城市交通换乘中心三种衔接方式示意图

图 3-72 重庆东站城市交通换乘中心位置示意图

图 3-73 重庆东站城市交通换乘中心效果图

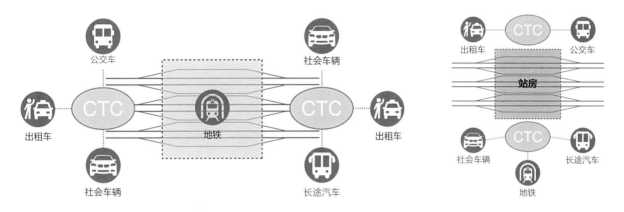

图 3-74 分列式城市交通换乘中心两种衔接方式示意图

图 3-75 融合式城市交通换乘中心两种衔接方式示意图

多个标高上串联起国铁与城市交通，将垂轨向的传统"一"字形城市通廊扩展为"十"字形城市交通换乘中心，并以此为核心，进一步形成站城综合体的多层"田"字形交通系统，将各类换乘流线融于其中，缩短换乘距离，明晰换乘路径，形成独具特色的站城融合空间。

融合式城市交通换乘中心边界不明显，不利于分期建设，但其建立起客站与城市之间纵横交错的联系网络，并能够承载更为复合多样的交通与功能需求，有利于促进车站与城市在交通换乘、功能布局、空间环境上的多维融合。

3. 城市交通换乘中心布局对站城融合的影响评价及相关建议（表3-5）

城市交通换乘中心布局对站城融合的影响评价 　　　　表3-5

城市交通换乘中心布局类型	融合影响评价		
	与城市功能连接	与城市交通连接	与城市空间连接
独立式城市交通换乘中心	独立式城市交通换乘中心将铁路与城市交通功能整合在一个集中区域内，使站城通过固定区域形成互联关系	与城市交通在同一区域内连接，减少旅客换乘路径，导向明确，功能清晰	独立式城市交通换乘中心与城市的联系偏重一个方向，与城市空间的连接往往偏向面对城市的一端
分列式城市交通换乘中心	需要从两个或以上不同的方向与各类城市功能连接，使铁路站房与城市之间多个方向的连接更紧密	适用于规模较大、换乘需求较复杂的铁路客站，分散几个方向与城市交通连接，满足旅客不同去向的交通需求	分列式城市交通中心与城市空间从不同的方向连接，加强与周边城市空间的整体性，可根据实际需求，分区域分期实施
融合式城市交通换乘中心	更多维度的与城市功能进行连接，使铁路站房不仅是交通枢纽，更是站与城的融合体	与城市交通的连接更加复合多元，各类交通类型围绕其布局，形成一个以城市交通换乘中心为核心的枢纽综合体	融合式城市交通中心在更大范围内考虑与城市空间的关系，从水平和垂直两个维度上形成更加立体复合的站城衔接

　　为贯彻站城融合理念，应发挥立体化组织换乘空间的思维，因地制宜优选城市交通换乘中心模式，并通过相对应的策略缓解所选模式的劣势，实现各类交通资源的整合，促进站城紧密衔接。优选建议以客站所处地区发展能力、区位条件、自身布局三个方面为例展开。

　　第一，客站所处地区的财政、管理能力不同，需结合各地发展能力进行优选。对于建设资本有限、管理能力较弱的中小型城市地方政府来说，独立式城市交通换乘中心可节省土地财政，并且此类布局中城市与铁路之间界面清晰，易于操作，此外由于其距离站房较近，能够满足高效换乘的基本需求。但由于该类交通中心内部流线复杂，需注重建立简明高效、互不干扰的流线系统，并结合清晰的标识系统提高换乘空间可识别性。相较之下，以融合式为典型代表的城市交通换乘中心与站房之间的关系更为复杂，需要客站所在城市具备更高的统筹管理及协调能力，但此方式能更好地促进站城多维融合。

　　第二，不同城市和地区客站的交通需求和站城关系不同，需从各自区位条件出发选择适宜的交通中心。通常来说，大型城市客站的交通需求更大、换乘流线更多，分列式或是融合式交通中心更能承载丰富的换乘需求，但应注重利用连通空间加强交通中心间的联系。但当客站位于大型城市边缘地区时，站城界面相较单一，也可在能够满足交通换乘需求的前提下采用独立式交通中心。

　　第三，除了以上外在条件，客站还应综合考量其自身站房、站场布局等进行优选。以采用了路基站场的客站为例，站场割裂地面空间导致分列式交通中心需在不同标高建立两侧联系，建设代价相较独立式交通中心更高。此外，融合式交通中心与某些特殊站型更适配，例如采用了立交叠合站场的苏州南站，根据其实际需求最终选用了融合式交通中心。

3.2.3 节点与场所的平衡策略

　　根据相关理论研究，客站的"节点"价值与"场所"价值需要达到平衡，才能使站点地区可持续发展

（图3-76）。结合我国国情与新时代高铁站设计的需求，以"节点""场所"平衡这一观点为基础，本研究对于客站节点属性与场所属性的内涵提出了进一步认知：节点属性反映了高铁站交通功能相关的各项特征，为客站基本属性；客站的场所属性为其物质环境与人文环境特征的结合——其中物质环境站点区域的复合功能属性，而人文环境是空间所能产生的心理行为感受、历史承载、社会价值等精神层面的属性，需要客站具有"精神""气氛"特征而让使用者具有归属感、体验感及认同感。在这一认知下，场所属性蕴含了高铁站在城市区域环境中的功能复合和精神象征的意义，赋予了使用者在复杂的交通建筑中丰富独特的体验，从而建立了客站与城市的深层次联系。[②]

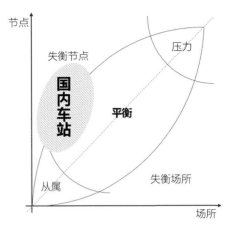

图3-76 节点与场所模型[①]

目前中国高铁站设计中节点与场所不平衡的问题颇为普遍，表现为客站的交通需求日趋完善，但场所属性缺失，尤其是人文、精神意义匮乏。为解决客站场所与节点平衡相关问题，充分实现站城融合，本研究结合实践，提出"节点与场所的融合空间"及"客站城市精神场所"两方面的解决策略方向。

1. 节点与场所的融合空间

为应对我国传统的客站设计普遍呈现出的"重交通，轻场所"问题，可结合适宜模式在客站中设计节点与场所的融合空间，在客站同一空间中兼顾节点场所双重属性，增益交通效率与场所营造。这种空间设计策略可按照其与客站和城市的关系分为以站为主体、站城共同为主体、以城为主体三种类型。

1）以站为主体型

以站为主体型的节点与场所融合空间设计，是在客站内某强交通属性空间中结合场所空间营造，目前应用较多的是站场拉开空间。将几个并列的站场从中间拉开形成的空间，可以在建筑功能、空间优化、交通衔接等方面提高客站与城市之间的融合度与紧密性（图3-77）。在节点属性方面，站场拉开空间可布置进站、换乘等交通功能，实现旅客流线便捷高效，紧密衔接铁路与市政交通。在场所属性方面，该空间可布置商业、休憩等复合功能吸引旅客停驻，同时可通过多样化空间营造策略，充分提升使用者的空间体验感，从而在站场拉开这一以交通换乘为基础功能的空间中充分实现节点与场所的融合。杭州西站站场拉开的"云谷"空间设计即为此类节点场所融合空间的典型案例，该空间布置了中央进出站系统增强了节点属性，并通过内部空间高耸连续的独特感受、使用者丰富行为的碰撞、室内文化主题氛围的营造，以及云谷顺轨方向的内外空间联系等，营造出令人印象深刻、具有"灵韵"的空间场所。

2）站城共同为主体型

站城共同为主体型的节点与场所融合空间，是在客站中同属客站与城市的灰空间中，加强换乘交

① L. Bertolini Station areas as nodes and places in urban networks: An analytical tool and alternative development strategies[M]// F. Bruinsma, et al. Railway Development: Impacts on Urban Dynamics. Heidelberg: Physica-Verlag, 2008: 35-57.
② （挪威）诺伯舒兹. 场所精神：迈向建筑现象学 [M]. 施明植，译. 武汉：华中科技大学出版社，2010.

图3-77　站场拉开空间实现节点属性与场所属性平衡

通连接、场所空间营造及复合功能联系，目前比较典型的是立交叠合站场中庭的站城复合空间设计。立交叠合站场中铁路线路在不同标高交叉，交叉处的空间多变、交通复杂。但若充分将其利用建立客站场所与节点的平衡关系，可以创造出独特的站城复合空间，从而促进站城融合发展（图3-78）。该类站场可以将两条线路交汇处作为站点与城市多种交通方式的聚集与换乘空间加以利用，实现高效便捷换乘，充分发挥其节点属性；同时，交点处的中庭空间使得这一站城复合空间更具独特性，可加强旅客精神感受，增强对站房的记忆点，并联系中庭空间周边的综合开发功能，进一步提升其场所属性，达到场所与节点的平衡。如苏州南站枢纽综合体的设计将两个站场十字交叉心设计为中庭空间，是典型的节点与场所融合空间（图3-79~图3-81）。

图3-78　中央中庭换乘休闲空间实现节点场所平衡

图3-79　苏州南站为立交叠合站场

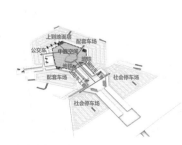

图3-80　中庭空间作为交通换乘枢纽空间，实现节点属性

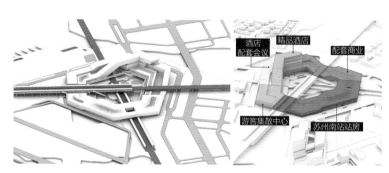

图3-81　中庭空间联系城市功能，实现场所属性

3）以城为主体型

以城为主体型的节点与场所融合空间设计，是在客站与城市衔接的区域，将城市功能空间与客站衔接，可有力提升节点场所双重属性，实现高铁站的节点—场所平衡。目前比较典型的是城市综合开发及公共空间结合客站的进站广厅、出站厅设计。在节点属性方面，该空间目的流线细分，使路线选择更加方便，并且客站与城市综合开发也可互相引流；在场所属性方面，城市综合开发的复合功能、富有特色的公共空间与客站衔接，可有效提升行进空间的品质与趣味，也使得旅客候车、出站等过程不再单调乏味。举例而言，嘉兴南站在铁路上盖平台植入商业、展览、观演、办公、酒店、服务式公寓等功能空间，与客站出站厅直接相通，使城市功能空间向客站充分延续，激发场所活力、创造丰富体验（图3-82、图3-83）；昆明西站将传统的全封闭室内候车厅面积缩小，其外侧半室外区域植入城市综合开发及景观休闲空间，同时作为半室外进站广厅以供候车，充分达到节点与场所的融合（图3-84、图3-85）。

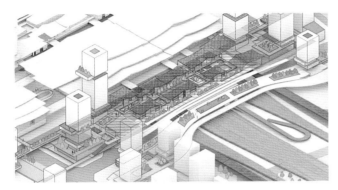
图 3-82　嘉兴南站出站厅结合综合开发示意图

图 3-83　嘉兴南站出站厅结合综合开发效果图

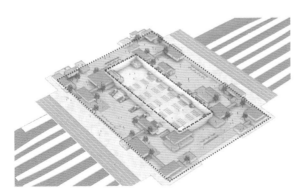
图 3-84　昆明西站半室外进站广厅范围（红色区域）示意图

图 3-85　昆明西站半室外进站广厅效果图

2. 营造城市精神场所

随着铁路客站与城市的发展，传统站前广场逐渐被弱化。传统站前广场有不足之处，但不应一概摒除，其对于市民和旅客的精神意义不可忽视。而今人们对于客站中城市精神场所的需求依然存在，客站需要具有让人印象深刻、有归属感、体验感及认同感、承载城市精神内涵的场所空间。这样强场所属性的空间，也能够平衡客站普遍过强的交通属性，从而达到客站"节点"与"场所"的平衡，促进站城融合发展。因此对于城市精神场所的塑造，是在传统站前广场的基础上加以改进演变，形成多种类型，它们对于站城融合的影响也不尽相同。

1）以站前广场为主体型

第一类精神场所是以站前广场为基础，通过其性质的转变、功能的复合、管理及运营方式的调整，建立与城市的互动与联系（图3-86、图3-87）。

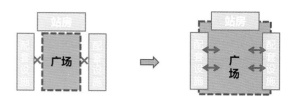

图 3-86 以站前广场为主体型精神场所演变过程示意图

该类型的典型案例有大阪站、东京站等。大阪站在站前西北侧与周边的城市商办综合体之间形成一个共享广场，为游客及市民提供丰富的活动场所，聚集人气，实现站前空间的全天候活力。同时，通过多样化的绿化与水景设置，体现了水都大阪的城市意象（图3-88）。

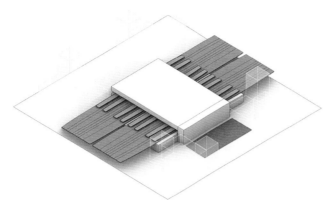

图 3-87 以站前广场为主体型精神场所示意图

图 3-88 大阪站站前广场

2）以扩大化的进站广厅为主体型

第二类精神场所是将站房内或与站房紧密连接的进站广厅进行扩大化设计，融入部分室外空间及城市功能。传统的进站广厅主要用于满足进站、安检等交通功能需求，而扩大化的进站广厅通过融入城市空间、功能，为安检人流提供更为宽松空间的同时，营造了休闲公共活动平台（图3-89、图3-90）。

图 3-89 以扩大化的进站广厅为主体型精神场所演变过程示意图

该类型的经典案例有京都站、纽约中央车站、柏林中央车站等。京都站的综合广厅空间融合了商业、酒店、小型美术馆、剧场及进站等功能，屋顶的"大空广场"是一处眺望台，也是一座屋顶庭园。这一综合广厅不光是市民活动的重要场所，也成为外地游客的旅游打卡地点（图3-91）。

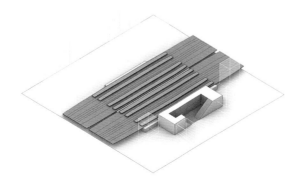

图 3-90 以综合广厅为主体型精神场所示意图

图 3-91 京都站大空广场照片

3）以站前建筑体为主体型

第三类精神场所是将多种城市功能集合到一个站前建筑综合体中，提供复合服务功能，满足市民公共活动，并与客站有机连接。目前经常提到的"城市客厅"是以站前建筑体为主体型精神场所的一种模式。这种集约化开发的空间模式能够极大地

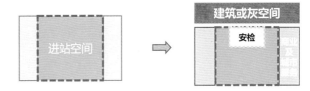

图 3-92　以站前建筑体或灰空间为主体型精神场所演变过程示意图

发挥铁路客站人流大、消费多、需求高的优势，同时承担更多的城市功能，成为旅客青睐的"城市客厅"（图3-92、图3-93）。

该类型的经典案例为建设中的杭州西站，其在站前设置了"云门"建筑综合体。"云门"既是站房的一部分也是城市的一部分，其本身功能也兼具站城属性。云门的底部架空设计形成从室内到半室外再到室外的有序、有机综合空间，为举行各种形式的公共活动提供了更多可能性（图3-94）。

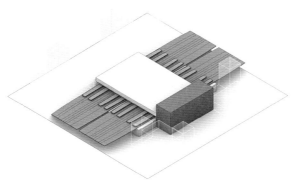

图 3-93　以站前建筑体为主体型精神场所示意图

图 3-94　杭州西站效果图

4）以盖上空间为主体型

第四类精神场所是以上跨铁路的平台为载体，植入商业、文化等城市功能或是广场、步道等公共空间，延续城市功能，联结城市空间（图3-95、图3-96）。

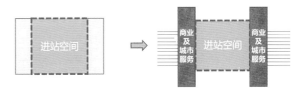

图 3-95　以盖上空间为主体型精神场所演变过程示意图

以盖上空间为主体型的精神场所的经典案例有香港西九龙站等。香港西九龙站的站房位于地下，站房屋顶人行可达、绿化充分，为旅客及市民提供公共活动空间，可供休憩、观景等。这一设计使香港西九龙站成为交通枢纽及香港旅游的新地标（图3-97）。

图 3-96　以盖上公共空间为主体型精神场所示意图

图 3-97 香港西九龙站照片

3. 节点与场所平衡策略对站城融合的影响评价及相关建议（表 3-6）

节点与场所平衡策略对站城融合的影响评价 表3-6

节点场所平衡策略		融合影响评价			
		功能融合	交通融合	空间融合	环境融合
节点与场所融合空间		兼顾节点与场所双重属性，增益交通效率与场所营造			
	以站为主体型	以客站交通换乘功能为主，结合商业、休憩等城市功能	以交通属性为基础，交通换乘紧密衔接铁路与市政交通	客站换乘空间，也为城市标志性公共空间	客站与城市环境及肌理充分融合统一
	站城共同为主体型	客站交通换乘功能与城市综合开发功能无界线融合	交通换乘紧密衔接铁路与市政交通，并且客站流线与城市开发流线融合	客站交通换乘、服务空间，同为城市公共活动、综合开发空间	
	以城为主体型	以城市综合开发功能为基底，紧密衔接进站候车、出站等交通相关功能	城市综合开发流线中结合部分客站进出站流线	城市功能空间、特色公共空间，融合客站进出站、候车空间	
城市精神场所		营造强场所属性空间，平衡客站过强的交通属性			
	以站前广场为主体型	公共活动等城市广场功能的增加，使客站功能城市化	站城间的人行流线连接、城市交通停靠	提供开放空间，融入城市开放空间体系，拉近站城关系；传统设计中采用的大尺度致使站城空间存在一定割裂	站城形象和建筑肌理的协调性不足
	以综合进站广厅为主体型	公共活动等城市广场功能、综合开发等城市复合功能的增加，使客站功能城市化	为站城多层连接、交通立体化融合提供可能性	打造城市标志性公共建筑空间，并将城市空间延续	客站与城市环境高度融合
	以站前建筑体为主体型				包含站前建筑体的客站整体与城市环境充分融合统一
	以盖上公共空间为主体型		人行流线连通铁路轨道两侧城市空间	提供公共空间（如城市广场空间、文化娱乐空间、商业办公空间等），完整融入城市公共空间体系，拉近站城关系	客站与城市环境肌理产生呼应

随着站城融合理念的逐渐推广，客站在承担交通功能的基础上，还需要根据自身需求采取适宜的设计策略达到"节点—场所"属性平衡。例如，节点与场所融合空间策略中，大部分站内空间交通属性较强，则可采用以站为主体型策略，通过城市功能的植入和场所空间的打造，在保证交通需求的基础上提升客站的场所属性；苏州南站等特殊案例中，则可利用其特殊站型形成的独特空间进行交通与城市功能的综合设置，使节点与场所属性同步提升。城市精神场所策略中，大多数车站仍设置有站前广场，则可直接在此基础上增加公共活动，建设具有城市氛围的开放空间；在客站资金和空间允许的情况下，可通过修建扩大化进站广厅、站前建筑体或盖上空间，营造场所感更强的公共空间。在具体的策略实施方面，本研究主要从功能配置、慢行流线、文化营造三大方面提出相关建议。

第一，客站应根据自身定位、周边规划，提高城市功能的导向性和多样性，在客站中制造城市记忆点。功能业态是人们在客站停留互动，从而提升场所感的基础物质支撑，而不同客站所处区域通常具有不同发展愿景，需要结合对客站用户的画像解析，面向不同人群需求针对性配置时尚、生活杂货、餐饮、文化中心、医疗设施等功能业态或服务设施，创造客站流量，深化对旅客的意义。同时，在建设运营后客站的旅客特征通常会与前期用户预测分析存在出入，需对功能空间进行一定留白，提高其后续动态调整能力。

第二，场所精神的营造需要城市功能作为基础，还需要通过合理的慢行系统设计，提高功能的使用率，更高频次的功能使用意味着人与人之间的互动更具可能性。通过与不同个体之间的互动，旅客得以在客站内部空间产生人物故事、建立社会联系，对客站空间有更深刻的共识和认知，提升旅客认同感，促进站内社会活力，达到强化客站场所属性的目的。

第三，铁路客站的文化营造进一步提升其场所感，是提供客站精神支撑、打造站城人共同体的重要手段。客站的文化营造需根植于所在地区城市的历史沿革、民族风貌、社会文化，在场地空间、公共艺术、功能设施、标识系统等多个方面精细化设计，坚持以人为本的设计理念，打造视觉、听觉、嗅觉多感官体验，建立旅客与客站之间的精神联系。

3.2.4　车行落客布局新探索

传统的车行落客布局中，车行流线大多设置在站房前的高架道路。其在割裂城市空间阻碍站城有效沟通的同时，使得站房面对城市的界面的完整性受到影响，立面难以与城市环境建立协调统一的关系。在站城融合发展的趋势下，为削弱传统车行落客布局的不利影响，铁路客站在设计中探索出了几种新型车行落客布局，通过替代传统落客布局模式，减小对城市空间的割裂，创造多维路径连接站房与城市，同时保持站房正立面完整，与周边城市建成环境相呼应，实现站城融合。

1. 站房侧面车行落客布局

站房侧面车行落客布局是将车行落客流线设置于站房侧面。这种落客布局模式结合进出站流线，在紧贴站房侧面设置综合换乘厅，串联所有换乘接驳流线，可以实现高效集约、便捷换乘。同时站房正立面完整，达到与周边环境的呼应，促进站城融合（图3-98）。

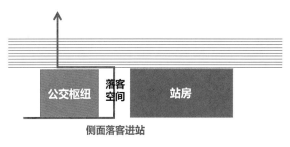

图 3-98　站房侧面车行落客布局模式简图

图 3-99　桐庐东站效果图

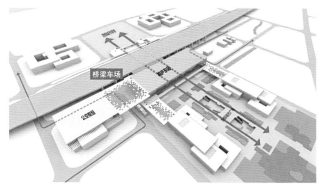

图 3-100　站房侧面车行落客布局示意图

　　以桐庐东站为例，基于最便捷组织城市进出站车流的考虑，设计将站房主要落客入口设置在站房南侧。同时，结合南侧地块的公交枢纽，在两者之间组织一处开敞的落客空间，并形成识别性较强的站房入口形象。站房立面完整，与城市建成环境有机呼应（图3-99、图3-100）。

2. 站房背面车行落客布局

　　站房背面车行落客布局是将车行落客流线设置于站房的背面，车行客流在背面桥下空间进出站。该种布局充分利用高架铁路桥下空间，加强铁路两侧交通、功能的衔接。将正立面及站前空间完整留给城市，站房可与城市产生直接联系，对站城融合有很好的促进作用（图3-101）。

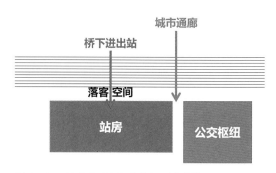

图 3-101　站房背面车行落客布局模式简图

　　以富阳西站为例，基于规划及城市发展的角度，将路基站场改为桥基站场；受周边规划道路条件和城市主要车行来向限制，将高架落客车道放在站房背后。通过桥下进出站空间及城市通廊的联系，提高了铁路东西两侧城市融合度，保持了站房面对城市的立面的完整（图3-102）。

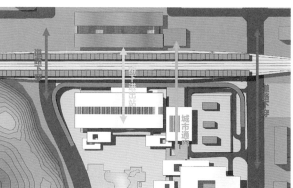

图 3-102　富阳西站效果图及站房背面车行落客布局示意图

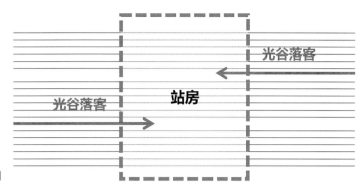

图 3-103　多场同期建设的光谷车行落客布局模式简图

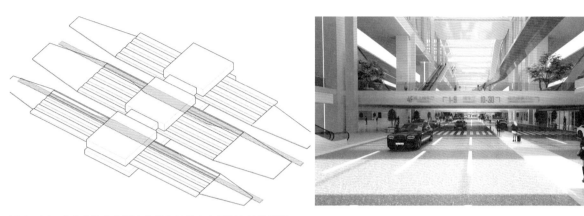

图 3-104　南京北站方案设计光谷车行落客布局示意及效果图

3. 光谷车行落客布局

1）多场同期建设的光谷车行落客布局

同期建设的多场并列站场的布局模式中，利用站场拉开的光谷间隙做线下光谷进站，有利于站与城的交通分流，更充分利用线下空间，同时完全削弱高架道路对城市在交通、空间及视觉上的割裂影响，将主要界面留给城市。南京北站概念方案设计采用了线下光谷落客布局（图3-103、图3-104）。

2）多场分期建设的光谷车行落客布局

在分期实施的多场并列拉开站场模式中，可利用近期站场与远期站场之间的空隙设置光谷空

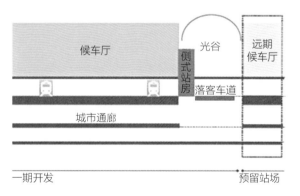

图 3-105　多场分期建设的光谷车行落客布局模式简图

间，并且利用其作为进站空间。这种光谷车行落客布局模式有利于站房分期建设、分期开发，可以较好避免后期建设对客站运营的影响，形成过渡空间，同时减少进站落客道路对城市界面的影响（图3-105）。

如某设计方案由于分期开发的需要，向背离城市而引入落客车道，既满足站房形象要求，又为二期建设提供良好的接口条件。一期站房与城市充分融合形成城市核心，回应了城市的发展方向。之后二期站房和上盖开发的建设对已建站房的正常运营影响较小（图3-106）。

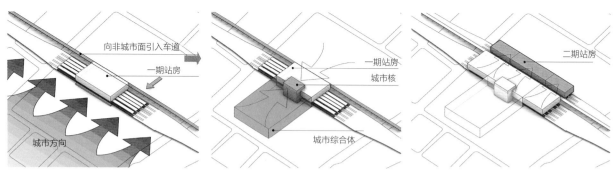

图3-106 某设计方案光谷车行落客布局分期建设步骤示意图

4. 车行落客布局对站城融合的影响评价及相关建议（表3-7）

车行落客布局对站城融合的影响评价　　　　　　　　　　　　　　表3-7

车行落客布局类型	融合影响评价		
	对城市环境的影响	对站房形象的影响	对站城融合的独特影响
传统落客布局	高架落客，割裂城市空间，阻碍站城有效沟通	站房面对城市的界面不完整，立面无法满足完整性，无法与城市统一考虑	—
站房侧面落客布局	减小对城市在交通、空间、视觉上的割裂影响，创造多维路径连接站房与城市	站房面对城市界面完整，立面可进行整体设计，与周边城市建成环境呼应	节约用地空间、缩短旅客步行距离，高效集约、便捷零换乘：结合进出站流线，紧贴站房一侧设置综合换乘厅，串联所有换乘接驳流线
站房背面落客布局			利用桥下空间，加强铁路两侧交通、功能的衔接
站内光谷落客布局1（同期建设）			利用光谷进站落客，利于站与城交通分流，更充分利用线下空间
站内光谷落客布局2（分期建设）			有利于站房分期建设、分期开发，后期建设对客站运营的影响较小

　　第一，通过创新落客空间关系，保持站城空间连续。客站在建设落客平台时可适当摆脱旅客必须从正立面落客进入的固化思路，探索站房多方向布局落客形式，保持站房面向城市方向立面的完整形象，促进站城空间协调。以采用了线侧、线端站房布局模式的客站为例，可将站房背向城市的空间用于布置落客平台，最大程度减少落客平台对站房重要立面和空间的割裂作用。而对于两侧均面向城市开发情况，可将落客平台布置在站房侧边。虽然侧面落客具有保持客站主要立面完整、节约用地空间、缩短旅客步行距离等优势，但若大型车站采用了单边侧面落客，高峰时段容易出现落客空间不足的问题，因此该类落客布局在中小型铁路客站中更具适用性。

　　第二，通过挖掘站区开发潜力，提高空间利用效率。在布置落客平台时，应遵循空间集约、高效利用的原则，深度挖掘站房及周边没有充分利用的空间，与铁路站场的固定设施复合使用，实现落客平台与各类资源的整合利用。以站房侧面落客平台布局为例，可结合城市交通换乘中心的创新思路，在站房一侧将各类换乘交通方式与车行落客平台在同一空间内立体分层集中布局，提高空间利用率。

而在采用背面落客布局时，可利用桥下空间布置落客平台，加强铁路两侧城市空间的延续。

第三，通过分析客站布局模式，探索落客全新空间。当铁路客站采用了多场并列拉开站场或十字交叠站场等具有一定突破性的布局模式时，可探索将落客平台布置在站场拉开、交叠中形成的空间内，使其隐于客站内部的同时，还可结合综合开发共同布置，与城市通廊连接，促进站城连通和呼应。

3.2.5 客站创新功能布局探索思路及相关策略

随着城市和铁路客站发展，站与城之间的关系不断多样化、复杂化，传统布局模式存在一定的局限性，站城融合理念的实现需要在过去经验的基础上寻求突破和创新。从整体来看，客站功能布局的创新建设可从在地性、高效性、整体性三个方面入手。

从在地性来说，不同车站通常其周边、自身现状及需求不同，铁路客站在进行城市交通换乘中心、落客平台这类空间布局的选择，或是植入综合开发上，需要结合地缘条件选择适宜的创新角度。以"节点—场所"平衡策略为例，客站需要基于所在区域的风物和文化营造场所精神，以提升旅客认同感、唤醒市民归属感。

从高效性来说，功能布局的创新应在注重资源的节约和整合的同时，合理挖掘站房及周边灰色空间的开发潜力，提高其利用效率，避免城市土地和空间的低效占用。例如，当客站采用线侧候车与高架站场结合的布局模式时，可以充分利用站场架下空间，在站房背面布置落客平台及进站前厅，或是在站场拉开布局模式中，合理利用"光谷"空间综合布置交通、开发等功能，创造出独特的站城空间。

从整体性来说，客站在功能布局创新时应意识到创新须具有整体性，某个特定空间的创新具有对其他空间产生联动影响的可能性。利用这一特性，可以通过多个策略的组合进行系统性的探索。例如，当城市基于自身需求和各方面条件选择了站场拉开的布局模式，则可通过在这一空间内植入综合开发和交通功能，营造兼具节点与场所属性的融合空间，而在植入交通功能时可以探索布置车行落客平台和城市交通换乘中心，实现一个空间内多维度、多层次的功能布局创新。

3.3
基于站城融合理念的客站相关空间优化策略

长久以来铁路客站与城市的空间关系大多是相对独立的二元对话关系，在重要的城市空间结构组织中彼此有所呼应，特别是城市的局部空间主轴与铁路客站的对中关系比较普遍。不过如果将各城市之间相比较，其各区域空间特征的多样性与铁路客站区域空间单一性形成了巨大反差。这也是站城之间融合不足，各自划定边界自我发展的表现。站城融合视野下要求两者在更大范围更多层面进行空间整合与协同，这是新时代铁路客站空间设计必须关注和解决的要点。

基于站城融合理念的铁路客站空间设计实践主要受到两大类问题影响。其一，是由对站城融合含义的误解所致，会有错把某种特定空间形态作为站城融合的唯一目标的现象发生。比如将超高层建筑群组与客站聚集开发的形态认定为必须实现的站城融合目标，或者认为有上盖开发的建筑空间形态才是站城融合的铁路客站综合体形态。归根结底，这些问题是因不了解站城融合并没有固定的范式，进而忽视了站城融合因城而异的基本理念。其二，是对站城融合引发的新条件、新需求认识不足，导致设计工作出现了盲区。比如在轨道交通发达的城市，到达客站的多数旅客不经站前广场就抵达了候车区，可有些铁路客站设计方案依然只重视外立面的设计投入，忽视内部抵达空间的品质营造。这类问题反映了传统铁路客站设计经验不能满足新的站城融合诉求的情况。

以上这些问题大多会糅合在一起对铁路客站区域空间设计产生影响，本节的分析从当下与站城融合发展关系最紧密的几个关键要素——地标性、形态、界面、场景着手进行，探讨上述问题的基本成因。从阐释站城融合思想的本质、剖析站城融合思想带来的变化出发，提出基于站城融合理念的空间设计优化策略和建议。

3.3.1 铁路客站建筑地标性的建构

作为重要的公共建筑，铁路客站需肩负起城市空间地标的职能，铁路客站空间形态设计的重要目标之一就是对城市地标的塑造。"地标"一词隐含着"异质性"，"融合"更强调"一致性"，两者之间的关系若处理不好，则会产生矛盾，这是站城融合为城市空间塑造提出的新课题。在站城融合发展进程中，以站房和广场作为城市精神文化载体打造城市地标的传统方式受到了挑战。地标建筑与城市基底建筑的关系，是客站建筑首先要与城市协同的基本关系之一，实现地标性在大多数铁路客站设计任务中都是工作的重点。目前，大多数铁路客站建构标志性的方式还是以宏大的尺度、对称的轴线、开阔的广场为主。单一的空间模式与多样的城市环境很难做到相得益彰，或多或少导致了"千站一面"的现象。在国外的建设实践中，铁路客站建筑地标性的建构方式更加多样，甚至在许多以TOD为导向的城市发展案例中，客站单体建筑退居幕后不再担负呈现地标的职能。这一现象有外部原因，如铁路客站的权属、投资控制等与我国不同，对其地标性要求降低。也有客观原因，如客站在综合开发中的占比较小、广场较小等原因，不容易以单体形态形成地标。这些原因在我国的站城融合发展历程中也逐渐开始产生影响。针对这样的现象，从地标性建构的途径角度对一些融合程度高、融合效果好的设计理念进行分析，其结论可为设计实践工作提供参考（图3-107、图3-108）。

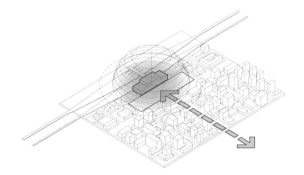 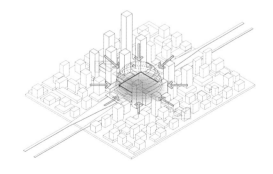

图3-107 传统客站通过大尺度广场和站房对称形态建构地标性　　**图3-108** 城市发展导致站房尺度优势下降，广场尺度减小

1. 地标性的建构的载体可由单体转向群体

城市土地资源日趋紧张，传统客站大尺度的广场和站房与城市功能争抢土地资源，不适应高效率的土地利用需求，铁路客站及周边用地势必需要承载高于以往的开发强度。这就使得城市功能离站房越来越近，开放空间越来越小，导致客站单体被周围建筑围绕和遮挡，地标性的感知条件变差。因此，铁路客站与周边城市开发以建筑群体的形态相互协同形成地标的现象逐渐增多，其中包含如下三种空间形态的组织逻辑：组合协同、整合协同、整体融合。

群体空间形态"组合协同"是指：建筑群体中各单体的空间形态都具有各自的特征，通过彼此有序的组合关系，在宏观尺度上建构对称性、聚落感、围合性等区别于城市基底建筑的标志性空间形态（图3-109）。以北京通州副中心站的城市设计方案为例，周边高层通过空间排布和天际线控制共同形成了对站域空间的围合，并且强调出带状空间轴线，促成了城市空间地标的形成（图3-110）。群体空间形态"整合协同"是指：将铁路客站及周边建筑以统一的形态设计逻辑塑造出整体连贯的空间形态（图3-111）。其中的各单体虽然功能不同，但形态相近，呈现出更宏大、更整体、更有感染力的地标性视觉效果。墨尔本车站竞标优胜方案（图3-112）中，车站候车厅、美术馆、购物中心等多种功能都用流线型的卷棚顶形态统一为整体，以强烈的视觉吸引构成了城市的新地标。"整体融合"是指，铁路客站及周边建筑合而为一（图3-113），融合为一个超级单体，与前两者相比，看不出各种功能的清晰形态边界。这种设计手法最典型的案例就是日本京都站（图3-114），复合在一起的各种城市功能与客站功能完全糅合为一体，共同建构出一个与周边传统历史建筑城市环境形成反差的大体

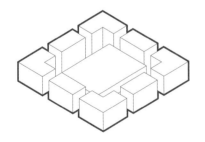

图 3-109　组合协同

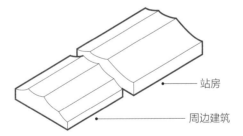

站房

周边建筑

图 3-111　整合协同

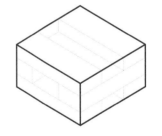

图 3-113　整体融合

图 3-110　北京通州副中心站城市设计方案

图 3-112　澳大利亚墨尔本车站竞标优胜方案

量空间体系，一方面形成了新的城市地标，另一方面为城市的历史空间模块无法包容的高集合度功能提供了安置场所，可谓站城两相宜。

这三种空间组织逻辑比较而言，由"组合协同"到"整合协同"再到"整体融合"，单体的界面由清晰到模糊进而消失，空间和功能的连接则依次增强。在设计应用上，根据不同的城市发展诉求，可以灵活采纳。其共通性表现在城市功能同铁路客站功能的高度聚合，对于用地紧张的大城市有借鉴意义，对于希望升级城市功能的中小城市有非常好的参考意义。

图 3-114　日本京都站

2. 地标性的建构载体可由铁路站房转变为其他建筑单体

当铁路客站本身受到各种影响难以实现地标性时，一些受制约更小的建筑单体可以取而代之成为地标建筑。以中国台湾高雄站为例，几经改造后，原来的站房主厅历史建筑一直被保留，功能已经转变为博物馆（图3-115）。老站厅建筑形式的历史感与城市环境的现代感之间产生的反差与张力让人印象深刻，形成了新的城市地标。美国纽约市艺术协会委托设计的大中央车站改造更新愿景方案中（图3-116），如何在高楼林立的城市建成环境里打造地标性是个难题，设计方案是通过悬浮在超高层之间形似圆环状的交通联络体来实现地标性的。地标性角色转换的空间设计策略大多适合在城市建成区的更新项目，或者用地比较紧张的新建项目，也就是说适用于基地条件对于客站单体地标性职称不够的情形。对于一些中小城市，特别是只拥有唯一铁路客运站的属地，铁路客站本身作为地标建筑更为合适。总的来讲应该因城而异地选择铁路客站区域地标性建构的承载建筑，客站单体本身并不是唯一的选择。

3. 地标性的建构载体可由铁路站房转变为其他环境要素

在世界各地的多元设计实践中，地标性建构的方式突破了以建筑为载体的桎梏，展现出更加丰富的城市精神表达形式。广为人知的案例之一是日本东京涩谷站的忠犬八公像（图3-117），无论是游客打卡还是市民汇合，这个小小的雕像都在巨大的城市空间中起到了坐标之用。西班牙城市萨拉戈萨

图 3-115　中国台湾高雄站

图 3-116　美国纽约中央车站未来 100 年远景规划

图 3-117 涩谷站忠犬八公雕塑

图 3-118 乌得勒支站外构筑物

图 3-119 西班牙萨拉戈萨火车站顶

图 3-120 阿托查火车站内部绿植景观

是有众多古迹的历史文化名城,其火车站站台雨棚震撼的几何韵律则让人眼前一亮,形成了独特的城市风景线。乌得勒支火车站站前广场蜂窝状的景观构筑物也有异曲同工之妙。马德里阿托查火车站改造以后,室内的绿植景观形成独特的地标作用。上述所举的案例都是由"实体"形成了地标感知的要素,也有像纽约中央公园这样以"虚体"来定义城市坐标的方式,比如深圳的福田站和香港的西九龙站,站房消失在更大空间格局的城市景观环境中,以开放空间来定义城市地标(图3-118~图3-121)。这一地标建构策略对于高密度的站域

图 3-121 中国香港西九龙站

空间环境能起到很好的作用。同时,对于一些规模较小、环境特殊的铁路客站形成自身的识别性也会有很大帮助,特别是一些拥有多个铁路客站的城市中,有目的地建构同城各站之间的差异性也具有实际价值,用环境要素来实现地标效果是非常值得借鉴的方式。

3.3.2　站城空间关系的协同优化

站城空间关系包罗万象，在设计方向的决策过程中，主要受到如下几个要素的影响。第一点是铁路客站与空间结构的融合。铁路客站通常对城市结构的回应都是以对称的形态去对应设定好的城市轴线。是否有其他可能，非常值得研究。第二点要素是城市竖向空间融合，大部分铁路客站在设计过程中对此考虑较少，但采用竖向整合的设计方案往往会产生显著的空间特征，所以也是非常值得思考的要素。第三点是两侧城市空间的缝合，这是站城融合思想下最基础的问题解决切入点。第四点是城市空间价值的创造，这一点在日本及中国香港地区等地的站点建设中考虑比较成熟，是站城融合提出的新需求。上述要点决定了基本的站城空间关系格局，是其他空间设计工作的前置基础。在设计实践中常常出现剥离了空间形态与生成逻辑之间关系的现象，从而产生了诸多为形式而形式的设计，背离了城市发展动态的实质需求。下面的论述尝试建立"空间形态"与"站城融合"这两个概念之间的逻辑联系，建构起站城空间互动的逻辑关系，对形态问题由感性认知向理性认知引导。

1. 铁路客站与城市主要空间结构融合

我国铁路客站的空间形态设计大多以"最安全"的中轴对作为基本构形逻辑，所以常会出现铁路客站有形态非常接近的问题，产生了所谓的"千站一面"的现象。站城融合理念推动站城空间关系由相对独立、相互对话的关系逐步过渡到一体统筹、互动融合的关系。打破站房、广场、城市主轴一一对应的格式化空间格局，因城而异、因地制宜地进行设计，才是真正的站城融合思维。

中轴对称是铁路客站外部形态与城市轴线相互呼应的最常见方式，这似乎已经成为一种预设的形态目标在影响铁路客站的设计工作（图3-122）。一些项目实践中，即使对称的客站建筑形态得不到城市空间结构的支撑，设计成果还是以对称而告终，这就像无形的枷锁限制了铁路客站建筑空间的多样性。以站城融合的理念来统筹城市和铁路客站的空间形态，用因地制宜的思想灵活自然地组织两者之间的关系，才能设计出符合站城融合诉求的方案。下面举几个案例：西安站的改造面临两条相互平行的城市要素轴线的影响（图3-123），方案巧妙地以两座站房的对称轴回应了大明宫的轴线，又以其一站房单体的对称轴与另一条城市轴线相对，巧妙地组织了对称空间的主次，让每一条城市轴线都有对应的空间形态回应。这个既对称又不对称的设计方案是对城市空间结构的充分尊重。富阳是一个山水环绕的城市，铁路客站所处的区域，一侧是山一侧是建设用地。若客站建筑还是用对称的形态，则

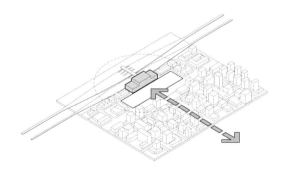

图3-122　主要空间融合

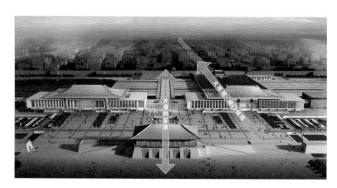

图3-123　西安站与城市轴线关系示意图

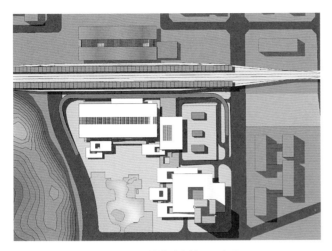

图 3-124　富阳站与环境协调的非对称总平面布局

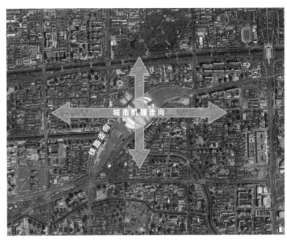

图 3-125　北京南站城市肌理走向示意图

难免与空间环境格格不入。方案最终选择了更加灵动的非对称形态与城市环境相互协调（图3-124）。北京南站所在区域，存在城市空间走向和铁路线路走向倾斜交叉的矛盾。站房以椭圆形的平面关系将其化解（图3-125），这样的形态融合方法还是十分值得称道的。以上案例都充分尊重了在地城市空间结构的特征，因地制宜地选择了与之相协调的客站空间形态，取得了相得益彰的良好效果。

2. 铁路客站与城市主要竖向空间的融合

铁路客站竖向空间关系的组织的主要决定因素是轨顶标高，其余竖向空间的组织以轨顶标高为基础结合其他的融合功能整体统筹。总的来讲，客站建筑本身的竖向空间关系比较清晰且可调整的弹性不大。可以做出突破的是铁路客站空间在竖向上的整体上下布置选择，以及其他城市功能与铁路功能的竖向组合关系，这些工作是铁路客站竖向空间融合考虑的重点。下面分析几个城市思维导向的竖向空间组织案例，希望有所启发。最近一次杭州城站的改造，面对了车站已经被包入城市中心的情况。其周边规划及实施的建筑高度都较高，留给站前广场的空间也不大。客站建筑自身的高度与周边建筑高度的相差较大，若天际线在站房处陡然下降，会造成严重的空间失调。新杭州城站的设计通过客站结合综合开发共同提升形体高度的方式，平缓了天际线，恰如其分地将站房融入城市环境当中。香港西九龙的空间整合方案是竖向空间统筹的另一个方向。西九龙站舍弃了自身的建筑形体对空间的控制地位，与开放空间的景观环境融为一体，为城市提供了视廊和步行通道，连接城市的不同功能区，在城市层面实现了更高的空间价值。这两个案例一"显"一"隐"，让客站建筑化独奏曲为交响乐，融入城市的空间乐章，对站城融合视角下铁路客站区域的竖向空间设计思考有重要的启发意义（图3-126～图3-129）。

3. 铁路线路两侧城市空间缝合

铁路与城市最大的矛盾是轨道对城市空间的切割，从物理和心理层面造成了轨道两侧城市活动连接的不畅，这一问题是站城空间关系的优化的重点。优化方向之一是建立"正空间"连接，以实体空间跨越屏障。苏州南站的设计实践就是这样的思路。该站有两条轨道线路的立体交叉，对城市形成了多向切割的结果。通过对站房和周边综合体统筹设计，在三维空间上连接起被切割出的四个空间象

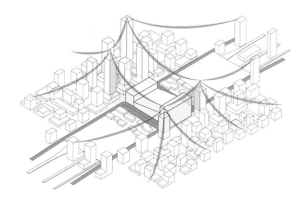
图 3-126　竖向空间融合——显

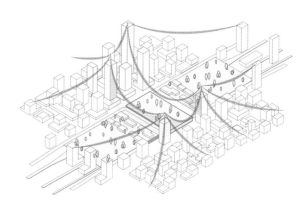
图 3-127　竖向空间融合——隐

图 3-128　杭州城站与城市关系

图 3-129　西九龙站与城市关系

限，又以围合出的内院塑造了独一无二的城市精神场所。这样的设计可谓一举多得，将不利转化为特色，实现了站城关系的融合。另一种优化方向是建立"负空间"的连接，昆明西站城市设计的中标方案很好地解决了铁路和城市快速路将西山和草海两大城市自然要素分割的现状。以多条垂轨方向的空间通路和线路上盖的自然景观联系起线路两侧的旅游资源和生态斑块，用"留白"实现了城市的空间价值提升和可持续

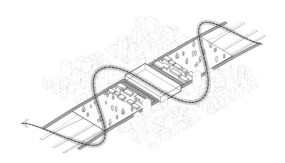
图 3-130　两侧空间缝合

发展。一"正"一"负"两种连接轨道两侧空间的设计优化思考，可以彼此结合织补好铁路给城市带来的空间隔阂（图3-130～图3-132）。

4. 铁路客站及周边空间价值提升

　　站城融合发展的重要动力之一，就是解决土地资源紧张条件下的集约化建设问题。传统铁路客站区域的空间形态多以二维平面化组织为主，站城融合推动了空间形态向三维化发展。通过减少地界退让，增设轨道上盖、站上空间的开发，达成提升土地利用效率的目标，一系列站城融合政策的推出和落实，促成了"增量土地"的形成，实现了空间价值的增加（图3-133）。

图 3-131　苏州南站

图 3-132　昆明西站城市设计中标方案

几种优化空间利用的方式如下：

一、紧贴站房或与站房叠置的综合开发是最直接的提高土地使用效率的方法。二、铁路线路对周边城市功能的负面影响造成的价值损失，可通过线路上方，如上盖停车、上盖景观公园等方式，将影响由负转正。这些都是常规的优化方式，不再进行详细分析。但是值得注意的是，由于立体开发的成本较高，一方面要重视投资压力，不要每个站都举着站城融合的旗号盲目地进行此类叠合开发；另

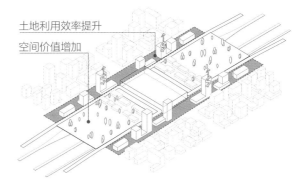

图 3-133　城市空间价值创造

一方面，也不能就单一铁路枢纽项目的投入产出比来评估和决策其合理性，需要关注其社会价值的创造，以及在城市、区域甚至国家层面，在经济、历史、自然、人口等不同维度来进行评估，以整体价值的提升为判断依据。

北京朝阳站将雨棚上盖空间用于机动车停车，有效提升了站区的整体土地使用效率（图3-134）。杭州西站的雨棚上盖办公和酒店功能正在施工，也为叠合开发起到了示范引领作用。嘉兴南站城市设计进一步大胆构思了将出站人流引入上盖商业街的模式，让城市功能和铁路交通无缝连接（图3-135）。上述客站都是城市土地资源紧张，土地价值高的空间功能融合策略。中小规模的铁路客站，如果有特殊的叠合开发地理条件和能够平衡的经济投入，才可以谨慎考虑选取这样的空间组织策略。

图 3-134　北京朝阳站上盖停车

图 3-135　嘉兴南站城市设计中标方案上盖商业

3.3.3 铁路客站与城市之间空间界面的设计优化

早期铁路客站交通衔接换乘类型较少，旅客的进出站通常都发生在站前广场范围内。旅客抵达和离开广场区域时，最重要的空间界面感知内容就是站房的主立面。这一时期在铁路客站的建筑设计工作中，主立面的设计投入占比是最大的，涌现了大量经典的站房立面设计，如北京站、汉口站、哈尔滨站等。

随着铁路客站与城市之间功能的互融、空间的渗透、交通的叠合，两者之间的空间界面也发生了相应的变化。各种交通方式的一体化设计，特别是机动车流线、地铁线路站厅与站房衔接的垂直化组织，对旅客进出站流线产生了关键性影响。使得站前广场不再是唯一的站城过渡空间，站房主立面的界面唯一性也被打破，从而产生了空间界面设计的新需求。此外，客站建筑周围的城市功能距离更近，增加了客站空间界面感知的维度。这些界面设计的新需求在目前的铁路客站设计中关注并不充分。站城融合理念要求设计者不能只在上帝视角来思考，更应置身旅客和市民的视角，关注站与城之间的过渡空间及其界面的设计。下面以几种新的抵达方式和新的观察视点为对象，分析站城融合理念下的空间界面设计的要点（图3-136～图3-139）。①

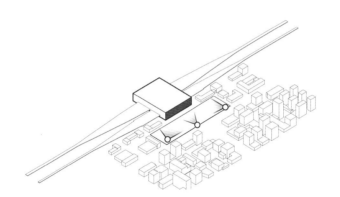

图 3-136　正立面

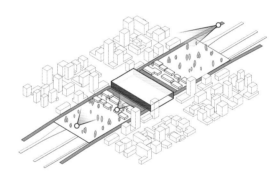

图 3-137　垂轨立面

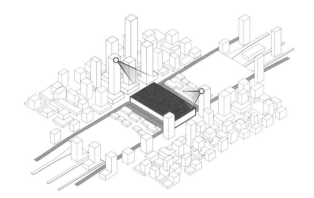

图 3-138　第五立面

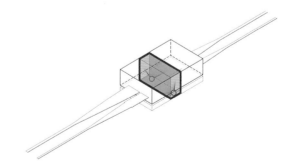

图 3-139　内部界面

① 垂轨立面：垂直于铁路轨道的客站外立面。

1. 垂轨立面

由于国情原因，小汽车的出行占比不容忽视，机动车牵引的人流对空间界面的感知有重要作用。腰部进站可释放出城市与客站之间的界面，是对站城融合有积极作用的交通衔接方式。腰部进站的旅客近距离面对的是客站的垂轨立面，如果机动车来向与铁路线路平行，乘客的视线由远及近一直关注到的也是垂轨立面。既有行驶中远看整体形态的情况，又有落客后近距离观察建筑细节的条件，这就将旅客的感知界面引导至垂轨立面上来。另外，雨棚上盖有综合开发、景观公园或者是集散广场的情况下，人们停留于此关注垂轨立面的时间甚至会超过"主立面"，以上种种让设计者必须提升对垂轨立面设计的重视。传统的客站设计中，因为垂轨立面很难被关注到，自然而然被忽视了。站城融合推动了对垂轨立面的设计需求，遗憾的是，目前垂轨立面大多仍然是设计盲区，影响铁路客站建筑空间的整体品质。

广州白云站和杭州西站的设计方案都是具有站城融合理念的优秀案例（图3-140），广州白云站在站厅两侧设计了呼吸广场，垂轨立面是呼吸广场上最重要的站城界面。杭州西站从腰部落客的匝道，至综合开发和落客区形成的雨棚上盖范围，垂轨立面从各个角度可被旅客和城市功能用户所感知（图3-141）。这两个客站的垂轨立面设计都根据上述的界面特征做出了设计上的重点关注和表达。

图3-140　广州白云站垂轨侧呼吸广场

图3-141　杭州西站垂轨立面

2. 第五立面

土地集约化利用让城市出现了越来越多的高层、超高层建筑。铁路客站也不再是城市边缘孤立的交通节点，常常作为新的城市中心，被周边高强度的综合开发紧密围绕，这使得"第五立面"的重要性被凸显出来。香港西九龙站在第五立面的设计中做出的尝试值得学习，其站房和铁路线路全部设置在地下，用流畅的立体线条将客站广场延伸到了建筑屋面，不仅为周边的超高层提供了景观视野，还为旅客和市民打造了一个绝佳的眺望维多利亚港的观景平台，营造了独一无二的城市体验（图3-142、图3-143）。

3. 内部界面

站场拉开作为全新的空间组织模式已经在雄安站的建设中落地。此模式下，地铁的人流到达客站是从建筑空间内部直接换乘进出，无论是去往候车厅还是周边综合开发，都可能无缘与铁路客站的建筑立面相见。在南京北站的城市设计方案中，机动车交通也通过站场拉开的空间落客，绝大多数旅客

图 3-142 西九龙站第五立面

图 3-143 西九龙站屋顶与维多利亚港互动

不经室外便完成了换乘。这样的空间组织模式导致主立面的空间界面作用被大幅削弱，内部空间界面的设计应当承担更多的责任。所以，"主立面"传达城市文化特色、城市精神气质任务，应移交给换乘功能空间的"内立面"来承担。

我国铁路客站对内部空间界面的设计大多停留在大跨空间的结构表达层面上，如果空间本身特征不明显，很难形成可辨识的场所意向。像苏州站这样将空间设计与地域文化紧密结合的优秀案例并不多见，正在设计的济南站也将城市历史风貌融入了内部空间

图 3-144 南京北站方案设计光谷落客

的设计表达中，这两个站通过对属地建筑文化的升华与传承建构了站城文化的融合。雄安站已经开通运营，其站场拉开形成的"光谷"是空间特征的重要展示区域，在建的杭州西站未来也将呈现出令人产生场所记忆的"光谷"空间，这两个站与德国柏林中央车站和日本京都站在空间结构的突破性上有异曲同工之妙。中国南京南站室内顶棚的藻井、荷兰代尔夫特新火车站吊顶上的城市底图、埃及阿拉曼高铁站富有伊斯兰特色的光影空间，都是用内部空间界面体现地域文化的策略，用空间的界面设计达成感染旅客身心的目的（图3-144～图3-152）。

图 3-145 苏州城站候车大厅

图 3-146 济南站增设北站房建筑概念设计方案

图 3-147　雄安站内部界面

图 3-148　杭州西站进站云谷

图 3-149　德国柏林中央车站

图 3-150　南京南站藻井穹顶

图 3-151　荷兰代尔夫特新火车站

图 3-152　埃及阿拉曼高铁站

3.3.4　铁路客站及周边空间场景的设计优化

　　铁路枢纽及周边区域的空间形态设计一方面要关注宏观层面的要点，另一方面也要将最终的设计实践落脚在使用者的具体感受上。空间形态的设计应从"站—城"相互关系启动，发展到"站—城—人"的相互关系来落位最终的成果。当下推动社会发展最大的动力是以人的需求为导向的探索和创新。本出自互联网领域的词汇——"应用场景"已经被设计行业广泛吸纳，"场景"创建的本质就

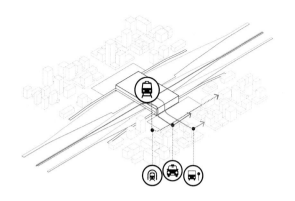

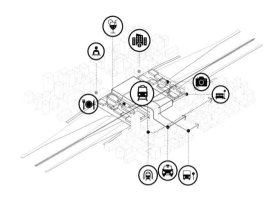

图 3-153 以通过性为主的铁路枢纽　　　　　　　**图 3-154** 通过性与停留性平衡的铁路枢纽

是以"人"在具体功能中的行为需求，具体空间中的感知体验为空间塑造的底层逻辑。所以，空间场景设计是把超出人体感知的宏大规划落位到使用者感受的关键环节，也是设计表达的最直观环节（图3-153、图3-154）。

　　站城融合促使铁路客站建筑从以通过性为主转变为通过性与停留性相互平衡的状态。铁路客站及周边空间的设计不仅要关注人们的旅行活动需求，还要关注站城融合带来的各种工作、休闲、换乘等其他相关活动的需求。站城融合不是通过简单的功能加法就可以实现，不同的活动需要不同的空间场景来支撑。实现空间设计的场景化，是站城融合理念下更高的空间设计标准，为满足市民和旅客行为发生的物理和心理需求为目标，去创造有感染力、有吸引力、有品质感的空间。

　　客站及周边民众行为活动大致可分为动态和静态两类。动态行为包括：换乘、进出站、慢行等。静态行为包括：候车、城市功能使用、休闲留念等。其中，候车及城市功能使用不是站城融合面临的问题或挑战，在此不再分析，以下主要针对其他几种行为类型所需要的空间场景提出设计优化建议。

1. 换乘场景

　　换乘是交通枢纽建筑最重要的功能之一，换乘空间是铁路客站人流量最集中的地方。大多数铁路客站的换乘空间结合相对封闭的城市通廊来设置，空间感受欠佳。通常来讲，旅行行为的偶发属性对换乘空间品质的要求并不高。站城融合推动了城际通勤和市内换乘的人员比重，使得换乘空间变成了大量人流每日要通过和使用的空间，对其进行优化改善的意义就变得更加重要（图3-155、图3-156）。城市交通换乘中心（以下简称CTC）的出现创造了更好的交通换乘条件，它将不同标高的交通换乘接口用垂直空间联通起来，使换乘空间在使用效率和空间品质两方面都有大幅提升。站场拉开的空间组织方式，将换乘空间贯穿了所有铁路客站核心功能，进一步放大了CTC的优点。传统的城市通廊对于旅客来说缺少空间的感染力和引导力，大多数旅客的换乘行为就是四下寻找各色路标，很少能发生与空间的互动。CTC和站场拉开方式，可以将旅客的视线与空间方位直接联系起来。在空间界面的处理上将地铁、高铁、出租车等交通工具的运行情景展示出来，能产生非常直观的换乘引导作用，并且创造出极具动感的空间观赏效果。空间的通达、体验的愉悦可以交织出令旅客难忘的旅途体验。周边每天经过这样高品质的空间，也会潜移默化地留存身心愉悦的记忆，形成对区域的认同感和归属感，进一步提高铁路客站区域的城市磁力。

图 3-155 换乘行为示意

图 3-156 杭州西站 CTC

2. 进出站场景

从站城融合理念出发去思考，进出站是站城功能转换的过渡环节，此时旅客需求主要有交通换乘、逗留休息、寻抵目的地，其内容与换乘重叠之处不再赘述。通常情况下，旅客出站至城市通廊或站前广场、CTC等空间。在此类空间的设计中上海虹桥站将城市通廊与商业结合，让旅客有条件逗留就餐、购物、休息等，丰富了出站过程中活动的多元选择；德国莱比锡中央火车站的改建，把购物中心和候车、进出站等空间完全融为一体，空间效果琳琅满目、商业功能丰富多样，受到广泛认同；嘉兴南站的城市设计中标方案，创新性地采用了上进多出的站型，将出站人流导入了上盖开发的商业风情街当中，使人们出站和换乘行为深入到综合开发的空间场景里。杭州西站的设计让旅客可以乘观光电梯从出站层直抵上盖开发的酒店和写字楼等功能，实现了铁路枢纽由"中转地"到"目的地"的转变。大量日本案例已经验证，进出站流线的长度对心理感受的影响程度远不及空间品质的影响，这就要求设计者不要单单注重空间的使用效率，更要重视使用者的行为及对应的场景设计，才能真正提升站城融合理念下的空间使用感受（图3-157~图3-161）。

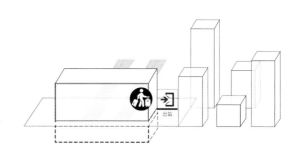

图 3-157 进出站行为示意

3. 漫游场景

传统铁路客站与城市功能距离较远并且功能单一，旅客对站内停留时间的预留一般只为保证乘车的顺利，并没漫游的需求。在站城融合度比较高的铁路客站中，除了在此乘坐火车的旅客，还有大量以使用周边城市功能为目的的民众在铁路客站及周边空间活动（图3-162）。比如在写字楼中工作的白领可能会选择城市通廊中喜欢的餐厅吃午餐，住在附近酒店的旅客或许会到上盖开发的公园里去看看来回穿梭的高铁列车。倘若高铁站本身或周边的城市功能极具吸引力，旅客也会规划好时间去"打卡"，马德里火车站、新加坡樟宜机场都是很好的案例（图3-163、图3-164）。漫游的行为主要都是发生在铁路客站枢纽区域的慢行系统和相应的各种功能中，对空间的可达性、丰富度、品质感要求

图 3-158　德国莱比锡中央火车站

图 3-159　嘉兴南站城市设计中标方案阳光出站厅

图 3-160　杭州西站

图 3-161　上海虹桥站

较高，这些需求大多要依靠立体的慢行系统实现。在近些年的铁路枢纽区域城市设计竞赛中，慢行系统的设计得到了广泛的重视。但遗憾的是，慢行系统多是作为一种人车分流的交通体系被设计，甚至只是鸟瞰图中飘逸优美线条的载体，真正根据慢行系统中民众的行为做针对性设计的案例极其少见，这个领域的设计空白需要被填补。

图 3-162　漫游行为示意

图 3-163　西班牙马德里火车站

图 3-164　新加坡樟宜机场

4. 城市交互场景

曾几何时人们出差旅游到一个新的城市，在站前广场与车站合影是旅程中必不可少的环节。现如今完成这个环节的工具由相机变成了手机，原来的相片变成了朋友圈的九宫格。足可见无论铁路客站如何发展变化，人们需要在铁路客站与城市建立记忆连接的心理需求是没有变的。这也是铁路客站之所以是重要的城市文化载体、重要的城市地标、重要的城市精神场所的原因（图3-165）。站城融合发展推进铁路客站空间的多元进化，产生了更多能与城市交互的场景让人们驻足留念。日本东京涩谷站设计了"离星空最近的车站广场"，[①]在综合体塔楼、裙房的屋顶设计了旅客和市民能远眺城市景观的空中广场，是能够真切感知涩谷动感魅力的绝佳场所。透过重庆北站的"大眼睛"可以看到城市壮阔的天际线，也是站城之间空间互动场景的巧妙构思。随着科技的发展和融合意识的提升，铁路客站中或许会出现的前所未有的融合性空间，上海虹桥站和机场之间的多媒体大厅就是很好的尝试，通过各种展陈设计、科技设备、智能辅助实现多元化的融合功能，用更具时代感、科技感、未来感的场景来展示城市的文化和风采（图3-166～图3-168）。

站城融合要研究和剖析的基础内容是站与城的关系，深入到更微观的空间设计角度，人作为空间感知的主体，也需要被充分重视。因此空间设计的优化应本着满足"城—站—人"三要素的平衡发展的方向而努力。希望通过上述基础性的分析和探索性的建议，能够推动铁路客站及周边空间的设计品质不断向更高的目标提升。

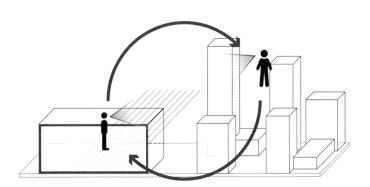

图 3-165 城市交互行为示意

图 3-166 重庆西站内部城市框景

图 3-167 日本东京涩谷站的空中车站广场

图 3-168 上海虹桥火车站

---

① 日建设计站城一体开发研究会. 站城一体开发 Ⅱ：TOD46 的魅力 [M]. 沈阳：辽宁科学技术出版社，2019.

3.3.5　基于站城融合理念的客站相关空间优化策略梳理

实际项目面对的空间形态思考要素要远多于本文论述，也鼓励设计工作者全方位考虑站城各项应予以关联的要素，将之作为铁路客站形态设计的基底。上文所述的内容主要基于站城融合的思考，相信大多有融合需求的项目或多或少都需要对这几个要点进行解读与回应。下面对其进行简要的总结梳理。

1）关于地标性建构的优化：站城融合推动了地标性建构的目标由"客站地标性建构"向"站域地标性建构"演变。首先要开放思想，突破铁路客站是唯一站域地标主体的思维桎梏。要理解站城融合发展对空间形态需求的多元化趋势，顺应属地城市的地标建构条件，因地制宜地决策地标性承载的主体。单体还是群体、客站建筑还是其他建筑、建筑还是其他环境要素，这一系列的选项无论答案如何，都应该切实反映场地自身的特性。所以地标性建构的并没有标准答案，最合适的才是最好的。

2）关于站城空间关系的优化：站城主要空间轴线及形态走势需要相互融合统筹，理性评判铁路客站建筑空间形态"对称"的必要性，合理组织铁路客站空间形态与城市空间形态的相互关系。将城市空间肌理走向和尺度连接纳入到铁路客站建筑空间形态组织的影响因素当中，进行积极地创新设计实践。对竖向设计的关注会聚焦于铁路客站空间形态的"显"或"隐"之上。应充分考虑城市天际线的控制和开放空间的连续性。以更广阔范围的空间价值对设计方向进行评判取舍。"正空间"和"负空间"形成的图底关系，是缝合铁路两侧城市功能、城市环境的重要设计抓手。这是空间形态整合的起点，直接影响站域周边城市功能的运行，在方案设计的初始阶段应因其格外的重视。提升城市建设容量和城市空间品质是站域空间统筹的重要目标，其投入和评估应该扩大至城市甚至更广阔的范围进行思考判断。

3）关于空间界面的设计优化：站城融合推动了铁路客站于城市空间界面的多元化、丰富化，提升了一些原本无法感知的空间界面的重要性，也引发了新的空间界面的产生。基于这些站城融合发展的新诉求，需要设计工作者引起重视，避免设计盲区，对设计的投入重点有所斟酌。应关注如下几方面：腰部落客、环形落客、上盖开发的铁路客站枢纽设计，需重视垂轨立面的设计。周边有高强度开发的铁路枢纽规划，需重视第五立面的设计，重视机电设备与第五立面的空间融合。铁路客站的出发和到达空间集中于站房内部的空间的情况下，需重视站房内立面的设计，需考虑设计的人力资源投入是否应等同甚至高于对外立面的投入。

4）关于空间场景的设计优化：铁路客站的空间设计最终的落位还是应该回归到"站—城—人"三者关系上，以人为中心去建构空间场景，实现空间的功能价值和场所价值。换乘场景中应考虑到使用者不仅有旅客还可能有城市功能的使用者，应兼顾效率和空间感受，尽量实现空间的相互连通，交通的可视化引导，让民众的视线不再紧盯着标识牌，有更多的时间，更广的视野可以体会客站空间的感染力。换乘过程中配以辅助的餐饮、零售、微景观等空间，让出行的旅客和通勤的市民都能从途中单调机械的情绪中解脱出来，随时随地都能稍做停留。进出站场景应该根据每个城市自身的特征，做多元化的进出站空间场景的设计思考，特别是出站场景，可考虑多向出站的方式将出站空间与商业、会展、旅游等城市特有的功能复合在一起，使旅客出站立刻有抵达目的地的心理感受。在铁路客站及周边城市区域建构可漫游的空间场景。根据不同行为需求，以铁路客站中心，设计由效率向中心递增，丰富度向周边递增，公共性和私密性按行为特征分区，多种交通模式兼容的复合型漫游场景，打造目的地式的铁路客站枢纽区域。多元化地创建铁路客站与城市互动的空间场景，突破仅以站房主立面作为铁路客站和城市联系的要素这种思维惯性的束缚，依据城市特征结合CTC、城市客厅等融合空间，设计能够展示城市文化、气质和精神的空间场景。

建构"站—城—人"融合的空间优化视野：站城融合要研究和剖析的基础内容是站与城的关系，深入到更微观的空间设计角度，人作为空间感知的主体，也需要被充分重视。对几个空间优化要点的分析各有侧重，地标性建构及站城关系协同更多从客站视角换位到城市视角进行空间布局思考，而界面设计与场景设计优化就已经摄入到使用者也就是人的视角进行空间感知思考。这些分析和梳理都充分围绕着站城融合发展的诉求展开，结合对国内外经验的借鉴以及未来发展的预判，提出了一些空间形态设计策略的优化探索。希望能为在此领域耕耘的各界从业者能够有所启示，共同努力推动铁路客站的空间形态设计走向"站城融合"的新纪元。

3.4
小结

近年来，居民的出行呈现出多样化、高频化的特征，高铁系统的不断完善和升级促使高铁成为居民出行的重要交通方式之一。铁路客站带来的时空压缩效应使其与城市之间的界限不断模糊。与此同时，随着中国城市的快速建设，发展需求与资源瓶颈之间的矛盾日益凸显，土地的集约复合利用是保障城市可持续发展的应有之义。在这一时代背景下站城融合成为新时代铁路客站建设的重大理念。近年来我国高铁发展日新月异，为我国深入研究、探寻并开创一条具有中国特色的站城融合之路奠定了坚实基础。本章节从铁路客站的功能和空间两大方面分别铺开，分析、明确并总结出对于站城融合具有正面意义的功能布局和空间设计，同时强调对于新模式、新策略的创新探索，以期为未来铁路客站的规划设计提供有益借鉴和可行策略。

从功能布局方面来说，交通功能是铁路客运综合交通枢纽的基本功能，随着城市的不断发展，铁路客站逐渐开始承载着城市相关功能，高铁和城市的发展愈发融为一体。客站功能作为旅客活动的重要物质载体，是实现站城融合的基本要素，通过客站功能布局优选，以及客站功能布局新探索两部分展开论述。其中，节点与场所的平衡并非单独针对客站某类具体功能，而是重在改变国内铁路客站"重交通、轻场所"的观念，强化其在城市空间中的精神场所感，使客站"节点—场所"失衡的问题得到缓解。客站功能布局优选在实践工作中影响因子过多，相较于提出对站城融合最优的功能布局模式，通过对不同功能布局模式的优劣对比分析，不同客站可根据自身、所在城市和区域的本底特征选择最适宜的功能布局，以新的视角明确站城融合新需求，选择与之相匹配的站场、站房、综合开发布局。同时，倡导建筑设计前置介入线路选线、站场布局和枢纽规划，建立铁路与城市的可持续合作机制和平台，助力站城融合发展。本部分功能布局优化策略侧重点在于强调站城融合是一种理念，其模式多种多样，难以限定为一种特定模式，需因站而异、因地而制、因时而变。除此之外，随着科技的高速发展，以大数据为基础的人工智能技术得到突破，将促使高铁客站的安检作业不断优化、旅客服务不断完善，更使得未来客站的功能布局优化前景广阔。

从空间设计方面来说，首先要解决的是空间设计优化的目标。前述研究内容已经指出，对站城融合意义的一些错误理解，会造成空间设计目标的错位；对站城融合需求的认识不足，会造成空间设计要素的缺失。所以，准确把握动态发展中的站城融合的意义和需求，是站城融合思想主导下铁路客站空间设计的基础。所以空间设计的优化方向是本着满足"城—站—人"三要素的发展需求而设立。关于空间优化的策略和建议，虽然研究对象从宏观到微观，从外部到内部都有所涉及。看似复杂多样，实际这些策略建议形成的基本原则，都可以回归到站城融合的基本理念去理解把握和灵活运用。希望通过这些基础性的分析和探索性的建议，能够推动以站城融合为理念的铁路客站及周边空间品质不断向更高的目标前进。

4

4.1
铁路客站流线组织的新需求及趋势

4.1.1 站城融合背景下的新需求

在站城融合的以及社会经济的快速发展背景下，铁路客站的使用人群和使用需求都发生了变化。生活水平和文明程度的提高，使旅客对出行的感受更加敏锐，对舒适性要求相应提高，不仅体现在生理上，还表现在精神需求上；包括对客运所提供的良好环境和服务的人性化、个性化、差异化方面的体验，都会使旅客产生被重视、被尊重、被认同的愉悦感受。

在此需求下，也随之产生了一些与之相应的应对策略，可从行为需求和交通需求两个方面进行叙述。

1. 行为需求

1）人群构成

铁路客站站域研究的范围内，其主要人群构成为旅客人群及站域周边居民人群。受站城融合开发一体化的影响，城市功能的置入以及旅客需求的新变化促使旅客向着客户的方向发生了转变，人群构成逐渐复杂。站域有多少种功能业态就有多少种需服务的客户，例如旅客、顾客、游客、住户、职员等。

2）需求特征

旅客需求实际上在旅客有出行意愿时就存在，出行前需要查询信息、购买车票等，在旅客到达站后需求更为集中，在这里既有对安全性、经济性的共性需求，也有针对旅客自身状况等个性需求。旅客需求（图4-1）主要包括以下6个方面。

（1）快捷性需求

铁路客站是旅客旅途中首先和最后接触的运输环节和场所，具有"通过式"特点，因此要求铁路客站供给方办理旅行手续简捷，简化流程，迅速到达目的地，节约旅客时间，减少旅途疲劳。

（2）方便性需求

方便性需要集中体现在购票、进站、上下车等环节，要求减少手续办理和候车的各种中间环节，最终达到便利、快捷的目的。

（3）经济性需求

出行时，旅客较为重视其花费费用与出行时间、需求满足程度的匹配度。铁路客站只有发挥出自身高速、方便、快捷等方面的优势，才能充分体现出其经济价值和时间价值，作为高性价比的运输方式被人们所接受。

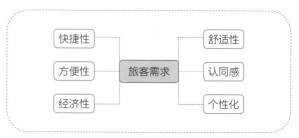

图4-1 旅客需求构成

（4）舒适性需求

舒适性需求不仅体现在生理上的满足，还包括精神需求上；既包括对高端文化娱乐的追求，也包括对客运服务人员体贴、周到性的要求，这些都会使旅客产生舒适的感受。

（5）认同感需求

传统铁路客站因其特殊性，站域内的体验与城市其他空间严重割裂，客运站应通过流线的组织和功能的置入，营造出日常城市公共空间熟悉的场所感，降低使用者的焦虑，增强认同感。

（6）个性化需求

不同种类的旅客通常对铁路客站有不同的需求。如残疾人需要无障碍服务设施，办公及商务出行对铁路客站网络覆盖、临时办公环境有一定的需求，青少年对个性、新鲜的服务体验要求较高等。

3）需求转变

（1）旅客需求转变

旅客需求的转变除以上提到的6点需求以外，在旅客向顾客角色转变的过程中也面临新的需求。如何高效促进旅客向顾客转变以满足客站商业运营收入，如何避免旅客及顾客在流线上的交叉干扰影响等也是需求转变急需解决的问题。

对于旅客及顾客的需求转变方面，铁路客站综合体需充分发挥公共服务的基础性作用，通过布局优质的商服资源、提供先进的服务设施，锻造高水平的公共服务，提升整体品质，"使人愿意来、留得住"。在流线上要做到不同功能的合理分流，使其高效运转，通过有效组织快速进出站旅客和有购物游憩需求的人流，保持综合体内功能顺畅的连接，避免节点栓塞，实现流线组织的有序化。

如杭州西站（图4-2）为吸引旅客向顾客的转变，在"云门"中置入诸如商务同城、职住同城、旅游同城等功能需求，这些功能将与传统的办公、酒店、商业、公寓等业态穿插组合，针对各种功能对交通便利性的不同需求，通过流线立体化设计与站房完美衔接，使内部流线组织畅通有序，旅客与顾客流线互不干扰。

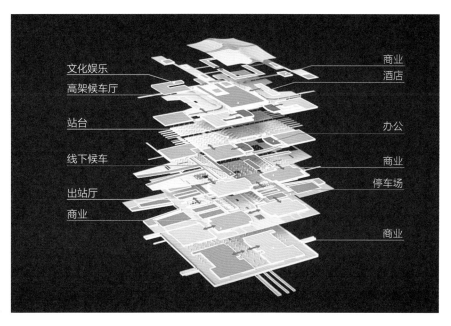

图 4-2　杭州西站复合功能流线组织

（2）周边市民需求转变

因长期根深蒂固的观念以及站域空间的单一化，除出行需求以外，很少有市民会在铁路客站站域之内逗留。因此在增强站域与市民的互动性，如何对周边市民增加吸引力，增加人气以促进商服等方面迎来了新的挑战。对此，可以结合地方特色，打造休闲及舒适的空间，增添其城市活力，有效渗透进周边居民社区。也可在站城开发下创造站域内的开放公园，建筑景观可让市民沉浸自然、探索兴趣、开阔视野，真正让市民生活和城市空间相融合。

如杭州西站利用雨棚上盖打造盖上公园（图4-3），设置独立交通系统及相应需求的停车位，塑造空中城市花园，有效地与周边市民进行交流互动，满足市民对站域功能的新需求。

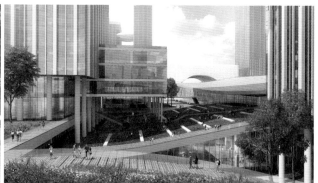

图4-3 杭州西站盖上公园概念图

2. 交通需求

1）铁路物流对交通的需求

我国整体铁路路网功能相对强大，但未发挥其高速铁路物流运输的优势及站城融合下带来的城市运输便利性；同时新冠病毒在全球蔓延等外部环境的不确定因素影响增大，物流业发展依托的基础受到挑战。多方原因促使高铁物流行业与交通、产业的进一步无缝衔接与融合，服务质量的进一步提升。

2）站域业态对交通的需求

站城融合理念下的站域开发促使城市功能业态进一步融入站域之中，城市功能也诱增了更大的交通量，站域内交通需求也由此递增。在此情况下，站域开发应使在其范围内居住和工作的人们可以很方便地通过步行、公共交通、小汽车等其他衔接交通到达目的地，以满足站域内业态的健康发展。

因此，站域业态对交通需求的开发应遵循以下几个特点。

（1）加强人性化设计及管理，创造方便舒适的交通体验。

（2）促进流线的动态分流，减少各流线之间干扰，提高运行效率。

（3）各业态的衔接交通集中布置局部分流，保证其高效便捷集约化。

例如在合肥西站概念方案设计中（图4-4）有效综合了铁路客运、城市轨道交通、公共交通、铁路综合物流及商业服务等功能，内部交通布局均衡、流线设计顺畅、配套设施完善，满足其复杂业态下的交通需求。

综合商业　　城市平台　　城市客厅　　有轨电车　　站内商业

图 4-4　合肥西站概念方案交通布局

4.1.2　站城融合背景下的流线趋势

1. 四位一体的综合开发

　　铁路客站在站城融合的理念下其布局模式发生了转变，由过去的站场、站房、站前广场三要素构成的三位一体模式，转变成为由换乘中心取代过去三要素中广场的部分，加以完备的综合开发，形成站场、站房、换乘中心加综合开发的四位一体的新流线模式（图4-5），成为站城融合背景下铁路客站发展的新趋势。

　　四位一体的综合开发新模式是近几年铁路客站在站城融合理念下引导的一大创新，由于该模式交通的立体化与综合化，将流线重新进行了梳理，使其能够高效便捷通达地服务旅客，促进铁路客站的换乘效率大幅提升，也能够有效地节约城市土地。

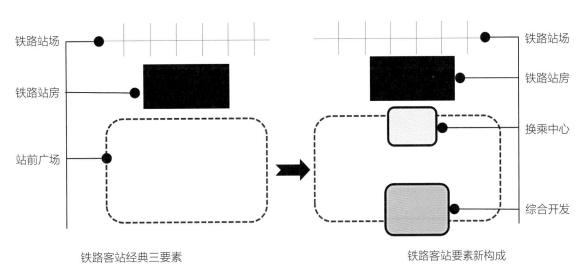

铁路客站经典三要素　　　　　　铁路客站要素新构成

图 4-5　四位一体新构成

121

换乘中心其实也是城市交通中心，同时服务于铁路客站与城市综合开发。它与铁路客站便捷换乘形成综合客运枢纽，进而成为综合开发项目聚集人气、具备投资价值的基础，成为站城共赢发展的纽带。故而四位一体的新模式对促进站城融合发展具有相当重要的意义。

2. 流线组织协同开发

站城融合强调多功能流线下的无缝衔接，在强调"零换乘"理念的背景下，也要保证站域内各种流线互不干扰，通常采用人车分流，进出分开等方式，利用多种流线组织策略促进功能与流线之间的协同开发。

如重庆沙坪坝站，与我国很多城市高铁站不同的是，沙坪坝站换乘人数最多的一种交通方式是地铁，以此定下了以地铁为中心，衔接铁路客站、公交、出租的基本框架。由于重庆地形原因，无法将公交、出租等城市交通设施比较平缓地布置在某一个场地，且根据预测，沙坪坝站每天使用人数高达40万，客流来源较为复杂（图4-6），诸多限制下，使各交通流线不交叉是非常困难的；为此，通过整理交通流线交叉节点，在节点上设计两个"核"——"交通核""城市核"，对交通流线进行组织与梳理，使其保证畅通融合（图4-7）。

图4-6 沙坪坝站客流来源示意图

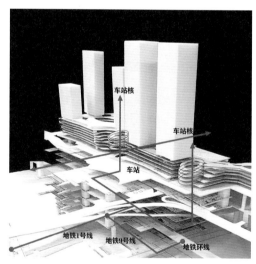

图4-7 沙坪坝站流线组织

4.2
站城融合背景下的流线内涵与特征

"站城融合"的关键点在于融合，包含了城市功能、综合交通等多层次的内容，其目的就是整合城市内外交通构建综合枢纽，完善其城市交通核心节点的地位，满足站城融合在交通上的协同，避免城市孤岛等现象的发生；同时注重引入多元化城市功能，引导铁路客站从交通节点发展为城市活力中

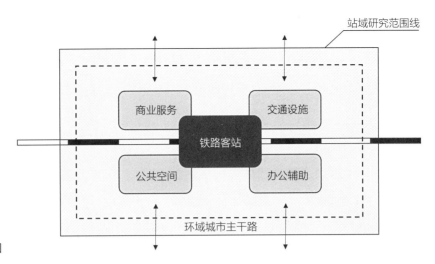

图 4-8　站域空间范围示意图

心，增添其区域动力，推动功能上的协同。

　　站域空间指的是站体公共空间以及与之存在相互影响的周边城市公共空间。其概念不是简单的客站空间和城市地段概念的叠加，而是指两者通过相互关联、相互依存结合而成的有机整体。它是以客站为核心，建立客站与城市空间的秩序，激发城市空间的高效利用，形成一个复合度高、运转有序的城市空间（图4-8）。因此，研究流线的过程中自然会受到"铁路客站"和"城市空间"的双重影响。为更好研究其流线上的层次，可从站域外及站域内两个方面进行阐述。

4.2.1　铁路客站站域外流线构成

　　对于站域外的流线研究，须建立在对城市整体及交通的论证基础上进行展开，由此才能对站城融合流线上的方式和设计策略做出更加切实可行的判断。站域外其主要研究涉及城市大范围的换乘交通，因此其主要研究的对象为车行流线。

1.　站域与外围城市功能衔接

　　从城市发展来看，高速铁路为区域中心城市带来了巨大的发展机会，但对于沿线不同定位的城市而言，高速铁路带来的影响可能会因城市产业结构和发展阶段不同而差别很大。如旅游型城市可能会因高速铁路带来游客的快速增长，从而对文旅和交通转移等服务需求旺盛；有些城市可能会因高速铁路的引入快速融入区域经济圈，从而促进产业的融合发展；有些城市也可能会因人才和资源被中心城市虹吸，从而使城市发展受到负面影响。因此，"站城融合"更应与沿线城市链中每个城市站点的具体环境和产业相协调，制定相应的策略，不能统一标准，一概而论。在此情况下，流线也因各站功能定位的不同而呈现不同的模式。

　　围绕站域的范围将城市功能包括商业旅游、宾馆餐饮、办公管理、信息服务、文化展示等多方面内容，同时依据站域与城市功能的相关联性可进行相应的衔接策略及流线组织。

　　例如松江南部高铁新城站域的发展融入松江的整体城市发展构架之中（图4-9），其充分考虑了南部区域与松江新城、松江工业园区、松江科技园区等相互协作。松江新城沿南北向发展主轴线，既延续了松江新城的发展脉络，也能够将新城的人气引入南部区域，加强了站域与城市功能上的衔接。

2. 站域与外围城市交通衔接

车站充分利用其区位优势，通过整合城市内外交通构建综合枢纽，成为城市交通网络的核心节点，满足站城融合的基础需求——交通协同。在研究外围城市交通衔接时，车站的规模及区位也是其影响的关键点，下文将根据此分类进行叙述。

1）大型、特大型铁路客站与城市交通衔接

该类客站多处于城市副中心区域，且大部分规划了高铁新城，但一些新城配套服务不够、城市空间一体化程度不足，降低了新城的吸引力，难以聚集人气，使得部分站域呈现萧

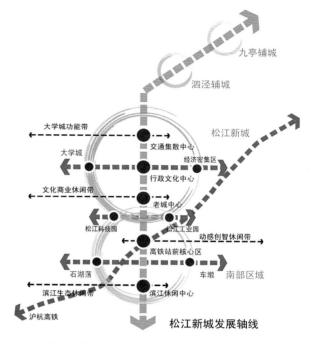

图4-9 松江南部新城站域发展轴线

条景象。一方面，部分铁路客站在建成投入使用后未能及时与城市公共交通衔接，造成旅客换乘出行的不便捷。另一方面，部分铁路客站未能及时实现建设之初的规划，部分建设后劲不足，造成了站域及周边建设发展缓慢等情况。

因此需打开庞大的铁路客站站域，融入更具可持续性的发展策略，更好地与城市衔接。如利用格网体系、将站域的道路系统融入更大尺度的城市的范畴中，减少站域与城市的隔阂。或在城市功能混合利用上做到各类土地的平衡发展，就地吸纳本域居民出行，减少跨区出行活动，促进该区域稳定发展。

2）中小型铁路客站与城市交通衔接

该类客站根据建设区位分为两种情况。一种情况是选址在城市郊区地段，此现象多发生在大城市远城区、小城市或县级市的铁路客站建设中，例如潜江站等。该类客站因与城市距离过远，公共交通衔接不畅，无支撑商业等原因而产生"城市孤岛"现象。对此，在规划设计此类铁路客站时，应注重对于城市未来发展规模及客流量的预测，并处理好与城市公共交通的衔接问题，避免其交通地位因地缘关系被弱化。

另一种少数情况是选址在城市中心地段，该类车站主要问题一般为：如未能准确预测客流量及未能规划好与城市公共交通的衔接问题，造成站域片区交通杂乱拥堵，人车混行严重等现象。应对此现象的措施是完善在公共交通疏导方向上的协调，在不同于大型铁路客站的有限用地上，将其公共交通开发强度提升，设置快速路网，打通与城市衔接通道的障碍，大幅提升其交通运行的能力，保障换乘活动畅通有序进行。

如松江南站，虽然处在远离上海城市中心的新城地段，但在交通的综合开发上，将铁路客站站域交通与城市交通进行整体建构，形成有序的城市交通网（图4-10）。在各个方向相对均衡的组织，使其换乘能够畅通有序地进行，从而加强了站域与城市的交通衔接。

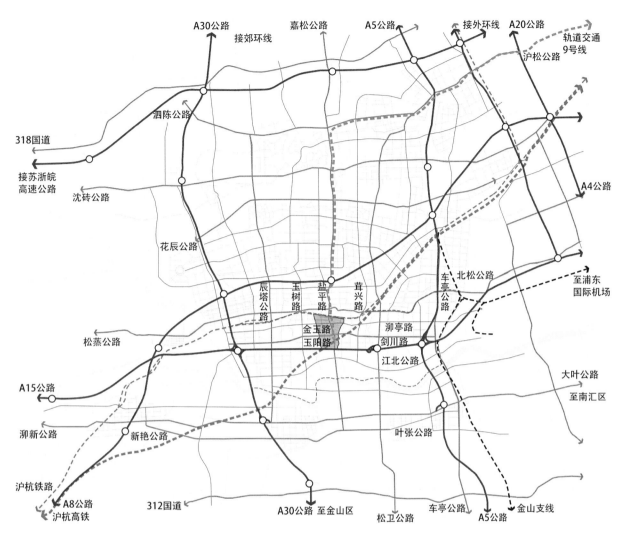

图 4-10　松江南站与城市交通衔接示意图

4.2.2　铁路客站站域内流线构成

　　对站域内的流线研究，其目的是为引导车站从交通节点发展为城市活力中心，推动站城关系的深入发展与功能协同，基于此需在功能及交通方面进行阐述，才能做出更加切实可行的判断。站域内的流线主要涉及城市换乘交通及旅客的步行流线，因此在研究中又可细分为车行流线及人行流线两个方面。

1. 站域内功能融合

　　车站规划不仅应体现出高效便捷和以人为本的服务意识，更要适应旅客需求的变化，为旅客提供全方位服务（图4-11）。当综合交通体系的骨架建设满足旅客对时空转换的需求后，融合更多的城市功能就如同附于骨架上的血肉，使车站与城市运转内容更加丰富，也更加强壮有力地支撑区域的活力。

　　站城融合概念下，交通枢纽城市综合体的优势
逐步体现。一方面扩展了城市容量，与商业区融为
一体；另一方面，通过打造功能融合的新型车站综
合体，为旅客提供了丰富而全方位的城市生活内
容。车站因城市功能的聚集而丰富，城市依托铁路
将功能延伸到更加广阔的空间，因而流线也向着多
样性的方面发展。

　　例如杭州西站站场上盖与四角塔楼开发建筑
以复合功能服务站区及周边，站场上盖以商业、
办公、文化、酒店及配套设施等为主要开发业态
（图4-12），形成了一个复合的城市综合体，由此
也产生了复杂多样的流线。

图 4-11 站域功能融合示意图

2. 站域内交通综合

　　站城融合背景下需将铁路交通跟城市其他交通方式紧密衔接，为旅客快速便捷地在铁路和公交、
轨道交通、社会车辆、出租车等不同城市交通方式之间换乘创造条件。通过不同方式、不同能力的多
层次交通体系，将车站与整个城市体系紧密地融合在一起，构成支撑车站和城市高效运转的骨架。

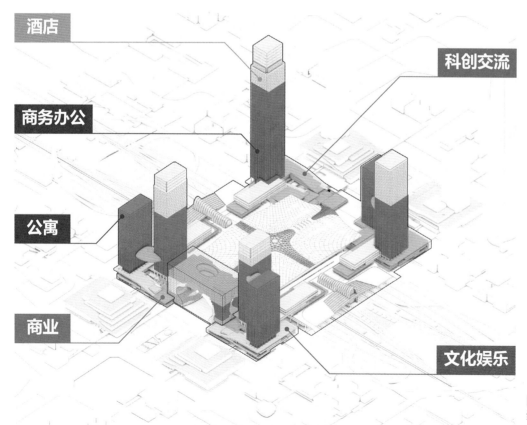

图 4-12 杭州西站
综合开发功能布局
示意图

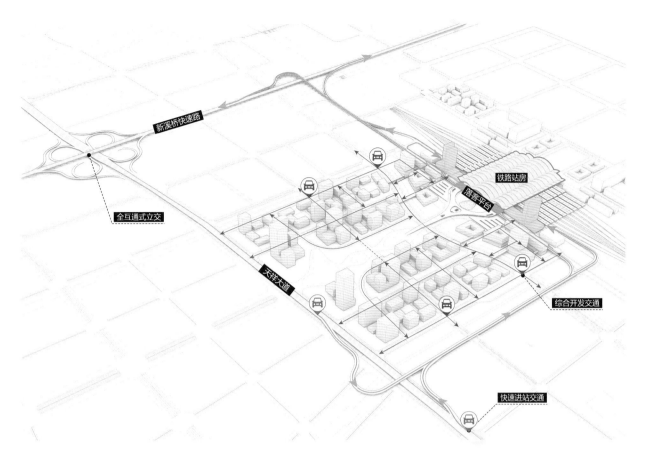

图 4-13　南昌东站站域交通融合示意图

如南昌东站（图4-13）在其概念设计方案当中，针对车站设置专有快进系统，以满足进出站交通的便捷、畅达。站域内部交通体现"管道化"理念，各类车辆各行其道，有序通行，确保站域内交通的畅通融合。

在站城融合的理念下，站域内的交通逐渐发展成为综合交通枢纽的模式（图4-14），其主要构成及使用占比详见下表（表4-1）。

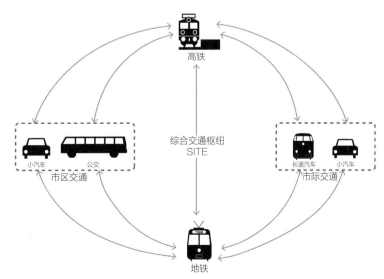

图 4-14　综合交通枢纽模式示意图

站域内交通方式构成及使用占比 表4-1

交通方式构成	使用占比（%）
轨道交通	45～65
公共汽车	10～30
小汽车	10～20
出租车	5～15
网约车	5～10
其他	5～10

站域内流线的构成可根据换乘方式及城市功能分为交通换乘流线及城市功能流线。

1）交通换乘流线

站域内的交通换乘流线包括小汽车流线、公共交通流线、轨道交通流线，共享交通流线，国铁流线等。

2）城市功能流线

站域内城市功能流线包括商业流线、办公流线、文旅流线、后勤流线、运输流线等。

站域内流线的融合的问题将分别从上文的交通换乘流线及城市功能流线两个方面进行细分，主要在车行及人行两方面进行叙述。

3. 车行流线方面

1）站域各功能之间流线的系统性梳理

站域随着各种业态的增加，各功能之间产生诸多新的流线，交通流线也变得更为复杂；因此在流线梳理中，应将车行流线（包括诸多功能的后勤物流车行流线）分级处理，减少流线间的干扰，保证其车行流线上的畅通融合。其次各业态之间流线也可进行共享，在非节点区域将流线进行分支引导各功能使用，以此减少在此巨大体量下流线的过度浪费，也能够更好地促进各功能之间流线的系统性。

2）城市公共交通与铁路客站的接驳

实现站城交通衔接、提高客流集散能力是推动站城融合的重要方式，对此，客站在引入城市交通的同时，通过立体化、多方向衔接，以构建客站综合交通体系。并依托垂直换乘系统，引导综合交通在多方向、多层面（地上、地面、地下）有效对接城市路网，确保站城交通的全面衔接。

例如重庆沙坪坝站（图4-15）充分利用原有路网，置入交通核，结合城市南北方向社会联系通廊，使铁路客站与城市交通完美融合，流线清晰互不干扰。

3）小汽车流线与铁路客站的接驳

在目前国情的大环境下，小汽车出行因其便捷性及出行习惯等原因，其优先的情况长期不会发生改变，小汽车匝道会对步行流线造成干扰。因此应注重加强站域范围内机动车道路车流的有序引导，适当降低车流对行人流线的干扰。同时对目前的汽车匝道可进行立体多层设计，将小汽车与出租车等社会交通进行分层引导设置，减少由于布置在同一水平面上产生的车道边缺失落客车位的现象。

另外铁路客站站域内停车配置的不足的问题也急需解决。因此应在建设时期对未来站域内汽车出

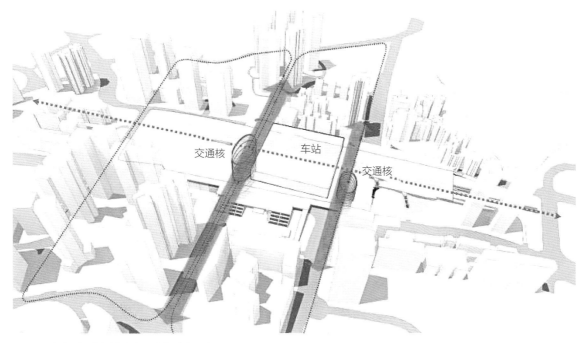

图 4-15　重庆沙坪坝站与城市交通流线融合示意图

行量进行预测并设置相应设施解决问题，如设置立体式停车场（图4-16），利用智能系统提升停车场通行效率等。

4）共享交通与铁路客站的接驳

共享交通是伴随现代技术和社会发展而产生的一种新的交通形态，因移动互联网等技术进步而兴起，共享交通与其他交通的区别在于使用者使用交通工具但不具有所有权。因其具有降低出行成本、缓解拥堵恶化的速度和减轻污染排放等诸多优点，共享交通已经成为共享经济时代交通运输系统的一个必然发展趋势，是城市交通发展的一种新模式。

站城融合一体化的开发应注重在城市共享交通与铁路客站的无缝衔接，为其提供交通流线及停放设施上的便利。如在铁路客站站域内设置城市共享交通的专用道（图4-17），为旅客提供上下客的便利性；为旅客提供方便快捷的停放设施场地，同时加强共享交通的引导性，使其优势有效地开发利用。

图 4-16　立体式停车场示意图

图 4-17　共享交通专用道概念图

4．人行流线方面

1）人流组织有序化

站城融合下，由于其业态功能的增加，其相应的人行流线也变得更为复杂，而流线又是整个设计过程中的核心问题。因此，需将不同功能流线合理组织，通过有效组织不同方式进入站域的人流，避免交通节点栓塞，实现人流组织有序化。同时，各部分城市人流（换乘人流、商业人流、办公人流等）需要自己相对独立的交通出入口与城市交通网衔接，又与综合体内其他功能保持顺畅的连接。例如图4-18所示的沙坪坝站综合体的人行流线组织。

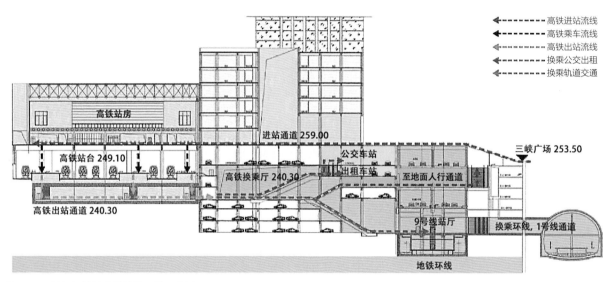

图4-18　沙坪坝站综合体流线网络示意图

2）人流细分的动态分离

在铁路客站综合体的流线设计当中，要注重对人流的梳理，将不同状态及需求的人群流线进行细分，进行快慢分离的设置。此做法可以有效地降低流线交叉干扰现象，提高站域内旅客及顾客的出行效率。如在铁路客站流线设计中强调"到发分离"，"多点进出"等策略，其目的就是为使人行流线进行有效分流，提高整个站域的运行效率。

例如广州白云站综合体（图4-19）在基地四角建筑的裙房内分别设置城市交通场站，通过"到""发"分离并与进出站同层衔接的方式进行人流的动态分离，实现了枢纽内旅客的无缝换乘与无风雨换乘。

3）增强人流的吸聚能力

为使站城综合体的商业部分能够良好运转，除了旅客向顾客角色转变之外，还需要将周边城市人流引入到内部商业，使其成为该区域的购物消费活力中心。通过设置步行区域开发，将周边市民引入站域内丰富多样的商业空间，结合城市特有的历史风貌，既提高了步行空间对民众的吸引力与影响力，增加了站域的商业文化与人文气息，又淡化了站城之间的空间隔阂，推动了站域的开发建设，提高了城市空间的发展活力。

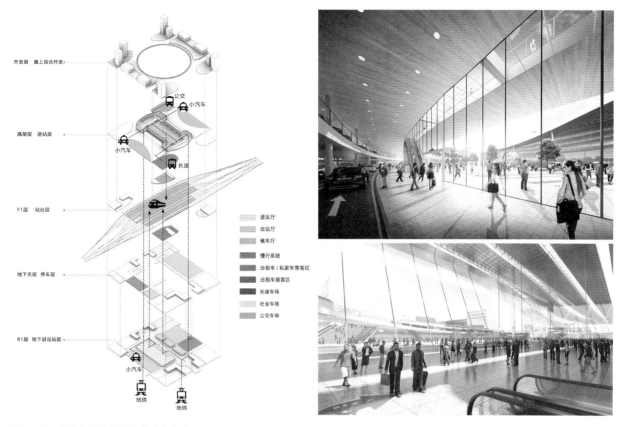

图 4-19　广州白云站人流细分动态分离

4.2.3　融合的特征

在站城融合的背景下，旅客的流线组织逐渐发生改变，呈现了一些新的特征，本段将主要围绕"可达性""可穿越性""可逗留性"及"可生长性"四点进行展开。

可达性代表了与城市融合的紧密程度，可达性越强，站城融合程度越高；可穿越性代表了车站对城市造成的割裂程度，可穿越性越强，车站对城市造成割裂的程度越小；可逗留性代表了站域内部城市空间功能的完善性，可逗留性越强，代表了站域的城市功能越完善；可生长性表达了站城融合下站域的未来发展能力，可生长性越强，站域未来发展的灵活度及可能性越强。

1. 可达性

可达性指从某地到达理想地点的容易程度，而步行可达性用以衡量行人能否方便且快速地到达铁路客站，可表明铁路客站的步行可达范围内人流集散的效率。因此，以铁路客站为核心，合理规划设计步行系统，有利于提高铁路客站的交通接驳能力，也对提高站与城的运行效率具有重要意义，根据站域内外研究范围可将可达性分为以下三种情况进行分析（图4-20）。

为建立可达性强、连续通达的步行系统可从以下两方面展开。

1）降低车流对步行流线的干扰

在目前国情的大环境下，小汽车优先的情况长期不会发生改变，而机动车道路会频繁打断步行流

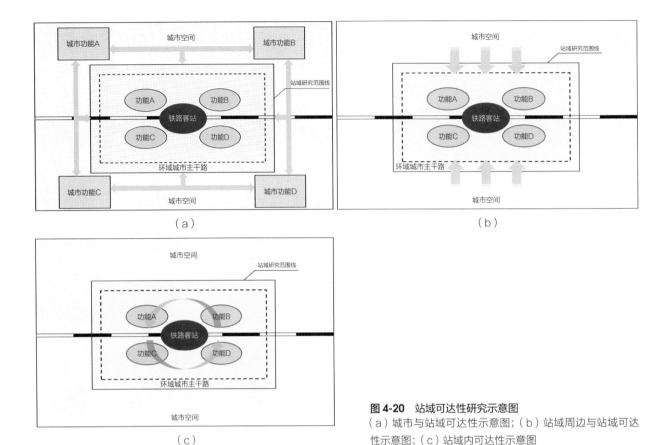

（a）

（b）

（c）

图4-20 站域可达性研究示意图
（a）城市与站域可达性示意图；（b）站域周边与站域可达性示意图；（c）站域内可达性示意图

线。因此，为建立可达性强、连续通达的步行，应加强站域内机动车道路车流的引导，降低车流对行人流线的干扰。对此，应提出限制铁路客站站域的岔路口及匝道的车速，以及增设减速带、窄点、斑马线、信号灯等设施的要求。

2）地上—地下步行流线一体化

在站城融合的策略下，铁路客站站域内增添了更多复杂的功能，因此建议加强地下管道化的步行联系，有效分离行人与机动车；也可加强与站点周边商业设施、公共绿地的联系，使旅客在铁路客站与站域服务区之间互通互达。

客站本身往往也承担着各种交通之间的接驳，即包括地面"站点"（如公交站、单车站、商场、小区）与地下"站点"（如地铁站）的接驳换乘，因此，构建地上—地下连续的步行流线具有重要意义。为此，站城开发一体化的设计中应注重垂直空间上的优化设计，增设电梯、自动扶梯等设施，改善地上与地下的垂直交通，促进流线的一体化。

例如红岛站利用高铁站房的地下通廊、高线步道、股道商业中心的立体空间系统，加强了站域地上地下流线一体化的设计（图4-21）。

通过地上—地下步行流线一体化，车站与站域内其他空间从横向和竖向方向上都加强空间之间的联系，有效地促进了站域人流的可达性。

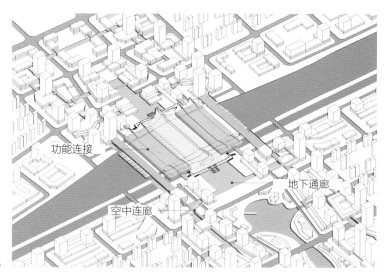

图 4-21　青岛红岛站地上一地下步行流线一体化

2. 可穿越性

铁路客站往往作为独立单元进行设计，与周边地块割裂，具有较强的内向性。由于铁路客站主要的服务对象仍是出行的旅客，缺乏对铁路客站如何给周边居民和路人的引导，与真正意义上的畅通融合尚有差距。在站城融合理念下，铁路客站的人流吸引力也越来越强，可穿越性也显得尤为重要，增加其穿越性可从以下三点进行探索。

1）流线分级

为满足不同人群的交通需求，设计前期应进行分层级的规划，借道通行人群的主要通行通道，满足其快速穿梭的交通需要。为此，出行需求的主路应选取较为顺直的线性，直接连接各交通换乘出入口。同时充分体现站城融合下站域内环境品质出众的优势，将辅路设计结合站域内的公共服务与自然景观特征，增强站域内人流的吸引力。另外，综合考虑地块内的交通需求，将站域与周边街区的对接，相互融通，积极接纳铁路客站站域外部的步行系统，可参考广州白云站的站域流线分级的做法（图4-22）。

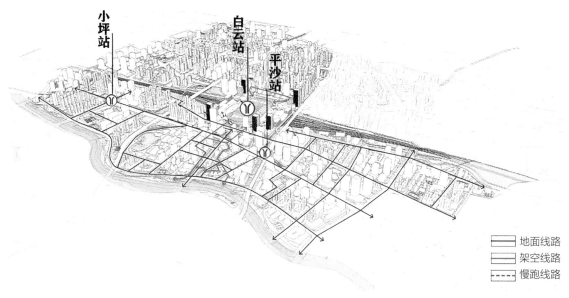

图 4-22　广州白云站站域流线分级

2）边界处理

铁路客站在过去作为城市交通的独立单元开发，削弱了车站与城市的互动，在站城融合理念下无法服务于更广大的群众，实际上开放度并不高。当以整体视角看待站域与城市之间的关系时，可以通过积极转变站域边界的处理，从视线、景观、活动等方面构筑站域与城市之间的共享空间。在边界的处理时，以全线敞开不设隔离物为最佳，在边界景观较好的地方可作为展示形象的地段，应采取绿化带、广场或水景过渡，真正体现其开放性，尽力打造全开放边界，减少站域范围的限定性与边界感，实现"站城互融"。

3）增加可穿越性通道

铁路客站因对城市空间造成割裂，为此可在设计中对铁路客站及铁路线的局部地坪层架空或深埋，增加其城市交通的可穿越性。另外也可以增设两个方向的或多方向的地下综合广场或设置跨铁路线天桥，以方便流线在各个方向的集聚疏散，尽可能减少对城市各种流线的阻断干扰，为其可穿越性提供可能。

例如香港西九龙站作为国内首个地下超大型综合轨道交通枢纽，枢纽四周连接四通八达的人行天桥和地下通道，为不同性质的旅客提供连接不同轨道交通之间便捷、安全的步行系统；车站上方的地面则腾出最大的空间作为无障碍步行广场，为公众提供绿色、舒适的休憩活动场所，有效减少了各类轨道线路对城市空间的割裂；同时参与改善车站周边区域的微气候（图4-23）。

3. 可逗留性

站城融合下，需增加人流的可逗留性，以增加其商业等其他功能的人气。逗留是指人在原地停留或慢速移动（速度小于人的平均步行速度5km/h）的行为，是交往活动发生的前提，对于空间活动水平的提高和场所活力的激发具有至关重要的作用。空间逗留现象包括人聚效应、边界效应、地标效应、凹进效应等（图4-24）。

图 4-23　香港西九龙站上盖步行设计

1）人聚效应

外部空间中的人与人之间总是存在着潜在的相互吸引力，不经意地表现出群聚倾向。这种所谓的"三角形作用"实质上也就是人聚效应的间接产物。"人看人"的主导性心理倾向使大多数处于开放空间中的个体都渴望获得一个"最佳视点"作为其逗留场所。因而，在站域空间内应需同时具备相对开放的公共活动空间，以及供人静坐、停留且面向人流活动场所的相对安静的空间，以诱发"人看人"正效应过程的发生。

例如杭州西站结合云门入口广场进行多种功能

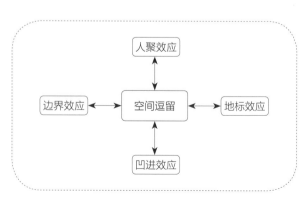

图 4-24　空间逗留现象构成图

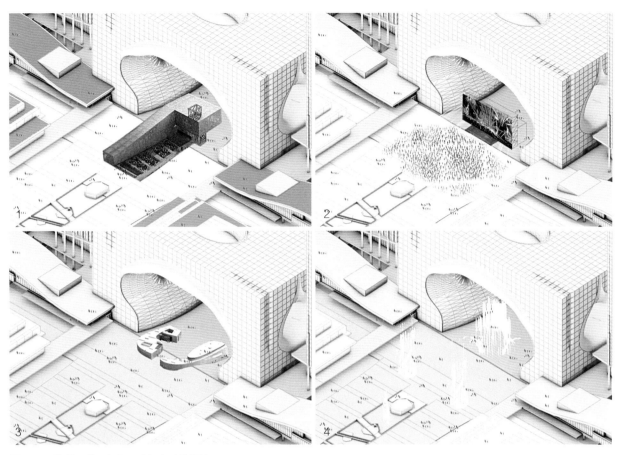

图 4-25　杭州西站云门入口广场多功能设计

设计，促进"人看人"过程的发生。如举办临时发布会、报告会、构建临时小剧场、音乐厅，丰富城市的文化生活；搭建临时展厅，举办精彩纷呈的展览，促进大众的艺术认知；设计不同主题的音乐喷泉景观，塑造良好的趣味性空间（图4-25）。

再如英国伦敦国王十字站，最核心的部分是现有车站西侧新建的半圆拱形大厅（图4-26），这是一个跨度150m的白色网格顶篷单体结构，由16个20m高的树形柱和一个锥形的中央树状结构支撑，犹如"充满生命力量的大树"。这个极富吸引力的空间吸引了大量的旅客驻足休憩，产生了"人聚效应"，使其成为整个车站的活力空间。

2）边界效应

边缘空间蕴含着丰富的信息量，为个人及群体的社会活动提供了大量的机会，是开放空间中最活跃的区域。边缘空间为观察活动提供了良好的视野条件，能与他人保持一定的距离以进行领域限定，有助于心理安全感的获得。因此在设计中应通过创造多形态的边缘、增加边缘有效长度、营造更多的积极围合空间和袋形活动场地等途径，在有限的公共空间内创造更多的边界效应，以提高场地的使用水平，如图4-27所示的南昌东站室内边界空间设计。

3）地标效应

在公共活动空间中，人们总是选择在靠近树木、灯柱、景墙、石块等可倚靠物的场所逗留，这些景观实物能为人们提供生理和心理上的行为支持，是公共环境中吸引人流的重要"地标物"，因而在

图4-26 伦敦国王十字站西大厅

图4-27 南昌东站室内边界空间设计

站域内的设计中应加强"地标物"的设置，有效地使人流发生停歇以造成逗留，如图4-28所示的红岛站景观台设计。

4）凹进效应

凹形空间则提供了一种"避风港"似的场所，常常吸引人们停留。除了具有边界效应的优势外，该空间能使背部受到良好保护并躲避来自侧面的目光，使个体最小限度地暴露于外界环境中，个人领域缩减为身前的半圆形，更易于领域的控制和私密性的保持。因此在设计当中在适当位置设置袋形空间有利于增强人员的逗留性。

图4-28 红岛站海景观景台设计

例如广州白云站在站房东西两侧设置直通地下一层的光谷（图4-29、图5-27），光谷上方悬挑起到遮阳避雨作用，并自然形成具有通风功能的灰空间，这种强引导性识别为占据枢纽使用总人数约一半的人流提供了可逗留的空间。

4. 可生长性

可生长性表现在站域内功能模块整体性和系统的增长，而且往往在加建/改造的过程中，原有空间功能还要保持同步使用，可以看出这

图4-29 广州白云站灰空间设计

一个过程类似生物生长过程。研究其站域空间的生长趋势和特点对合理规划站域和改善环境的意义重大。对于整个站域的生长，主要有以下三个要点。

1）联合动态开发

站城融合将围绕车站打造包含复合城市功能的站域空间，在此背景下，站域空间在发展的过程中需要围绕车站不断吸纳各种不同的城市空间和功能。所以站域空间在进行开发时，规划者需要与各设计投资方统一协调，相互配合，保证各个单元地块肌理的延续性，其具体表现在功能的延续和通达性的延续。

2）分期实施

站域各部分功能空间，要在联合动态开发的规划先行的基础上，根据轻重缓急，分期分批实施。因此在早期开发时，应先以满足车站模块本身功能和各模块间通达性为主；在其后发展的初步阶段，应根据该区域可承载的人流量，在各个模块间逐步嵌入新的功能空间；在发展初步阶段之后，随着新的功能带来新的人流和需求，各方可围绕着车站由近到远，从站域空间内向外，依次进行新一轮的投资开发。

3）空间使用灵活性

站域的空间也可以像生物一样通过新陈代谢来满足新需求，这个过程可以看成是站域空间的再生。因此在站域开发之初应对未来功能上的扩展留有足够的空间，不应阻碍新功能空间的植入，以满足其可生长的空间需求。其次，既有的某些铁路客站可以根据其周边业态对自身和站域内的空间进行调整，使其在有限的空间进行更为复合的生长，随即也产生了随功能发生而改变的动态流线。

如广州白云站设置了"呼吸广场"（图4-30），平时可作为舒适宜人的休闲景观广场。当客运高峰时，呼吸广场成为容纳大量旅客临时聚集并可直接进站的扩展高架候车室，充分满足客站弹性候车需求，也使得在大量旅客聚集的情况下有足够的空间进行流线上的引导，减少人流混乱的局面。

图 4-30　广州白云站呼吸广场功能置换

4.3
站城融合下的流线组织创新策略

"站城融合"在功能上强调其融合性，但在交通流线方面强调畅通高效的原则，其重点不在融合，融合方面仅表现在换乘交通流线的协同、机动、密切衔接上。因此在创新策略上应突出快慢分开、过境剥离、开发交通不影响枢纽交通效率的特点，在下文的策略当中有所体现。

4.3.1 城市客厅引导的流线共享

铁路客站的"城市客厅"是指将城市多种功能进行集约化开发而创造的站前综合体，在站城融合理念下，其主要的目的是为铁路客站的商业价值带来可能性，使其具有"自身造血功能"，同时打造了服务质量与经济效益良性循环的新模式，并为人们提供更为舒适的站前活动空间。

如今的铁路客站已经不再是单纯的交通空间，"站台+候车厅"的传统空间组合已逐渐转化为集展览、教育、餐饮、办公、居住、购物等多种功能于一体的综合空间。在复合功能的同时，也使原有广厅空间发生巨大转变，这种集约化开发的商业模式能够极大地发挥铁路客站站域人流量大、消费机会多的优势，同时也让综合体节点空间承担更多城市功能，成为大众享受生活的新型"城市客厅"。

广厅空间（图4-31）存在的不足点：目前我国的铁路客站实行较为严格的旅客实名制验证验票进站和人员及携带品安检核查制度，对人员的自由流动有较大影响。尤其是过去车站的设计前厅面积考虑不足，一般只能在大门入口前接受实名验证和安检，使整个车站成了付费区，车站与城市产生了隔离感。

置入"城市客厅"（图4-32）的优点：铁路客站加入"城市客厅"的策略，有利于打破铁路客站功能单一、活动类型单调的格局，并促进周边的发展，提高站域空间商业价值。有助于实现集约型城市开发，而这一元素的诞生，能够使该处的人流、交通流重新组合出新的发展模式。

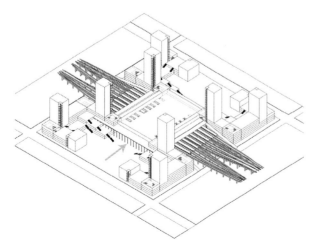

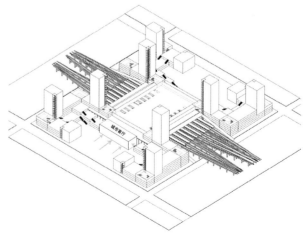

图4-31 传统客站进站方式　　　　　　　　**图4-32** 通过城市客厅进站方式

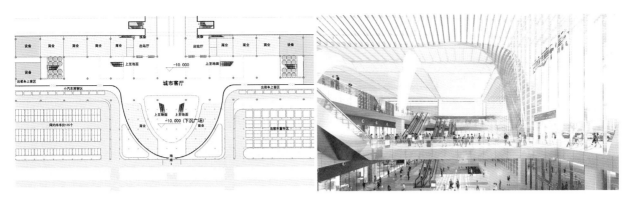

图 4-33　常德站方案中的城市客厅概念

　　例如常德站（图4-33）在方案设计中融入"城市客厅"的概念，其设计要点是把原有客站广厅覆盖范围扩大和前置，扩展人员可自由通行的范围。铁路客站开门迎宾，把远道而来的旅客先迎入室内或能够遮风避雨的半室外空间，停留小憩，选择所需求的服务。只有进入候车室时进行必要的查验手续。这样一来，扩大的广厅不仅可以完成车站需要的办票、查验、问询功能，还成为人们送别、聚集、用餐、购物的场所，车站的前厅变身为具有展示城市形象功能和商业价值的城市客厅。

　　再如杭州西站在站房综合体的核心位置，设置业态高度复合的"云门"（图4-34）。聚合高端酒店、交流中心、文化展示，以及景观候车厅等站房相关功能，形成完整的城市开放客厅，将人流在此进行梳理整合，大大地提升了站域内各功能流线之间的流畅性及通行效率。

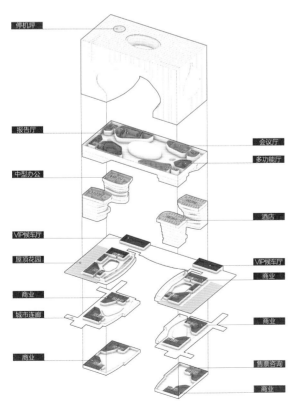

图 4-34　杭州西站城市客厅"云门"

图 4-35 南昌东站城市客厅概念图

图 4-36 引入建筑内部的景观带

又如在南昌东站的设计中，"城市客厅（图4-35）"作为城市空间与站房空间的连接节点，在一个3层通高的中庭空间中聚合了丰富的商业、文化设施及复合功能等的城市生活功能和便利的交通换乘，成为人流集散中心，站前空间。城市景观带轴线（图4-36）从新区一直延伸到城市客厅，并跨过车道被引入建筑内部使流线产生了共享，并优化了车站与城市功能区的连接。

4.3.2　换乘中心

换乘中心是近几年在站城融合背景下铁路客站在广场换乘基础上的一大创新，由于其交通的立体化与综合化，能大大提高铁路客站的换乘效率，有效地节约城市土地，对于身处城市中心的大型铁路客站来说是十分可贵的。同时，由于其人流量大，与城市功能的呼应能力也是铁路客站其他功能空间无法相比的。

1. 换乘中心创新点

铁路客站换乘中心的功能构成（图4-37）包括：换乘大厅、交通设施、换乘场地、站外商业开发、内部服务设施等。

对于换乘中心而言，其客流主要来自两个方面：一方面是旅客进出站客流，另一方面是市民进出客流。根据其交通设施（社会车辆、出租车、网约车、公交、旅游大巴、地铁、步行、非机动车），旅客和市民在不同出行目的下，在换乘大厅进行交通组织，做到流线简洁，避免流线交叉、迂回和干扰，尽量做到"零距离"换乘和出行。换乘中心是多种公共交通工具的枢纽，为避免平面过多

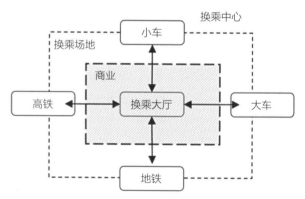

图 4-37 换乘中心功能构成图

交叉，应尽可能采用立体化分流，使换乘目标便捷、可达，其中标高组织设计至关重要。

如在香港西九龙高铁站（图4-38），该站充分利用地下空间进行建设，把地面空间留给绿化和

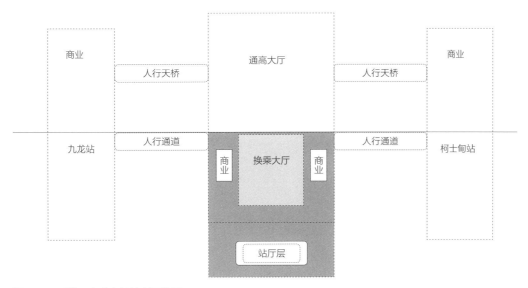

图 4-38　香港西九龙高铁站剖面简图

市民的公共活动空间。高铁站整个站房主体下沉至地下，地下一层为综合换乘大厅，地下二层为进站层，地下三层为出站层，地下四层为站台层。站体空间一体化程度高，设置巨大通高中庭，将各功能沿四周布置，空间清晰明了。

在九龙站交通组织中，乘坐高铁的乘客通过地下的换乘大厅组织换乘流线，双侧地下人行通道可将乘客引导至地铁九龙站与柯士甸站，如需乘坐地面交通，在上行至地面出口后，东侧设置一条小路，线性引导乘客进入换乘场地。

2. 换乘中心流线模式

根据换乘中心在铁路站区位置的不同，可将分散式换乘模式细分为地下式、桥下式、集中式三种类型。根据换乘流线组织的中心在铁路站区位置的不同，可将集中式换乘模式细分水平式及立体式流线两种不同模式类型。

3. 水平式流线模式

水平式主要体现在广场的流线一体化上。水平式集中换乘同样利用换乘大厅组织进出站流线，但其换乘中心位于站房外部，并呈现在同一或局部交错的水平面上，整个换乘过程都是在室内进行，达到无风雨零换乘的目的。

如上海松江南站设计，在既有老松江南站站房北侧新建新站房，根据独特的设计条件，在新老客站中间区域设计了独立的换乘中心，将新老站房联系起来（图4-39）。这样的布局使得旅客无论去哪个站房，都是先进换乘中心，再选站房（图4-40）。通过城市通廊联系换乘中心和位于站区的城市综合体，用架空的方法创造丰富的城市公共空间，同时做到交通与商业功能的分工明确，互不干扰。

4. 立体式流线模式

立体式主要体现在车站的流线一体化上。立体式集中换乘与水平式不同的地方在于，将换乘大厅

图 4-39 松江南站鸟瞰图

图 4-40 松江南站换乘中心流线图

以中庭的形式布置于站房内部，在中庭组织旅客进出站换乘。

　　如杭州西站，利用两站场拉开的间隙，设置十字形"云谷"空间（图4-41）作为换乘中心的核心空间。因此，拉开站场，将换乘中心以中庭形式布置在站房内部，通过垂直换乘系统联系处于不同立体层面的换乘场地（图4-42）。这样做不仅可有效缩短换乘流线，也可避免流线交叉带来的不适感受。同样，中庭的开敞空间形式有利于将自然光线引入到室内空间，同时产生室内外的空气对流，能够营造出站内良好的空间品质。

　　除上文提到的集中式换乘模式外，换乘也可以体现为多中心的模式。在铁路客站换乘的交通网中，当交通方式分散布置时，之间需设置相互联通的通道进行连接，根据通道的不同联系方式可以分为"多点+通道联通式"和"通道式"两种形式，具体的换乘方式及特点如图4-43、图4-44所示。

　　"多点+通道联通式"换乘（图4-43）是指两种或多种换乘方式下其间利用通道进行换乘，"通道式"（图4-44）是指以呈现类树枝状的形式伸展开的通道进行联系的换乘。目前国内既有的一些铁路客站多采用分散模式，但在站城融合的背景下此模式还需进一步探索其优势所在。

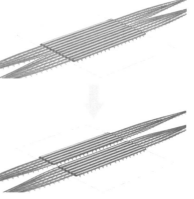

图 4-41 杭州西站云谷空间及站场拉开

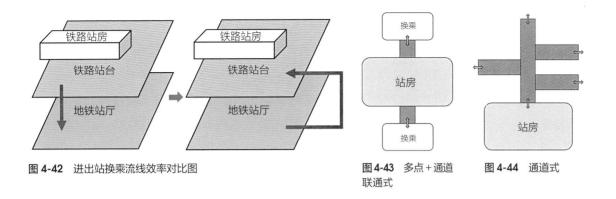

图 4-42　进出站换乘流线效率对比图　　　　**图 4-43**　多点＋通道联通式　　　**图 4-44**　通道式

4.3.3　安检互认、中转免检

站城融合背景下，高效便捷已成为旅客的共识。目前，很多特大型、大型铁路站房内都设有地铁工程，因国铁和地铁的运营商及管理方式的不同，国铁和地铁都有自身相应的安检措施及认证措施。随着现代科技的进步，安检及实名验证的设备越来越先进，让安检及实名验证的流程发生了很大的变化。但是对于旅客而言，多次安检和实名认证给出行带来的很多不便和时间成本。为此我们在新的铁路客站设计中确定了铁路与地铁系统安检互认的通行模式，以及直接换乘客流和铁路中转旅客免安检通行的设施条件。

1. 安检互认模式的优势

由于铁路车站与城市轨道交通开发建设及运营管理模式的不同，高铁与城市轨道具有各自独立的安检系统，并且铁路的安检标准相较于地铁更为严格。在换乘不同的交通系统前，旅客必须要先通过各自的安检系统。这就导致旅客在换乘的过程中经历二次安检。这样重复的安检直接影响了旅客的出行效率，也耗费了安检部门的人力物力。

因此，安检互认的客运组织模式（图4-45）不断被提出，这种模式可以极大地提高换乘效率，一方面可有效减少旅客行走路程，另一方面可大幅缩短安检排队的等候时间。

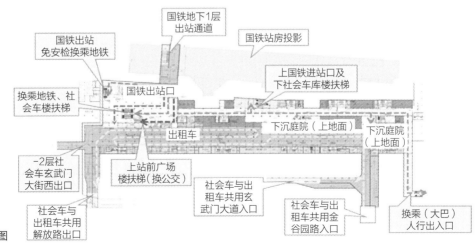

图 4-45　安检互认示意图

2. 安检互认模式布局

例如北京清河站依据对其功能定位和换乘关系的定位和定量分析，全面整合国铁车站与城市轨道交通体系，采用立体复合的方式来组织复杂的站内交通。通过国铁"上进下出"结合地铁"下进下出"形成立体交通网络，流线互不交叉的同时实现各个交通设施间的无缝接驳和零距离换乘。

清河站在地下一层的中部采用"回字形"空间布局模式，将所有旅客的流线都集中在内，集散各种人流并联系各个主要交通空间。回字形中间将西侧国铁进站安检区贴邻中部地铁安检付费区布置，以满足地铁60%的客流快速换乘国铁的需求。回字形外圈的城市通廊，串联起国铁、地铁及市郊铁路进出站空间，为地下一层实现国铁、地铁，市郊铁路的零换乘关系以及实现安检互认创造了条件。

清河站（图4-46）的整体空间布局与换乘模式，充分体现了垂直方向发展空间利用率高以及水平换乘便捷的优点。同时地下一层平面的布局模式也为安检互认的实现，预留了必要的条件。

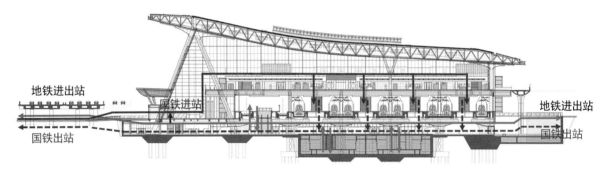

图4-46 北京清河站地铁及国铁流线示意图

3. 安检互认区的划分

安检互认模式政策明确之后，需进一步研究如何划分合适的安检互认区。实现安检互认需要在平面布局中形成一个闭合的整体空间作为安检互认区，与外部非安检区隔开。常见的有两种划分模式。

1）站外安检

站外安检是将互认安检关口设置在综合枢纽外广场处。

以清河站为例，采用此种模式，可将所有安检关口设置在东、西广场内，以及地下一层中心换乘区域与铁路出站通道及地下车库相连接的口部。站外设置的安检关口在满足铁路及地铁双方安检标准后，可实现整个枢纽的全面安检互认。所有进入枢纽内的旅客无需再次安检即可方便换乘，清河站站外安检模式地下一层平面如图4-47所示。

这种平面布局模式的优点为：

（1）整个枢纽均为安检区，枢纽内可实现全面安检互认。

（2）站内安检仪数量可大幅减少，使得内部空间更加畅通开阔。

但这种平面布局模式缺点也较为突出：首先，安检关口需设置在广场处，广场均为开放性空间，需考虑设置防雨雪措施，对广场通透性及枢纽立面景观均有一定影响，室外安检物理环境相比室内环境也较差，安检工作人员及旅客的舒适度体验降低。其次，枢纽外设置安检仪，大多需设置在开放性空间中，因此安检仪设置较为分散且需在多处增设隔断及安检仪。最后，因进入枢纽的所有人均需通过安检，对于仅需通过枢纽过街的行人，较为不便。

2）站内安检

站内安检的布局模式：将互认安检关口设置在换乘区处。

同样以清河站为例，采用站内安检的布局模式时，保留城市通廊南侧的通道供城市居民自由穿行。城市通廊的北侧通道通过设置共认安检口及隔断进行封闭，其与西侧的国铁换乘区以及中部的地铁付费区及国铁出站通道一起，形成国铁和地铁、市郊铁路的安检互认区，安检互认区内旅客无需安检即可换乘，清河站站内安检模式地下一层平面如图4-48所示。

站内安检布局模式的优点为保留部分城市通廊，实现城市东西两侧居民无需安检，自由通行。缺点为通廊内增加安检关口及隔断对城市通廊产生一定视线阻隔。

综合比较站内站外安检模式的优缺点，对于已建成枢纽，因先天条件不足，难以实现换乘区封闭为一体时，可尝试考虑站外安检模式；新建枢纽采用站内安检的模式则更加人性化及便捷。

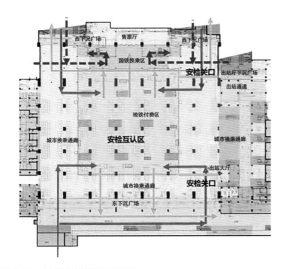

图 4-47　站外安检平面示意图

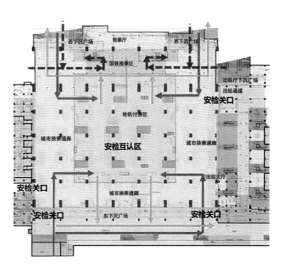

图 4-48　站内安检平面示意图

4. 安检互认体系构建

目前全国各地虽不断开展安检互认实践，但个性化较强，尚未形成全国性的系统化安检互认体系，难以形成有效的普适性体制机制。

系统化安检体系的建设，一是要制定完善安检互认总体政策规划。根据安检互认实践的推进情况及城市内交通工具的建设情况，及时制定完善全国性的安检互认通用政策及程序，畅通互认体制，完善互认机制，分层分级修订完善安检互认运行计划，为全国安检互认实践提供统一的政策指引。二是要制定完善安检互认计划方案。根据安检互认各方的职责分工和安检互认的实际需要，依据安检互认总体政策规划要求，制定完善安检互认的计划方案及具体实施方案，明确安检互认工作的总体目标、政策措施、阶段安排及相关要求，确保安检互认各项体系建设和具体筹办工作的有序推进。三是要强化顶层设计，合理布局场站空间：一方面是既有铁路客站交通换乘区的改造，要根据安检互认的实际需要和场站的实际情况，加快对既有场站空间的改造，或另行建设用于安检互认的通道或场地，为安检互认创造条件；另一方面是新建铁路客站换乘区域的规划，各交通工具主管部门要加强沟通协调，在现有的政策允许的情况下，超前谋划，强化顶层设计，加强对综合枢纽站无缝衔接换乘空间的规划研究，合理布局客站空间，为安检互认留有必要的空间和接口，提供必要的硬件设施保障。通过建立完善系统化安检互认体系，对安检互认进行科学规划，合理布局，强化指引，真正实现安检互认所追求的效果。

4.3.4　垂直交通核

1. 交通核

交通核，指建筑中的垂直联系空间。交通核作为轨道出站垂直交通和地区水平步行交通的转换节点，是站城融合的上盖项目的重难点。高铁枢纽中的垂直交通核，联系各衔接设施、步行通道及建筑功能区的、内置化的城市级公共空间。步行人流在交通核内实现有序且快速的聚拢、组织和疏散，并最终实现以地铁站为中心的，各种设施和城市功能紧密联系的全天候慢行系统。

交通核高层建筑的垂直交通系统包括：楼梯、电动扶梯、电梯、小升降机，以及建筑中所有的竖向输送设施。随着站城融合项目的进一步发展，早先的站前广场式换乘已经不太适用，在未来将使用更多的交通核进行换乘。站城核具有多功能、占地面积小、人流量大、人员输送能力强等优点，因此交通核尤其适用站城融合背景下的各类高铁枢纽站（图4-49）。

例如广州白云站（图4-50）在站房东西两侧之中设置了直通地下一层的光谷，并设置直达高架进站广厅的扶梯组，通过强引导性的交通核空间为占据枢纽使用总人数约50%的地铁人流提供了舒适便捷的进站服务。

又如重庆沙坪坝站从地铁到高铁站的换乘距离达到600m，已远超"零换乘"200m的规定，但其通过设置"双核"（图4-51），使超长换乘流线的集约与分散变得容易起来。在保证换乘流线不过分聚集、交叉和换乘目的明确的基础上，通过布置大量环境品质俱佳的综合体、城市走廊、城市公园，形成一个畅通而富有乐趣的换乘流线和舒适热闹的换乘空间。同时，"双核"的作用不仅仅在于换乘功能

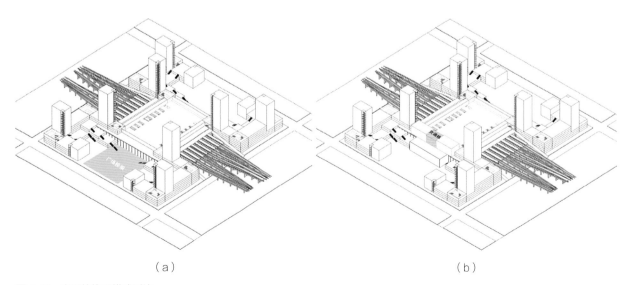

（a）　　　　　　　　　　　　　　　　（b）

图4-49　交通核换乘模式对比
（a）站前广场换乘；（b）交通核换乘

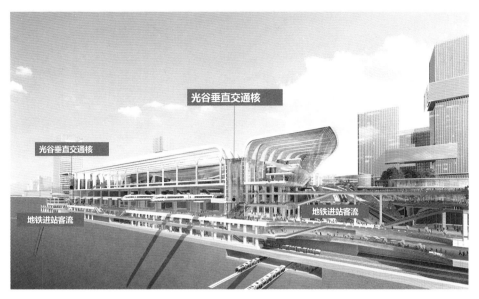

图 4-50　广州白云站交通核示意图

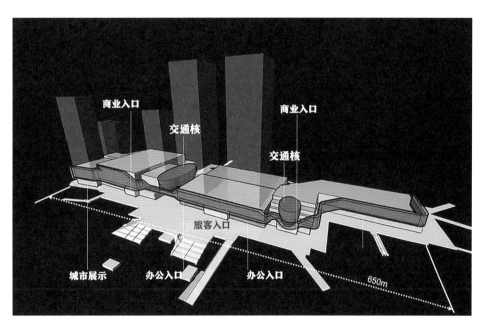

图 4-51　重庆沙坪坝站"双核"示意图

或者是站城联系流线的物质载体，其通过将风、光等自然因素引入建筑之中，自身也成为营造舒适城市公共空间的装置。

2. 城市核

城市核并不是单纯的交通核，而是通过沿城市核设置富有人气的商业设施以及将自然引入地下等空间的举措，形成可以使换乘旅客畅通行进且富有乐趣的流线空间。通过城市核的设置，将各种交通方式高效串联。

例如重庆沙坪坝站综合开发项目预计每天的使用人数达40万，其城市核的优势明显。首先，选定所有公共交通流线交叉的节点，在此配置东西两侧城市核，在城市核周边整理公交、出租车及城市

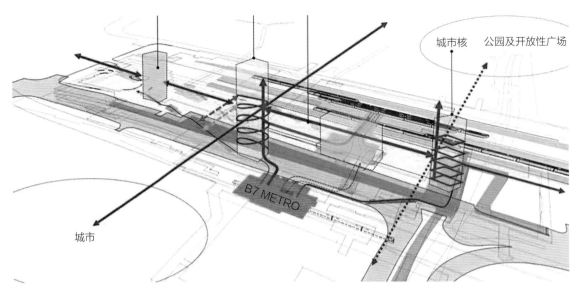

图4-52 重庆沙坪坝站引入城市核后流线示意图

流线。东西两侧两个城市核（图4-52）的引入，使这个600m长的基地上流线的集约与分散变得更加容易。在保证不过分集中、目的流线明确的同时，将更多的客流吸引到商业、文化这些复合设施里也十分重要。城市核承担着交通设施之间的转换乘以及交通与开发设施的流线，城市走廊则承担开发设施与城市的连接。在这两个流线的交叉点上，设置广场及展望露台等公共空间。这样一来，就形成了以主流线为躯干、以连通各个设施分支流线为延伸的有机网络。城市核由地上的实空间与地下七层至地上二层的虚空间两部分构成，地下的虚空间高45m、宽20m，它将自然光和自然风引入地下，营造了舒适而热闹的换乘空间。

再如上海虹桥枢纽东部交通中心设置直径约30m、从标高−9～45m的自然采光中庭（图4-53），将自然光和水引入地下，在创造丰富的城市核空间的同时，也增强了其方位的识别性。

图4-53 上海虹桥枢纽将城市核与中庭结合示意图

4.3.5 多点进出

站城融合背景下，铁路客站站域各功能之间无形增添了更为复杂的流线及更高的流量，由此各节点的通行率也迎来新的挑战。多点进出（图4-54）是指根据旅客在站域内建立多方向、多层面的立体进出模式，旅客可从不同的标高层面进入各功能区。

例如在站房功能区域，一部分旅客可以通过高架系统及落客平台平接进入高架层候车厅，另一部分旅客（大部分从地面交通及轨道交通和站域商业服务过来的旅客）可以通过地面层端部的侧式站房进站广厅及立体换乘厅进站。这种分流进站模式，一方面大幅缩短了旅客的平均步行流线时间，另一方面将人流进行分散化处理，能够大幅减少安检、实名验证等管理方面的压力。传统的端部进站点位，站房除了快速进站的部分旅客，其他旅客需要全部集中到两侧的端部进站空间进行进站安检及实名验证，无疑增加了排队时间。而腰部进站及端部进站的多点式组合模式，让进站人员分流进入，多点位安检实名认证可以大幅节约进站排队时间，旅客能更迅速地到达对应检票口。腰部进站的旅客可从站房腰部区域直接往两边找到对应的检票口，而端部进站的旅客只能从一端进入到另一端单方向去寻找相应的检票口，这无形中给旅客增加了很大的负担。而分流

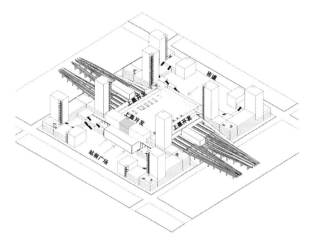

图 4-54　多点进出策略分析图

进站模式，不同的组合模式，让旅客有了更多的选择，特别是对熟悉的旅客而言，大大节约了出行时间。

例如杭州西站（图4-55）站房采用上进下出和下进相结合的方案，线上设高架候车及腰部落客平台，线下设城市通廊、快速进站、换乘中心与配套交通场站，并在多个标高与城市功能相连，形成多点进出的立体站型，同时也有利于将流线进行快慢分开设置。

再如广州白云站创新的四核进站策略（图4-56），在站房四角对应设置两组进站广厅，通过商业环廊串联，可以最大限度地兼顾腰部小汽车落客进站、角部公交车、长途车、旅游大巴落客进站以及站房下部五条地铁进站客流的需求。

又如深圳西丽站（图4-57）交通整体采用上进下出、上送下接、集中换乘的方式整合国铁、地铁、公交、出租等公共交通换乘；进站广厅被削弱，传统的实名认证及安检区域拆分成多个实名认证与安检模块，分布在中央大街与城市庭院中，进站模块与商业高度结合的同时也使其能够形成多点进站的分布式布局模式。

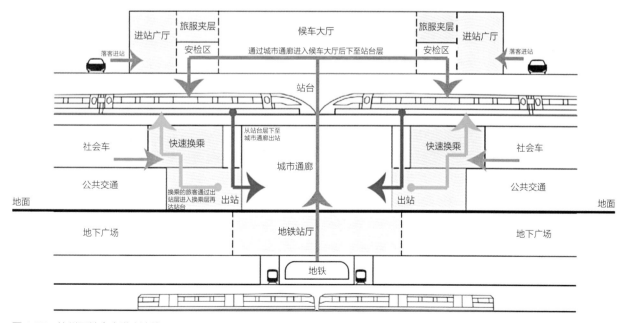

图 4-55　杭州西站多点进出流线

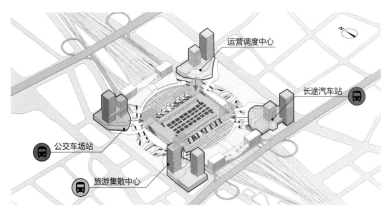

图4-56 广州白云站四核进站示意图

图4-57 深圳西丽站中央大街多点进出设计

4.3.6 无风雨换乘

在站城融合背景下，乘客对慢行交通的步行系统依赖性增强，由此产生了对铁路客站全天候无风雨的要求。无风雨换乘是指通过设置风雨连廊连接各换乘区间，在减少旅客换乘距离的同时可实现全程无风雨，真正做到"以人为本零换乘"。铁路客站在规划之初，就提出了把铁路客站建设成与城市各种交通方式无缝衔接的综合客运枢纽的目标，以实现出行旅客的无风雨换乘。先后建成的北京南站、武汉站、广州南站，是最早实现这一目标的高铁车站。今天，无缝衔接的综合交通已成为站城融合下大型铁路客站建设的必备标准。

例如广州白云站综合体（图4-58）在基地四角建筑的裙房内分别设置公交、长途、旅游大巴和其他城市交通场站，通过到发分离并与进出站同层衔接的方式，实现了枢纽内各种交通的无缝换乘与无风雨换乘。

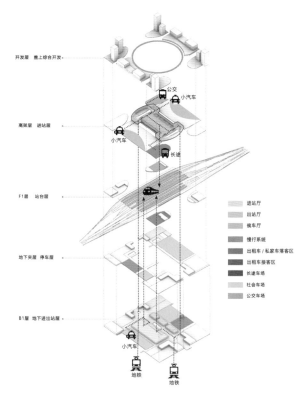

图4-58 广州白云站无风雨换乘流线组织

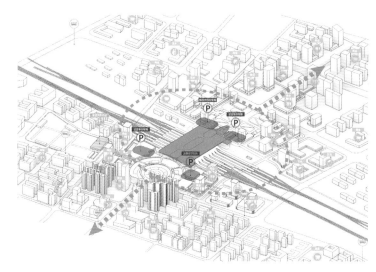

图 4-59　湖南常德无风雨换乘流线组织

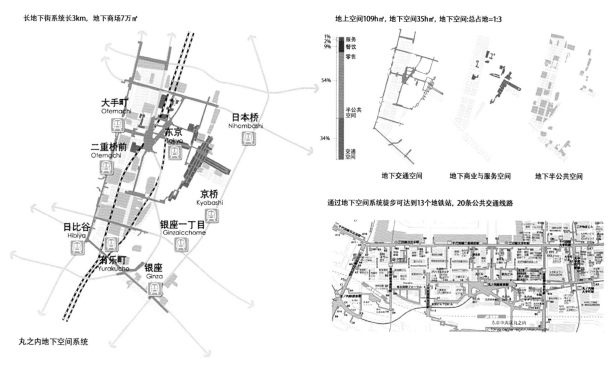

长地下街系统长3km，地下商场7万㎡

地上空间109h㎡，地下空间35h㎡，地下空间:总占地=1:3

丸之内地下空间系统

图 4-60　日本东京站丸之内地区无风雨换乘

　　在最新的湖南常德站（图4-59）规划设计中，将无风雨换乘的设计理念深入贯彻。通过CTC无风雨换乘，互联互通的城市立体通廊以及车站与配套业态融合达到站城一体。以无风雨的理念组织各类交通换乘，打造2min交通换乘圈，方便旅客进出换乘。

　　日本东京站丸之内（图4-60）地区结合轨交的地下步行空间是地面功能的强大支撑，同时大面积的地下空间体系，形成了完善的无风雨换乘体系。

4.3.7　站域导向系统

　　站城融合背景下，越来越多的城市功能融入到站域内部，但与此同时，多重复合的流线随即产生，如缺少引导性，旅客及顾客将会在庞大的站域中迷失方向，降低其换乘等方面的效率。因此，铁路客站站域内需要进行流线上的导向优化策略，可以从铁路客站单体建筑及站域内各区域之间入手。

1. 简化站域内单体空间

简洁是欧洲车站的一大特点。对单体空间的总体布局信息进行简化，可以使使用者识别空间的信息量简化，有助于识别空间信息。其次需要强化重点或中心区域。站城融合下站域内部的商业服务等部分需要有足够的人气来支撑其运营，人流的引导性极其重要，因此需强化商服部分的出入口、特色空间、开放空间等，以达到人流的汇聚。对于急需进出站乘车的旅客，高效快捷地进入是首要考虑的，因此在进出站的几个关键环节因素，如候车入口、候车通道、检票通道等位置，有必要设置环境刺激性强烈的元素或标志，在旅客进站空间形成引导作用，降低寻路的难度。

例如英国伦敦国王十字车站（图4-61），其站台空间简洁，仅有必需的指示信息，旅客们在这种简单空间中可以迅速掌握对应车次信息，极大地加强了站域的导向性。

（a）   （b）

图 4-61　英国伦敦国王十字车站
（a）站台端部；（b）站台中部

2. 强化站域内空间引导

对于空间引导手法主要是利用寻路的特征作为引导的元素，强化各功能特点的易读性。可以利用空间的形态、空间的差异性、空间的贯通性、色彩与材质，以及在空间设立相应的引导标志物。

1）利用空间的形态

可以运用空间的构成要素连续性，适当重复同一拓扑的模式或局部交通流线利用相同的韵律模式，形成序列感较强的交通空间，做到方向明确，减少歧路，使旅客人流快速高效疏散聚集。

例如南京南站和俄罗斯革命广场站（图4-62），两个站均在内部采用了拱形空间，将拱形要素连续使用，形成一个轴向大空间，带有明确的指向性，极大地增强了旅客的方向感，同时也强化了站域内的引导性。

（a）　　　　　　　　　　　　　　　　　　　　　　（b）

图 4-62　利用空间形态增强引导性
（a）南京南站；（b）俄罗斯革命广场站中部换乘空间

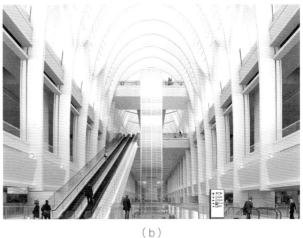

（a）　　　　　　　　　　　　　　　　　　　　　　（b）

图 4-63　利用空间差异引导
（a）成都六里桥站；（b）杭州西站

2）利用空间的差异性

站城一体化下的站域空间由于功能复杂，各功能空间在形式上也呈现出各种各样的差异。利用空间要素之间显著或不显著的差异性，相互对比可以借彼此之间的烘托来衬托各自的特点，形成空间的对比和微差，以利于使用者能快速识别空间要素。

例如成都六里桥站和杭州西站（图4-63），均在内部采用了复杂空间设计，其空间要素有大通高，同时又有扁平化空间，同时还有高亮度空间和较暗空间，这种强烈的空间对比，可快速让旅客识别站域内要素，以更好地到达目的地。

3）利用空间的贯通性

铁路客站站域是一个具有流动性的空间，内部各功能之间通过相互连通、贯穿、渗透，形成层次明确的空间感。空间贯通不仅可以使同一层的若干空间相互贯通，还可以通过楼梯、中庭、夹层、玻璃幕墙等元素的设置和处理，形成水平、上下、内外多层面的空间贯通渗透关系，使各个空间要素形成串联的空间导引，引导使用者的前行方向。

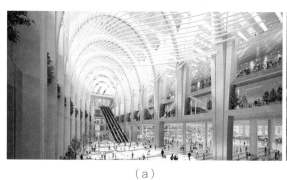 

（a）　　　　　　　　　　　　　　　　　（b）

图 4-64　利用空间贯通性引导
（a）广州白云站光谷中庭；（b）广州白云站地下出站

　　例如广州白云站（图4-64），在其站域内设置了一个大型光谷中庭，其贯通式设计有强烈的空间感，它的地下出站部分同样采用了贯通式设计，一个长长的贯通式大走廊，也能快速引导旅客去往目的地。

　　4）标志引导物

　　站城融合下的站域内部各种交通流线复杂，各类人流流线的转折点较多，有必要设置相应的标志物用作引导使用者的前进方向。对于标志物的选择点进行重点的建筑处理，增加其可见性，强化关键点的细部特征作为寻路的引导元素。可以强化关键点在空间的位置、形态、色彩、形状、大小等因素，在空间设立相应的引导标志物等。

　　例如南京南站（图4-65），在其站台上引入了中国古建元素—斗栱，有很强的观赏性，作为引路的元素，不仅体量巨大，而且样式夺人眼目，容易让旅客快速发现，以起到引路的作用。再如汉口火车站（图4-66），在站域内的中庭空间里，采用了大拱券门设计，在视线上会让旅客快速聚焦，同时位置居中，体量巨大，也是众多旅客所必须前往之地，对旅客产生了较好的引导作用。

3. 强化站域内标识系统

　　在公共交通系统中，公共导向标识具有强制性和功能性。铁路客站站域内标识系统的主要作用是为旅客提供准确、简单、快捷、明晰的旅客导向服务。标识系统设计需要注意标识本身的醒目性、导

图 4-65　南京南站标志引导物　　　　　**图 4-66　汉口站标志引导物**

向信息的易辨性、标识布局的合理性、传递信息的连续性、标识系统的整体性。主要的目的是引导人们前进或是使用。例如：标识可设置在人们行进有困难的出入口、道路岔口、垂直交通口，或是重要的功能区、服务设施区域等。

　　例如南京南站（图4-67a）站台区，其标识板位置高，且不易被遮挡，颜色为黑色，与背景反差强烈，易让旅客快速发现，起到引导作用。再如汉口站（图4-67b）地下出口处，标识板采用蓝底白字，白字为发光字体，进一步强化了醒目性，而且体量较大，也强化了旅客的导向性。

（a）　　　　　　　　　　　　　　　　　　　　（b）

图 4-67　站域内标识强化
（a）南京南站;（b）汉口站

4.3.8　弹性空间主导的流线组织

　　弹性空间指在铁路客站设计过程中尽可能考虑相关空间的未来使用功能的延伸与拓展，最大限度地提升空间可调整性，使空间在未来具有可持续性。铁路客站设计弹性空间的目的就是使站域空间利用率达到最高效益，无论在当下还是未来都能高效使用，与站城融合的理念相向而行。

　　现代大型铁路客站尤其是特大型客站的建设投资巨大，工程设计使用周期久远，不合理的铁路客站空间设计会造成巨大而长远的负面影响，单一通过扩大客站候车空间面积的方法尽管在短期可以有效缓解候车压力，但是不能从根本上解决实际问题，过大的候车空间在客流淡季将会造成巨大的空间资源浪费，因此具有复合型的弹性空间对流线的组织意义重大。

　　例如广州白云站，设计中把握了对站城融合的"度"，提出"可伸缩的车站、会呼吸的广场"概念（图4-68），打造了既融又分的站城融合模式，创造了具有一定弹性的空间。项目采用"方—圆—方"的图底关系布局，外方为城，内方为站，方与圆之间是两个呼吸广场。

　　呼吸广场（图4-30）平时可作为舒适宜人的休闲景观广场，成为商品展示、演艺集会的多功能城市空间。春运时的呼吸广场成为容纳大量旅客临时聚集并可直接进站的扩展高架候车室，容量增大了三倍，充分满足客站弹性候车需求，也使得在大量旅客聚集的情况下能够有足够的空间进行流线上的引导，减少人流混乱的局面。

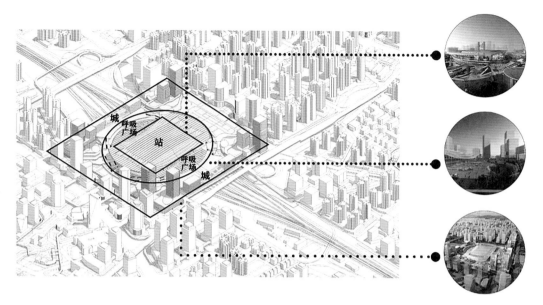

图 4-68 白云站呼吸广场示意图

4.3.9　可洄游性慢行系统

基于TOD开发理论和步行友好的城市理念，以枢纽为核心、结合城市主要节点布局全域地上、地面、地下多层次互联互通的慢行网络。与机动车出行方式相比，慢行出行方式更加环保，在站城融合理念下值得大力提倡。慢行系统不仅是站域交通中十分重要的组成部分，而且可以为人们营造具有购物、休闲、游憩娱乐等功能的公共休闲空间，提高旅客出行环境的品质。因此，在慢行系统规划建设中，应提高其多元化以及复合化功能。

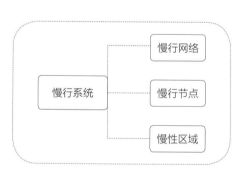

图 4-69　慢行系统构成图

在慢行空间规划建设中，应注意慢行网络、慢行节点及慢行区域这三个关键内容（图4-69）。

旅客的慢行活动主要发生在慢行路径，通过对站域内慢行路径进行科学、合理的规划布局，可形成站域内慢行系统网络，可将不同慢行空间进行有效连接，并且在具体规划建设中，要求以城市公交系统为基础，与公交系统进行有效连接。慢行节点指的是慢行路径和城市交通的交汇点，为提升慢行环境安全性，需采用适宜的安全设施，确保慢行交通的连续性。除此以外，慢行区域指的是城市慢行人群的聚集场所，站域内常见有广场公共绿地、商业综合体等。

例如在杭州西站（图4-70）在站区内利用景观步道、架空平台、形成完整的多层次区域慢行系统，串联整个核心区与周边城市区域，打造舒适宜人的空中漫步网络。其中，通过6m步行平台连接线下快速进站系统，提高车站运行效率，为通勤客流和站区内大量岗位常客流、站区消费客流提供平顺通达的进出站条件。同时在31m标高设置景观廊道，串联城市南北综合体，并与进站旅客动线分离，创造多层次、多维度的站城融合。

另外前文所提到的提高效率的创新策略与可洄游的慢行系统策略并不矛盾，"高效率"和"慢生

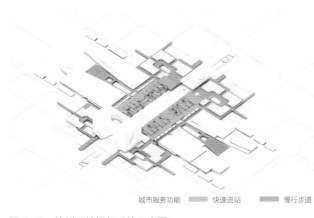

城市服务功能　█ 快速进站　█ 慢行步道

图 4-70　杭州西站慢行系统示意图

活"的方式可以并存,其方式也会因旅客需求的变化而变化。如在旅客无多余时间,急需进行换乘时,"高效率"就显示出其重要性;而当旅客留有足够时间进行换乘或其角色转换为顾客时,"慢生活"在如今快节奏的社会中即显示出其优势。

　　以上提出的站城融合下的流线组织九大创新策略,其目的是为提高流线组织的效率,有效解决目前站城融合所存在的问题并进行优化。但并不是所有车站都适合以上全部策略,应"对症下药",找到其问题的根源并进行相应的策略应用,才能真正发挥各个策略的优势,完善站城融合背景下的流线问题。

第 5 章

站城融合下的
铁路客站技术创新

站城融合开发改变了站域内的空间特征。为满足新的空间形式的需求，铁路客站建筑技术向着建筑空间结构复杂化、建筑设计生态化、建筑设备集约化的方向发展，新型的建筑技术正在铁路客站中推广运用，未来铁路客站将逐步实现绿色环保的新常态。本章将在总结站城融合理念影响下空间特征的基础上，分析多领域技术创新的应用。

5.1
站城空间特征与技术创新潜力分析

5.1.1 站城空间特征

站城空间有两大特征：集约化的功能和立体化的交通。

1. 集约化的功能

该模式以车站建筑单体为核心来加强和周边建筑的联系，提高了整个系统的运行效率，丰富了站域内的功能。城市综合体空间不拘泥车站本身的建设，从城市街区尺度统筹考虑城市功能配置、城市空间融合，以及交通网络组织，解决了车站和街区存在的问题。

2. 立体化的交通

该模式是将车站、商业、餐饮、办公、宾馆等多种功能集聚在单体建筑中，车站功能作为综合体的一个功能单元嵌入垂直空间中，建筑整体呈现出垂直方向上功能的复合和叠加，交通枢纽流线复杂化，摆脱交通枢纽单一的客运功能的情况，让旅客在更短的行走距离中体验到更丰富的功能。

5.1.2 主要创新技术潜力分析

1. 站城一体化空间营造的技术创新

站城一体化空间创新结构

站成一体化的主要空间应尽量通畅、无遮挡，结构体支座尽量少、跨度尽量大，因此对结构体的空间跨越能力要求更高。

1）站城一体化空间创新的悬臂梁结构

建造时柱子与梁选用的材料一般为钢，钢材截面形式存在多种选择。"I"形截面、"H"形截面、箱形截面、方形中空截面、圆形中空截面，设计师可以依据设计条件决定具体选择哪种断面。站城空间运用的空间结构具有创新性，其他材料建造的可能性并不能排除，例如采取木质结构，四个方向木悬臂梁从木柱上伸出，高度在一定范围内变化的木结构体单元在尺寸规则的格网上自由复制，边界通透、绕开场地树木的建筑与周围的林地环境一致且协调。

在结构造型上，"Y"形结构柱的运用，与站城一体化的整体环境契合，柔化了斜柱直角部位产生的压迫感，形成方形变截面倒角的"Y"形柱。

2）站城一体化的上盖开发结构

站城一体化的上盖开发有着过渡板下车辆段和板上物业空间的作用，首先，站城一体化上盖的板下柱网尺寸与通常的综合体布置不同，为满足新的功能需求，就要做出创新。其次，站城一体化的创新结构空间，因为要达到新的抗震要求，所以上盖结构转换高度也需要做出创新。

2．站城一体化创新材料

1）绿色节能材料

大尺度空间的耗能属于高能耗空间，为降低空间能耗，降低站城空间在城市中的碳排放，采用低辐射玻璃，可降解材料，并在屋顶设置太阳能光板，提供电力源泉等方法，创造一个零排放的大尺度空间。

2）装饰材料

从城市尺度角度来看，大尺度空间作为站城融合中最吸引人的一部分，是城市空间环境的重要节点，必须具备强烈的可识别性，通过采用纤细、轻巧的结构体系配合轻薄的材料组合，既可以在视觉上化解客运站庞大形态在城市空间中的突兀感，还可以为城市空间提供定位标志，在城市中形成明显的可识别性特征。

从室内尺度角度来看，大面积运用玻璃以便为室内提供充足的光线，采用轻、薄、透亮的材料，显得大尺度空间更为轻盈，这样的空间可以降低旅客出行的焦虑情绪。

3．站城一体化的智能技术创新

1）站城一体化的智慧系统

站城一体化开发，导致交通枢纽的流线更为复杂，功能更为丰富，采用智能化导向系统，旅客时间管理系统等技术，在访客向该系统内输入目的地后，能即刻得到空间轴层面的最近路线。由此可减少拥堵、排队等不确定因素，减少旅客因担心误车焦虑，鼓励消费者逗留。

2）站城一体化运营系统

站城一体化的开发，必然导致交通枢纽的人流量增加，通过无感安检系统、智慧模块应用、平疫结合设计等技术，实现旅客动态人脸识别、远距离人体外形的实时识别和定位业务，实现高效、便捷的目的。此外为响应疫情防控的号召，零接触的交通运营系统显得格外重要。

4．站城一体化的绿色智能技术

1）基本内容介绍

在"站城融合"的背景下，绿色建筑呈多样化发展，建筑类型多，规模广。同时，中国铁路工程总公司提出了新时代铁路客站"畅通融合、绿色温馨、经济艺术、智能便捷"十六字方针。其中

"绿色温馨"即是对打造全寿命周期内绿色客站的设计要求。而铁路客站具有建筑规模大，使用人数多，功能集约等特点。使得客站与其他的建筑类型的绿色设计策略与技术有所不同。对于铁路客站而言，一方面，各种新绿色技术层出不穷，未得到有序的归纳；另一方面，"站城融合"理念下的绿色客站技术已不局限于客站本身，而是客站与其周围的相关功能形成的站域，因此需要对"站城融合"的背景下的铁路客站绿色技术进行相关梳理。本节以现行绿色建筑评价标准为指导，在"站城融合"的背景下，对现有技术进行整合梳理。

新背景下，铁路客站运用的绿色技术进行了更新迭代，其中大多数技术用以提升新绿标中提及的建筑安全耐久，健康舒适水平。例如，客站通过合理规划，降低了站域内流线的安全隐患；新材料、新结构的使用延长了站域内建筑的使用年限，减少了维护成本。光环境和热环境的需求更加受到重视，铁路客站和站域内综合体的微气候环境设计和室内外绿化设计手法显著进步。同时，在新冠肺炎的影响下，新建客站也越来越注意客站内部空气的净化以保证旅客安全。

2）创新潜力分析

"站城融合"背景下，铁路客站不再是客站单体建筑，而是客站与其周围建筑形成的区域。因此考虑绿色建筑技术时，应与普通绿色技术有所区别，要以区域的思维综合考虑绿色技术。以下以新绿标为指导，总结站城融合下铁路客站的绿色技术创新潜力。

（1）生活便利技术创新

①站域内外交通便利：在"站城融合"的理念下，客站更加注重站域内外的可达性和可穿越性，为旅客与城市居民完善了使用上的便利。

②综合智慧枢纽：客站内部各环境指标监控，车辆信息查询，客站服务等也通过相关智能化技术实现。在"站城融合"的理念下，客站正在逐步变成一个综合智慧枢纽，完善旅客与工作人员的体验。

（2）资源节约技术创新

①地上与地下空间综合节地策略：站城融合背景下，铁路客站除了客运，站域内还附带引入商贸、金融、房地产、市政等功能。随着丰富的业态引入，客站周围用地的价值不断提高，用地也呈现紧张的状态。因此，站城融合下的绿色客站需要着重考虑客站的节地措施。铁路客站需要考虑地上空间节地与地下空间节地的措施，通过提高客站上盖空间地面空间及地下空间的利用率，达到节地的目的。

②站域内的被动式节能策略：在新的理念下，铁路客站的站域内呈现高密度开发的状态。因此，在考虑节能时，应该将站房与站域内的其他要素一起考虑，综合考虑声、光、热、水等能源的节约利用，提出解决策略。例如在考虑自然通风，自然采光等被动式策略时，客站站房需要与其周围建筑结合考虑，以客站的绿色技术带动区域内其他建筑的绿色技术应用，形成区域性的绿色氛围。

③站域内的可再生能源利用策略：与节能策略相似，在可再生能源利用时，应该将站房与站域内的其他要素一起考虑。充分考虑站前广场，周围建筑屋面等区域，进行太阳能、地热能等可再生能源的利用，而非仅考虑客站本身。

（3）环境宜居技术创新

①开放性的站域环境：新背景下，客站的站域环境不再是单调的站前广场，步行公园、屋顶花园等绿色设计使站域环境有较大的提升。然而，绿色设计要注意"以人为本"，客站的站域环境要注重

对城市居民开放，从而实现"站城融合"的目标。

②低碳客站枢纽建设：随着国家"碳达峰，碳中和"战略的提出，铁路客站需要注重低碳枢纽的建设。"站城融合"背景下的铁路客站由于站域内的高强度开发，导致其城市热岛现象十分显著，是城市碳排放量较大的区域，因此需要考虑综合减碳措施，建设低碳客站枢纽。

5. 站城一体化公共防灾创新技术

1）站城一体化的防疫平疫技术

集约化的功能和立体化的交通导致人口密集，疫情防控就格外重要。应采用智能出入口控制系统，实时监控的体温检测设备，非接触式识别系统，健康防疫核验系统等智能系统，达到隔绝病原体，监控人群体温，及时做出应对措施的目的。

2）站城一体化的防火防震技术

站城一体化空间的建筑体量大，流线复杂，相比于普通铁路客站在消防安全应更为严格，宜增加消防通道和消防分区，采用智能消防设备。

站城一体化空间结构、构造复杂特殊，存在高度超限、扭转不规则及偏心布置、楼板不连续、刚度突变及尺寸突变、承载力突变、构件间断、穿层柱、夹层及个别转换等多项不规则的可能，属于超限的复杂高层建筑。可通过合理的结构方案、精确的结构计算和适当的构造措施，保证结构的安全。

5.2
结构技术创新

5.2.1　上盖开发盖板结构设计

站城融合下创新策略的提出，促成了铁路客站呈现一体化，垂直发展的趋势。铁路客站作为交通枢纽，融合在城中，下有车辆段，上有开发物业，由此出现了对大跨度的车场上盖的设计需求。车场上盖板在物业未开发时是下沉区域的屋盖，在后期开发时，上盖又将作为拟设计建筑的室外地面，是盖上站城与盖下交通轨道的分隔建筑构件。

1. 板下柱网尺寸确定

在上盖板的结构设计中，合理的柱网尺寸应结合盖下工艺要求、盖上空间使用等因素综合确定。在确定盖板下沿股道方向柱网尺寸时，主要从两方面考虑。

1）配合盖上办公楼及物业的开间尺寸，使尽可能多的结构柱可以直接落地，减少转换的数量，尽量使每个结构分区的传力体系简单明确，提高结构的安全性和可靠程度。

2）可保证夹层车库满足三个停车位的净宽要求，提高汽车库空间的利用率。上盖车辆段跨股道方向柱网确定较为复杂，主要根据检修工艺要求经结构试算确定库宽度数据，二线停车列检库宽度为12.4m，二线周月检库宽度15m，二线检修库宽度18m较为合适。咽喉区跨股道部分则根据线路限界进行布置，既保证地铁限界的要求，又尽量保证司机良好的视野。

2. 上盖结构转换高度

国内各城市已经建成的上盖物业车辆段，多采用梁式转换的结构形式，但转换层的高度选择则不同。有部分项目车辆段在盖体一层进行转换或在盖体二层进行结构转换，两种转换层高度的选择各具优势。

由于高铁车辆段盖下空间普遍较高，在盖体一层转换更符合规范要求的抗震概念，避免高位转换，且夹层车库柱及梁截面较小，可增大夹层车库的空间利用率，减少造价。盖体一层转换的主要问题是上盖物业的结构柱伸进夹层车库，造成夹层车库的柱网较凌乱，库内汽车位布置不整齐，且盖上物业今后建筑形式变化的余地较小。在盖体二层进行结构转换，较难控制竖向刚度及承载力的突变，对结构抗震不利，结构超限情况也会比较严重。但夹层车库柱网整齐，便于车库内的车位布置及交通组织，且今后盖上物业建筑形式变化的余地较大。所以，结构转换高度的选择应根据工程实际情况综合考虑。

5.2.2　上盖开发减震技术

铁路运营过程中引发的环境振动会对周边建筑物的日常使用产生严重影响。为有效减小国铁运行引起的上盖建筑物及地面振动，探索有效的隔振技术阻断振源传播十分必要。在国铁上盖大底盘—多塔楼隔震结构设计时，控制减震效果难度较大：虽然上部塔楼地震作用可能显著减小，而下部大底盘的地震作用规律不明显，可能出现地震力大于非隔震时的情况，由此有以下三种隔震方案。

1. 层间隔震方案

层间隔震是一种较为新颖的隔震结构形式。由于其隔震层位于地面以上一层或更高的位置，可以避免在结构与周边地面设置隔离缝带来构造处理方面的难题。此外，层间隔震降低了对隔震层顶部楼盖刚度和承载力的要求，可以减轻结构自重，节约建造成本。

将隔震层设置于汽车库上方的转换层与上部结构中间。预设情况如下：

1）大平台和框支柱具有中震正截面和斜截面承载力弹性，大震正截面和斜截面承载力弹性；

2）转换梁具有中震正截面和斜截面承载力弹性，大震正截面和斜截面承载力不屈服；

3）大平台梁及底部加强部位剪力墙具有中震正截面承载力不屈服和斜截面承载力弹性。

参考广州某地铁上盖开发建筑结构进行大平台柱顶隔震设计与分析，隔震层位置标示如图5-1的剖面图所示。在非隔震结构中在塔楼对应的大平台下部结构部分柱为钢管混凝土柱，考虑到柱顶隔震后的下部减震效果很显著，因此在本隔震方案中，对下部的钢管混凝土柱换成相同尺寸的钢筋混凝土柱。大平台第一层11m高的结构平面如图5-2所示；由于非隔震大平台第二层高6m，现在要在大平台第

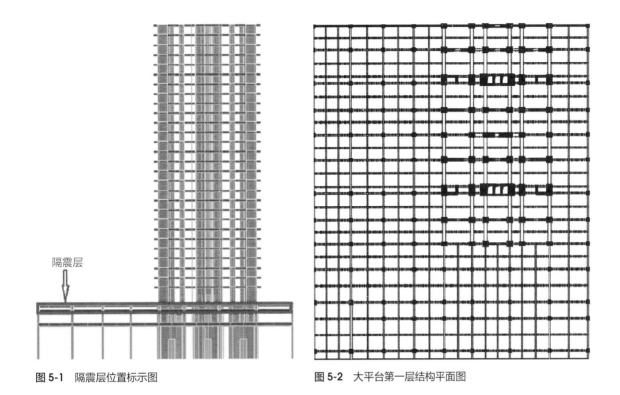

图 5-1　隔震层位置标示图　　　　　　　　　　图 5-2　大平台第一层结构平面图

二层柱顶布置隔震支座，因此把第二层分成4m的楼层和2m高的隔震层，隔震层相邻的下部柱子和剪力墙只用梁连接起来形成整体，大平台第二层的结构平面图如图5-3所示；隔震层层高2m，其结构平面如图5-4所示。上部结构为剪力墙结构，上部结构原本是两栋塔楼，但因为两栋塔楼之间的间距很小不足400mm，而且高度较高，为了防止隔震后两栋塔楼之间发生碰撞和鞭梢效应塔楼顶部碰撞，决定将两栋塔楼连起来，这样保证隔震结构的有效性和安全性。上部结构的结构平面如图5-5所示。

2. 设置隔振支座减震

底部大平台与上部塔楼竖向构件转换采用直接转换或者层间隔震技术转换。若采用型钢混凝土梁式转换结构，连接部位会带有刚度突变，在外荷载作用下，结构的受力特点复杂极有可能产生应力集中，甚至出现集中破坏情况。且结构整体性较差，在受到地震荷载作用时，其振型复杂且多样化，出现严重的平扭耦连（图5-6）。

区别于一般的橡胶隔振支座将橡胶层做成几十个薄层的做法，厚肉橡胶支座通过减少橡胶层数而增大橡胶支座中的单层厚度，使得支座的竖向刚度大幅降低。这种支座近年来在地震工程中的三维隔震领域引起了一定重视。

采用厚肉橡胶支座的隔震减振结构设计同传统的橡胶支座隔震设计流程一致。设计难点在于：厚肉支座的竖向刚度较小（设计承压能力较小）水平向刚度与普通橡胶支座大致相同，故在隔震层布置设计时需兼顾到隔震层竖向承载能力和水平向隔震效果（表5-1）。

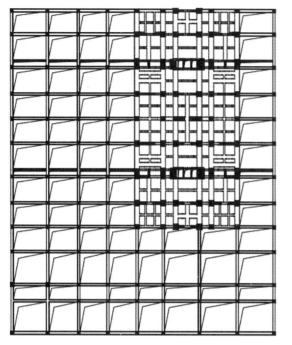

图 5-3 大平台第二层结构平面图

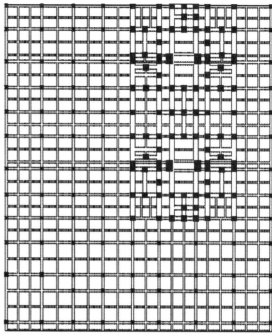

图 5-4 隔震层结构平面图

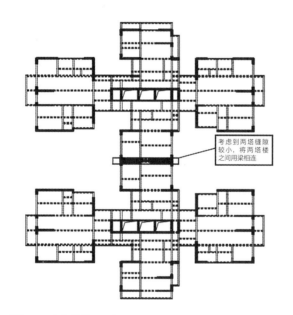

考虑到两塔缝隙较小，将两塔楼之间用梁相连

图 5-5 上部结构平面图

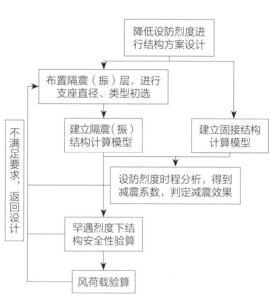

图 5-6 隔震设计流程图

厚肉橡胶支座几何及性能参数

表5-1

厚肉橡胶支座几何参数				
结构尺寸	ES-LRB900-170	ES-NRB900	ES-LRB800-150	ES-NRB800
支座外径（mm）	920	920	820	820
橡胶保护层厚度（mm）	10	10	10	10
有效直径（mm）	900	900	800	800

厚肉橡胶支座几何参数				
结构尺寸	ES-LRB900-170	ES-NRB900	ES-LRB800-150	ES-NRB800
铅芯直径（mm）	170	—	150	—
内部层胶厚度（mm）	15.0	15.0	13.0	13.0
内部橡胶层总厚度（mm）	225.0	225.0	208.0	195.0
支座净高（mm）	334.2	334.2	315.0	298.2
第一形状系数	15.0	14.2	15.4	14.4
第二形状系数	4.0	4.0	3.8	4.1

厚肉橡胶支座性能参数				
力学性能	ES-LRB900-170	ES-NRB900	ES-LRB800-150	ES-NRB800
设计压应力（MPa）	8.0	8.0	8.0	8.0
竖向刚度（kN/mm）	1270	1239	1128	1162
拉伸强度（MPa）	1.0	1.0	1.0	1.0
水平屈服前刚度（kN/mm）	19.993	—	17.087	—
水平屈服后刚度（kN/mm）	1.538	—	1.314	—
水平等效刚度（kN/mm）	2.342	1.529	1.992	1.393

注：1. 水平等效刚度的设计基准剪应变为100%；2. LRB代表铅芯橡胶支座，NRB代表天然橡胶支座。

尽管厚肉隔震设计存在以上的设计难点，但计算表明，通过优化设计仍能达到良好的隔震效果，水平向减震系数小于0.4，满足现行规范中将隔震上部结构降低一度设计的减震效果的要求。

3. 设置黏滞阻尼器

为控制隔震层在罕遇地震下的水平位移，有效增大结构的阻尼，可以考虑在隔震层布置黏滞阻尼器。黏滞阻尼器为速度相关型阻尼器，阻尼力与阻尼器轴向变形速度的指数成正比。隔震设置黏滞阻尼器后，地震力沿塔楼高度的分布规律发生明显改变，塔楼底部的地震作用减小，顶部的地震作用显著放大；设置黏滞阻尼器可以有效降低大底盘的地震作用（表5-2）。

$$F_d = C \cdot v^\alpha \tag{5-1}$$

式中　F_d——阻尼力，kN；

　C——阻尼系数，kN/（s/m）$^\alpha$；

　v——速度，m/s；

　α——阻尼指数。

黏滞阻尼器的型号

表5-2

最大阻尼力（kN）	阻尼指数α	阻尼系数C/[kN/（m/s）$^\alpha$]	速度V（m/s）
100	0.3	200	1.0
200	0.3	200	1.0
500	0.3	500	1.0
600	0.3	600	1.0
800	0.3	800	1.0
1000	0.3	1000	1.0
1500	0.3	1500	1.0
2000	0.3	2000	1.0

5.2.3 结构技术创新

1. 高强钢管混凝土柱的应用

铁路上盖开发由于行车限界原因，对线间框架柱截面大小须进行严格限制。盖下结构柱可采用高强度钢管混凝土柱，钢管混凝土柱通过钢管约束了混凝土，使管内混凝土处于三向受力的应力状态，延缓其纵向微裂缝的发生和发展，从而提高其抗压强度和压缩变形能力，并借助管内混凝土的支撑作用，增强钢管壁的稳定性，提高钢管承载能力，通过钢管和混凝土的相互作用，使柱的承载能力提高，塑性和韧性也得到改善。通过采用高强度混凝土、高强度钢材，并通过构造措施，确保钢管及混凝土材料性能的发挥，达到控制柱截面、节省工程造价的目的。

2. 健康监测技术的应用

上盖开发结构主要呈现出体型新颖、结构规模大、受力状态复杂、运营维护要求高、人员高度聚集等特点，其建设质量和运营安全备受关注。此外，高速铁路客站的非结构构件及围护结构存在一定的安全隐患，如雨棚屋面板和封檐板、玻璃幕墙、外挂石材等由于横向风载大、锚固件失效等原因，存在高空坠落的风险，严重时甚至会影响客站的正常运行。基于上述原因，在大体量和结构复杂的高速铁路客站中应用现代传感技术、振动测试理论、数据传输技术、信号分析与处理技术、人工智能等建立结构健康监测系统，实时监测客站的工作运行情况，在结构出现异常受力状态时及时发出警报，在长期服役及遭受灾害性荷载作用时，能够进行安全状态评估，以便采取相应的应急措施降低人员和财产损失，保障铁路客站运营安全。

5.2.4 站城融合车站建设实例

站城融合车站结构体系复杂是普遍存在的情况。以上海莘庄站为例，莘庄综合交通枢纽是由城市轨道交通、铁路、公交、出租等组成的多种交通方式的大型枢纽，规划结合国铁改造工程、地铁改造工程对莘庄站地区同步进行综合改造，并采取上盖物业模式进行综合开发。工程先期实施铁路改造范围上方的连接工程，即在地铁站和铁路上方设置平台层，通过平台层将公共交通、商业、商务办公居住等设施进行有序结合，整合为城市综合体。莘庄站（图5-7）开创了国铁上盖开发的先例，为我国此类项目的首例。

三期工程东西两侧结构体系差异较大，故设置一条南北向抗震缝将西区商业及东区住宅分开；东区住宅上部塔楼较多，故在东区大平台再设一条南北向抗震缝，以减小温度应力及多塔对底部平台的影响。东区平台上部住宅为满足建筑功能需求，采用典型的框架—剪力墙结构。大平台下方为运营的国铁及地铁线路，底部平台结构构件的布置需要满足相关退界要求，同时还要考虑结构的后期维护及保养，对结构耐久性有较高的要求，钢筋混凝土框架结构具有布置灵活、耐久性好、防火性能高的特点，可实现大跨结构，因而底部平台考虑采用混凝土框架结构。

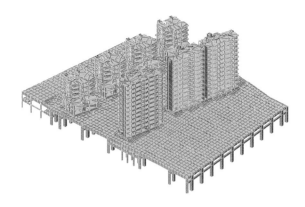

图 5-7 莘庄上盖结构透视图

5.3
智能技术创新

智能客站是在现代铁路管理、服务理念和云计算、物联网、大数据、人工智能、机器人等最新信息技术基础上，以旅客便捷出行、车站温馨服务、生产高效组织、安全实时保障、设备节能环保为目标，实现铁路客运车站智能出行服务、智能生产组织、智能安全保障、智能绿色节能有机统一的新型生产服务系统。

例如深圳市西丽综合交通枢纽智能化系统（图5-8）的设计针对智慧交通综合交通枢纽的特点，

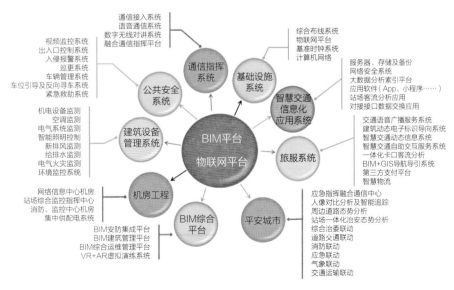

图 5-8 深圳市西丽站智能化系统结构

将注重发挥各子系统之间联动及数据交互共享的综合优势，满足用户有关实用性（科学）、先进性（前瞻、创新）、安全性、开放兼容性、可扩展性、可靠性、经济性的要求，实现国际一流的综合交通枢纽智能化信息化系统。

5.3.1 智能化导向系统

1. 智慧型导向系统

铁路客站空间的复杂程度不断提高，空间中访客流量及车辆流量不断提高，空间熵值相对于10年前、20年前呈现爆炸性增长，导向系统的智能化已经迫在眉睫，应积极地研究如何将智能化要素如互动设计、编程、信息分析、虚拟及增强现实技术投入进导向系统设计。

在最新为北京朝阳站高铁交通枢纽所构建的导向系统中，不仅首次将时间作为设计维度加入到导向系统规划中，还增加了智能寻路系统，将信息规划设计、编程及造型设计协调在一起，在空间中布置智能寻路标识，让访客输入目的地后，能即刻得到空间轴层面的最近路线。

2. 智能导视系统

随着人工智能、信息科技等新技术的不断进步，智能导视系统以高清显示和交互式特性等优势，逐渐取代传统显示设备广泛应用于各行各业，在多媒体专业视听系统领域中具有很大的发展空间。

在新一代的智能导视系统设计中，采用了嵌入式系统架构，集成控制管理端、网络平台和显示终端，融合了多媒体视频信息的多样性和生动性，可以实现信息发布的远程管控和实时更新。智能导视系统打破了传统的多媒体信息发布与数字标牌的信息传达模式，更加强调智能导视系统的互动性、精准性、有效性和趣味性。乘客可通过交互式触摸屏智能导视系统提供的触摸动作触发交互，选择自己感兴趣或关注的信息内容，而非被动地接收信息，轻松实现查询。

3. 智能显示系统

智能显示导向系统是铁路向旅客提供服务的重要组成部分。旅客从进入车站、购票、候车、乘车到最后顺利开始自己的旅行，这是每一个旅客乘车时最期望的事。智能显示导向系统是由服务器、调度终端、通信模块、控制器、LED显示屏组成，各个环节只有无缝地衔接起来才能确保导向信息准确、实时、协同。准确就是车次信息（特别是开车时间、候车室等）必须是准确的。实时就是要求必须在第一时间内把信息发送到导向屏上。协同则是调度要具有智能特性，会根据预定义发送规则，根据车次状态，协调好各个环节，把显示信息及时显示到预定位置。要建立一个信息准确、实时、协同的显示导向系统，是一个复杂的系统工程，要实现系统的建设目标，必须要解决好系统中的各个环节。

4. 站域公共信息智能导向系统

公共导向信息，包含了人们在城市的每个角落看到的关于这个地区的导向信息，当我们来到铁路客站之后，其公交指示、道路指示、停车指示、购物指示等基本的生活需求指示信息可以方便地指引我们实现出行需求，大大节省了我们的寻路时间，提高出行效率。同时，智能导向系统的先进性和完善性也反映了整个站域空间的发展状况。随着信息技术的迅速发展，数字化智能导向系统的出现给智能导向系统建设提供了新的解决方式。

5．铁路站域智慧出行服务

智慧出行融入了物联网、互联网、大数据环境下丰富的信息资源和信息处理手段，汇集分析交通信息，提供智能交通出行服务。利用人工智能、5G等技术为旅客提供更个性化的服务，安全、高效、便捷、舒适的智慧出行服务，有效地提高了交通系统的运行效率，促进了交通管理及出行服务系统建设的信息化、智能化、社会化、人性化水平。有助于最大化发挥交通基础设施效能。其服务设施有以下几个方面：

1）智能机器人

车次查询、车站新闻、候车室检票区等，智能机器人的投用将大大减轻服务中心的压力，给旅客带来智能新体验。

2）自动售票

设置自动售票机，与人工售票、网络售票及预订等售票信息联网，能及时处理退票、改签等业务。

3）自助检票

设置自助验票通道，进站候车更加便捷。

4）室内导航

使用手机App，旅客可以轻松在站内快速找到餐饮店、特产店、厕所、检票口等信息。

5）旅客安全智能防护系统

为重点旅客智能识别精准服务，目的是全面防护旅客尤其是老弱旅客安全。遍布各关键岗位的摄像头，一旦捕捉到旅客的异常行为，如快速奔跑、人员摔倒、通道逆行、侵入安全警戒线等，系统将人的行为数据化，再通过算法分析，对异常数据进行预警并提醒车站人员处置隐患。

6．智慧停车系统

1）建设智慧云停车管理系统（图5-9），利用图像识别、物联网、互联网和移动互联网、云技术等前沿技术，实现云停车、车牌识别、无感支付、自动缴费等现代化智慧停车管理解决方案，让数据共享，打破了信息孤岛，不仅加快车辆出入效率，提升停车管理水平，同时为企业提供综合化数据分析平台，为企业发展决策提供和核心数据。

2）建设智能停车场管理系统平台（图5-10），实现停车诱导、车位预定、电子自助付费、快速出入，充分利用微信小程序，方便用户能够快速进行车位预定、车位引导、车位寻车、费用支付等功能，提高停车场的智能化管理水平。

3）建设自动泊车及寻车系统（图5-11），提高停车场的智能化管理水平，实现停车场内泊车及取车的全自动化，能够大大节约停车的时间，规避泊车过程中的剐蹭事故，借助停车场的后台管理系统，能够最大化提升停车场内车位周转效率和利用率。

4）建设无管理员停车场（图5-12），提高停车场的自动化程度，逐步减少管理人员的投入，节约停车场的人力成本，实现无管理员服务。

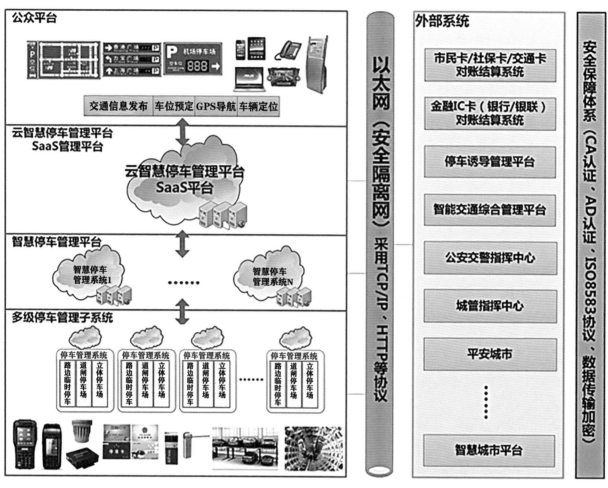

图 5-9　智慧云停车管理系统

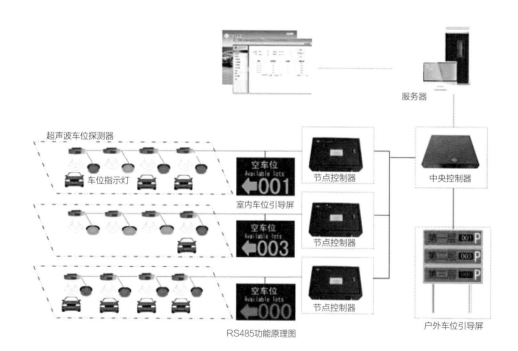

RS485功能原理图

图 5-10　智 能 停
车场管理系统平台

172

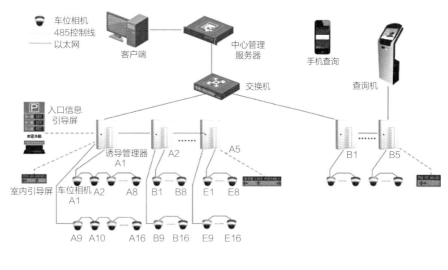

图 5-11 自动泊车及寻车系统

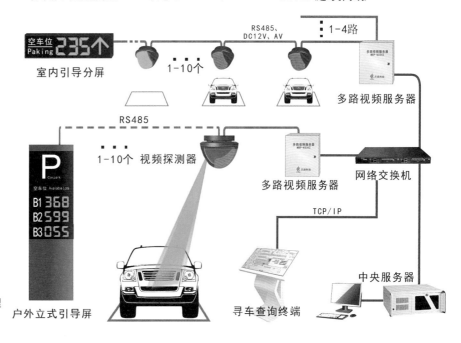

图 5-12 无管理员停车场系统

5.3.2 　旅客时间管理系统

当前国内铁路运输因移动端和信息化发展，旅客能通过各种手段来得到自己具体的进站时间和上车时间。这样旅客的出行时间就更加可控，有更多的碎片化时间能由旅客自行管理，减少了因盲目的等待而带来的消极体验。时间的自由分配，旅客在站区对时间的感受就清晰起来，焦躁情绪减少。

尽管信息化发展可以增加人们对路径的认识，但总体来说人们在陌生的铁路客站环境中对空间的辨识度较低，除了让旅客和周边市民对时间的把握更加准确外，也可通过增强人们对路径与距离的把握来达到目的。如告诉人们具体明确的目标路径（图5-13），甚至告诉距离目标还有多远（图5-14），来缓解人们紧张的情绪。故而，即使站城融合的规模大一些，行走距离长一些，人们也觉得效率提高了，更加愿意在站区消费逗留。

（a）　　　　　　　　　　　（b）

图5-13　控制心理时间的各种途径
（a）网络车站大屏；（b）站区发车信息

（a）　　　　　　　　　　　（b）

（c）　　　　　　　　　　　（d）

图5-14　提示距离与路径的方式
（a）地面指向标识；（b）地面距离标识；（c）墙面标识；（d）屋顶标识

5.3.3　无感安检系统

从安检设施设备的优化组合及新一代安全检查流程出发，无感安检系统将在安检业务基础上，新增全场景下多个旅客动态人脸识别与远距离人体外形的实时识别与定位业务，分别由新增架设的人体全景识别与安检通道监控摄像头进行图像采集并传于后台进行数据处理。此外，旅客进行人与行李信息绑定时，无需再强制正对镜头，可在运动中完成身份的核验与后台行李信息的绑定。整个系统安检业务流程与控制手段如图所示（图5-15）。

该系统集测控技术、人脸识别、RFID识别及数据关联等技术于一体，引入ReID识别与定位追踪技术，解决安检系统实际应用中人脸识别效果不佳、频繁机器口令导致过检体验不高的问题，实现了旅客在安检过程中人、行李、又光机图像信息快速绑定，形成无口令无配合的无感安检模式。

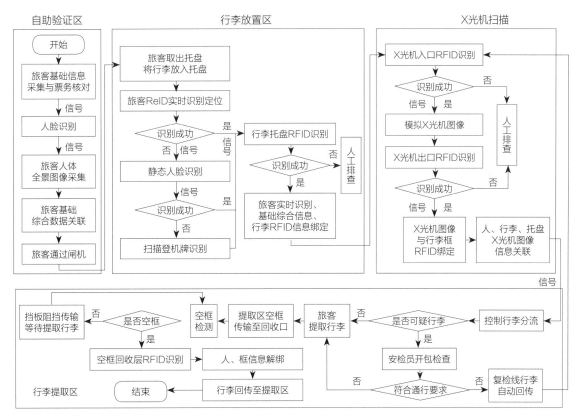

图 5-15　安检业务流程与控制手段

5.3.4　智慧模块应用

智慧枢纽涵盖数字枢纽、智慧交通、智慧管廊、智慧水务、智慧消防、智慧安防、智慧警务、智慧环保、智慧招商等应用模块。

1. 数字孪生枢纽

数字孪生枢纽主要指利用数字孪生技术在网络空间构建一个与现实相匹配的孪生枢纽，它以数字为基础，对枢纽治理进行运营、决策。开展规划片区的数字孪生枢纽建设，运用云计算、大数据、区块链、人工智能、智能硬件、AR/VR等新技术，可建立起全域感知、万物互联、泛在计算、数据驱动、算法辅助决策的强大管理支撑平台，将数字技术与试点枢纽规划、治理、运营相结合，以数据支撑城枢纽决策、运营，创新枢纽治理方式。

2. 智慧管廊

枢纽的管廊、市政管网的规划、建设综合运用电子标签、物联网、视频监控和系统集成手段，对管网的运行指标进行实时监测与监控，充分依托地理信息系统，逐步整合交通、通信、水、电、气等城市生命线的运行监控信息，形成统一管理数据库和管理系统，形成地下管网的一张图管理共享管理模式，为应急指挥救援等工作提供完整、准确的信息服务支撑。

3. 智慧消防

智慧消防是在传统的消防设施管理维护的基础上，通过智能化改造，增加物联网传输、信息系统管理、数据存储分析等流程，加以人工智能处理，整体技术与管理思维的改革而产生的新业态。开展规划片区开展智慧消防研究，充分利用物联网、大数据、人工智能等技术让消防变得自动化、智能化、系统化、精细化，主要放在智慧防控、智慧管理、智慧作战、智慧指挥等四个方面。

4. 智慧招商

对规划片区开展智慧招商研究，利用互联网技术，大数据平台开启智慧招商新模式，助力产业升级。通过分析能快速准确地帮助城区、园区运营提供策略方向参考，为下一步招商计划做参考。利用强大的数据分析，了解客户群体的定位与动态，帮助招商人员及时调整招商策略。节省大量时间成本和人力成本，降低误差。

5. 智慧建造

例如深圳市西丽枢纽建设多项目、多业态同步进行，项目参建方多、安全监管范围广、协调工作量大，因此"构建建设监管一张网"（图5-16）势在必行。"智慧建造"是以满足项目参建多方现场管理的需求，采用"云计算、大数据、智能终端、BIM、GIS"五项技术，通过"物联网支撑、项目管理支撑、信息化模型支撑"三个支撑，以达到统一平台、业务量化、集成集中、智能协同的目的，从而实现建造行为数据化、项目信息可视化、现场管理流程精细化。

6. 智慧交通

智慧交通是在交通领域中充分运用物联网、云计算、人工智能、自动控制、移动互联网等技术，对交通管理、交通运输、公众出行等交通领域全方面，以及交通建设管理全过程进行管控支撑，使交通系统在枢纽、区域甚至更大的时空范围具备感知、互联、分析、预测、控制等能力，以充分保障交

图 5-16　建设监管一张网

通安全、发挥交通基础设施效能、提升交通系统运行效率和管理水平。围绕"全息感知、数据共享、精明管控、全程服务"，打造智慧交通。

　　面向实时高效的全息感知：布设多样化传感设备（图5-17），高效实现工程实体信息、多源交通信息全感知，布设多样化的视频及传感设备，丰富数据资源池，实现道路、桥梁及隧道设施的实时状态监控、交通运行、态势感知、交通事件监测，采集数据实时对接至市交委大数据平台、视频联网监控平台。

　　面向集成共享的综合管控：搭建集成化共享系统，无缝对接市交通管理平台、衔接智慧城市平台。

　　构建数据处理与共享系统、实时交通平行系统（实时动态仿真系统）、车道级精细诱导系统、道路设施全过程管控系统，以及道路险情预警系统，强化超限超载等特殊车辆运行管理，搭建综合管控中枢，统一纳入市交智慧道路集成化管理平台。

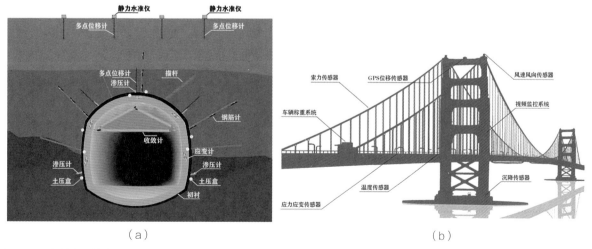

（a）　　　　　　　　　　　　　　　　　　（b）

图 5-17　智慧交通传感器设备
（a）隧道传感器；（b）桥梁传感器

5.4
公共安全及防疫安全设计

铁路客站作为城市重要的公共建筑，具有人流和交通高度集中的特性，在站城融合理念的引导下，其特征更为明显，因此铁路客站的公共安全保障研究便显得更为迫切和重要。

在铁路客站公共安全设计中，主要是指建筑的结构安全、人员健康安全，以及防火防灾等应急安全方面；2020年初新冠病毒的突然袭击，使铁路客站成为重要的防疫区域，防疫安全隐患也被纳入到铁路客站安全设计范围之中并成为当下急需应对的问题。

5.4.1 公共安全设计

1. 防火安全设计

站城融合理念下的铁路客站设计规模大，功能复杂，采用立体进出站的模式，并考虑站场上方及下方的空间利用。为保证客站空间效果良好，车站为无分隔的大空间，旅客车站按照现行国家、铁路行业消防技术标准进行防火分隔、防烟排烟、疏散距离等设计时，难以满足工程项目特殊使用功能，为了使客站的防火设计更具有科学性、灵活性、经济性和可操作性，根据建筑的特点，需有针对性的制定防火设计策略。

1）安全目标与技术路线

主要防火安全设计目标如下（图5-18）。

（1）为使用者提供安全保障，为消防人员提供消防条件并保障其生命安全。

（2）将火灾控制在一定范围，尽量减少财产损失。

（3）尽量降低对铁路运营的干扰。

（4）保障结构防火安全。

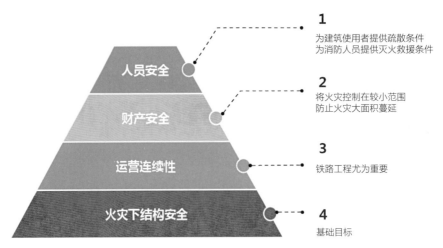

图 5-18 安全设计目标模型示意

2）防火设计策略分析

（1）保证人员安全基本策略

①确定人员的疏散主层面，如首层（地面层）、高架层或者出站层；新时代的铁路客站设计，有区别于传统的地面疏散主层面，往往存在多个疏散主层面。

如广州白云站（图5-19），有三个疏散主层面，高架层（10.000m）作为高架候车区人员疏散主层面；地面层（0.000m）作为办公人员和部分进站人员疏散主层面，国铁出站层（-12.000m）作为出站和部分进站人员，以及配套车库和地铁人员疏散主层面。

图 5-19 广州白云站疏散主层面分析

②设置足够宽度和布置合理的疏散楼梯，全面设置火灾自动报警系统，及时通知建筑内人员进行疏散；

③设置语音广播系统和疏散诱导系统，合理引导建筑内人员进行疏散；

④设置应急照明系统和防排烟设施，保证建筑疏散路径的安全；

⑤设置一定数量具有消防电源保障功能的垂直电梯；

⑥设置微型消防站，提高灭火救援战斗力。

（2）控制火灾烟气蔓延扩大基本策略

①合理划分消防联动控制分区，并采用分级控制方式

为减少火灾对运营的干扰，对铁路客站难以进行防火分区划分的公共空间，应根据各区域功能特点、防火分隔条件等因素合理划分防火控制分区，并根据火灾可能影响范围采用分级控制方案。比如广州白云站高架候车室采用防火隔离带（黄色示意）进行空间分隔（图5-20），划分后的每个防火控制分区面积在5000m²以内。

②采用分阶段引导人员疏散策略

采用分阶段疏散策略，即首先将火灾区域人员进行疏散，必要时，再将其他可能受到影响的区域

人员疏散至安全场所。人员在疏散过程中，首先进入相对安全的区域，再经由相对安全的区域疏散至最终安全的场所。

以广州白云站为例（图5-21），其地下出站层和车库位于铁路站场正下方，人员无法按常规方式竖向疏散至地面，设计考虑将内部的中央通廊、人行联系廊道及安全疏散通道作为人员第一阶段的相对安全的区域，同时将外围下沉广场作为人员第二阶段的最终安全区域。

（3）控制保障结构防火安全的基本策略

合理确定建筑耐火等级，结构防火严格按现行防火设计规范执行。

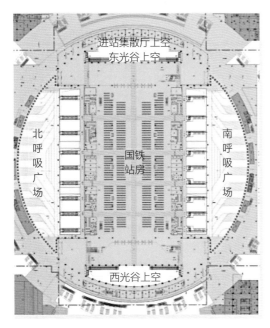 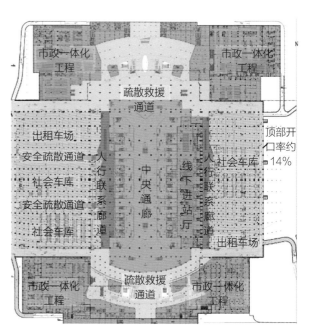

图 5-20　广州白云站高架候车室防火分隔图　　　图 5-21　广州白云站出站层分阶段疏散图

2. 防震安全设计

1）建筑物的抗震类别及设计使用年限

一般车站：一般房间抗震设防类别为标准设防，四电用房为重点设防。设计使用年限50年，耐久性年限50年，结构重要性系数取$\gamma_0 = 1.0$。

"建—桥合一"车站：抗震设防类别为重点设防。设计使用年限100年，混凝土耐久性年限100年，结构重要性系数取$\gamma_0 = 1.1$。

2）抗震设计理论

现在各国普遍采用的是抗震设计理论。地震时结构构件的破坏原因在于建筑物所受到的地震作用是由低到高逐渐放大造成的。传统的抗震设计理念是基于建筑物中竖向构件与水平构件的强度与其发生塑性变形时的能力，当结构遭遇地震时使其能吸收地震作用产生的能量，从而抵御地震，因此其重点在于"抗"。在罕遇地震作用下，结构构件会产生较大的变形，导致各种破坏的产生，甚至造成建筑的坍塌。时至今日，这种依赖于结构自身塑性变形能力来对抗地震作用确保结构在大震下安全性的延性结构体系，已经不能满足现在的工程需要。除此之外，假如我们在设计研究中仍采取传统的抗震设计思想，我们不可避免地面临为确保结构的安全，结构构件的设计强度增加的现象，由此导致材料的过度使用。同时，对于地震作用这一惯性力来说，随着结构材料的增加，其质量相应的增加，最后结构所受到的地震作用反而越来越大，因此在结构安全性与整体经济性间的平衡点确定也是很困难。因此总结来说，对于上盖建筑其设计往往有以下几个问题。

（1）竖向构件不连续

上盖开发结构一般以小跨度为主，且大多采用剪力墙结构形式，为小跨度小空间结构。而下部大平台作为运营与停放区域，多为大跨度大空间结构，且对结构竖向构件的位置和截面均有严格的限制。上部结构的墙、柱均难以落地，导致竖向构件不连续，形成了大范围的竖向结构转换体系。

（2）高位转换

因上部结构墙、柱无法直接落地，因此需要设置转换构件及转换层，且下部结构一般为2、3层，首层层高大多为10m左右，从而容易形成高位转换，大平台底层为薄弱层。

（3）刚度突变

在采用局部转换式或全部转换式的结构方案下，由于上部剪力墙结构的剪力墙无法直接落地，需要通过转换梁进行转换，由此造成的上、下部结构竖向刚度突变问题明显，地震时可能会在刚度突变处出现应力集中，导致抗震性能不足的现象。

由此可见，在进行抗震设计时，传统的抗震设计方法如对竖向构件与水平构件截面尺寸的增加，已经无法保证其地震作用下的安全性。因此，随着隔震设计理念与技术的日益完善，隔震技术与上盖开发的相结合已经成为一种更好的选择。

隔震技术是一种新兴的日趋成熟并获得广泛应用的减震技术。隔震设计的原理是将整个建筑物坐落在隔震支座上，通过隔震装置的有效工作，限制和减少地震波由地面向上部结构的输入，并通过控制上部结构在地震作用下的效应和隔震部位的变形，从而达到减少上部结构的地震响应，提高上部结构的抗震安全性的目的。

从1960年开始，现代隔震技术理念与应用才真正开始进行深入的研究。相应的，得益于计算机与材料科学技术的发展，隔震技术也逐步应用于实际工程中。

隔震技术引起人们重视的起因是1994年洛杉矶北岭地震和1995年阪神地震，在这两场地震中，大多传统抗震建筑均遭受了不同程度的损坏，而对于采用了新型橡胶支座的隔震建筑，却表现出了非比寻常的抗震性能，其上部结构基本完好或仅有轻微损坏。从此之后，处在世界地震带上的许多国家和地区皆开始大力研究发展隔震建筑的使用。

隔震是一种革命创新的抗震方法，它解除了结构与地面运动的耦联关系，通过隔震支座的增加使结构变得更柔且提供的附加阻尼有着减小地震作用的输入作用。隔震结构是指通过增设由橡胶支座和阻尼器等组成的隔震层设置于建筑物的某一层中，其构成的结构称为隔震结构。隔震支座的增设改变了整体结构体系的振动特性，特别是对于结构本身的自振周期来说，有了明显的延长效果，从而大大避开了建筑所处场地的卓越周期，且通过隔震支座中阻尼的增加，整体结构的阻尼也随之增加，由此隔震层承担了在地震作用下变形的任务，对于隔震层上部结构的地震响应有着明显的降低，特别是随着隔震层上部结构层间剪力与层间相对变形的减小，我们所预期的防震要求就此可以实现。

通过下图加速度反应谱与位移反应谱曲线（图5-22）可以看出，当延长结构的自振周期，即从$T_0 \sim T_1$时，其加速度会相应的减小，而位移会随之增大。同时当增加建筑结构的阻尼时，其加速度与位移会随之减小，因此隔震结构需要在其中找到平衡点。

隔震技术的重点是"隔离地震"。隔震体系是指将由隔震支座、阻尼器等耗能装置组成的隔震层设置于建筑物的基础或地下室和上部结构之间，从而使整体建筑由隔震层分为三个部分：隔震层上部结构、隔震层、隔震层下部结构。发生地震时，其能量经由下部结构传递到隔震层中，此时隔震层中的

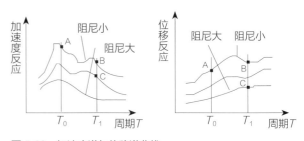

图 5-22 加速度谱与位移谱曲线

叠层橡胶支座与其他耗能元件等装置发挥作用，吸收大部分能量，从而使上部结构仅受到很小的能量，其所受到的地震作用大大降低，整体结构的安全性得到了提高。

传统的基础隔震是指在基础与上部结构之间直接设置隔震层。上部结构的刚度远远大于隔震层的刚度，地震发生时结构的水平位移主要集中在隔震层产生，使上部结构仅产生很小的水平位移，从而达到预期的隔震效果。

层间隔震是指将隔震层设置在建筑结构的上部结构与下部结构之间的一种隔震体系。相较于基础隔震来说，层间隔震体系发展的时间较晚，可以这样理解，层间隔震技术是在原有基础隔震技术上的创新。其总结了基础隔震技术在实际工程中的应用，结合现今人们对建筑抗震的诸多要求，从而发展而来的一种新型隔震体系。其突破了隔震层只能布置于建筑物底部的限制，使隔震层能灵活地布置于建筑物中，如图5-23所示，相较于基础隔震的适用范围，如其往往需要体形规则的上部结构，隔震层需设置在基础顶面、地下室底部。层间隔震体系的适用范围是十分广泛的，上盖开发结构中采取隔振技术，可以对结构带来较好的安全性和经济性。

3. 灾难安全设计

灾害安全主要是指自然灾害、事故灾害下的安全。主要包括水灾、火灾、雪灾、雷灾、风灾及地质灾害等。事故灾难主要包括事故爆炸、人类失误引起的火灾、工程事故等，因此可在以下两方面进行灾难安全的设计。

1）形成因地制宜的应急系统

自然灾害具有不确定性，其发生的规模和时间无法确定；自然灾害具有不可避免性，而且其发生的频率及程度呈现出增加的势头；同时，自然灾害又有一定的规律性和可预测性，众多自然灾害在不

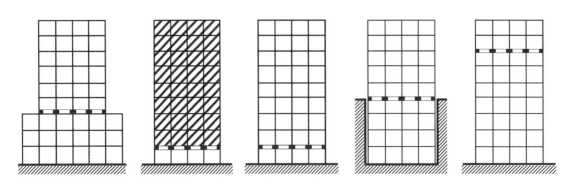

图 5-23 不同隔震层位置的层间隔震体系

同区域的长期的影响是有一定的规律的。因此，铁路客站应该根据所在地的气候气象，形成完整的一套针对不同区域不同灾害的措施和方法，在灾害时有效地生减少自然灾害的破坏后果。

2）避免灾害延伸

铁路客站不仅要保证自身在自然灾害下的安全，还要注意注重建筑其他部分在灾害影响下产生的次生灾害和延伸灾害，比如客站自身的破坏不能影响到列车运营安全等要求；特别是在客站枢纽高密度开发的状态下，站域内其他建筑的破坏不能影响客站本身的运行，同时客站的破坏也不能影响其他建筑的正常使用。

4. 防卫安全设计

防卫安全主要是指在社会安全隐患和公共卫生等情况下的铁路客站人员与财产的安全。社会安全隐患，包括纵火、暴力犯罪、恐怖袭击事件。突发公共卫生事件，包括化学物质中毒、传染病事件、核放射性事故和其他泄漏等。随着客站开放性和站内人群复杂性的提高，客站枢纽必须为旅客提供站房内和站房外安全的空间和环境。

1）预留站域内缓冲空间

在站域内，需要在不同功能过渡地带设置一定规模的缓冲空间配置，如各交通站点出入口，通道交口等位置，应对高峰期人流进出站时对周边城市空间的影响，及发生极端情况的安全疏散。同时，可结合客站处周边空间或邻近的城市广场、绿地、公园、建筑入口前区等开阔场地置于各出口人流量相关的空间面积，应对大量人流进出站时所需的缓冲空间确保通行安全。

2）预留客站与其他建筑的逃生通道

对于客站而言，除了应在站前广场修建足够数量的出入口外，在其内部可预留有直接到达周围大型公共建筑的通道，便于发生险情时能够通过站房到达其他大型公共建筑，达到避险的目的。

3）改善站房室内空气品质

空气质量及热湿环境控制对内部环境的舒适度影响最大。特别是在目前我国疫情常态化背景及毒气、粉尘等险情下，通过空调系统保持清新的室内空气尤为重要。

5. 应急疏散设计

从环境、设备、管理三个维度，在设计阶段，有针对性进行改造，降低客流疏散安全风险，对新兴的城市交通具有参考作用。

1）提高疏散出口疏散效率

只是增加疏散口数量不能有效地提高疏散效率，可以设计一款可以伸缩或者折叠的安检门，便于根据客流情况改变安检门通道的宽度，从而增加了疏散出口的宽度，提高疏散效率。

2）增设疏散流线标识

站城融合空间相比传统的交通枢纽需要更完善的疏散标识。

（1）增设静态疏散标识。例如在车站增设应急逃生指示牌等。

（2）增设动态疏散标识。例如在检票口两侧循环播放车站平面示意图，以及逃生动画。当突发事件发生时，高架层候车区的大屏幕立即显示疏散路线指示箭头并闪动播放，增加旅客注意力。

3）智能化导向系统

（1）室内导航

出现应急问题，使用手机App，旅客可以在第一时间知道紧急事情的状况并快速找到适合的疏散出口。

（2）智能播报系统

发生应急事件后，应于第一时间通过智能播报系统，告知大众事件真实状况，避免由于信息不透明，乘客不清楚现场发生了什么事情，本能地产生恐惧心理，而恐惧会让人变得不理性。智能播报系统可减少反常活动造成的二次灾害，达到稳定旅客情绪，有序疏散的目的。

（3）智能监控系统

人工智能、信息科技等新技术，采用智能监控系统，实时监控每个疏散出口的情况，发生突发情况，及时派工作人员处理，避免返回行为，降低紧急疏散产生的损失。

4）应急避难场所的设置

避难场所的设置原则：以人为本、安全可靠、因地制宜、平灾结合、易于通达、便于管理。紧急避难场所宜根据责任区内情况，结合应急医疗卫生救护和应急物资分发需要设置场所管理点。场所管理点宜根据避难容量，按不小于每万人50m^{2}用地面积预留配置。

5.4.2　防疫安全设计

公共建筑防疫的关键在于对人流的疏导和组织，站城融合的铁路客站在流线组织上有诸多创新，改变了铁路客站的空间模式和人流特征，不同功能区域因其空间形态和人流特点不同，防疫的重点也各不相同。在此情况下，应结合新技术，针对新的流线和空间的变化提出与之相对应的防疫策略。

新流线组织创新策略下不同区域面临的防疫挑战：

1. 进站口过渡区域

进站口是衔接铁路客站内外的过渡空间，人流量大且易聚集，站城融合的铁路客站往往采用多点进站，进站口往往也接驳了商业空间。在疫情背景下，一方面，采用多点分散进站人流有利于减少人员的拥堵，降低带来的潜在风险，疫情期间面向城市各方向的多层级的高架和公交系统也可以通过灵活封闭或开启来应对突发状况。但另一方面，多进站口与城市交通和商业模块的整合带来的人员流动性增大，也带来了更多不确定性（图5-24a）。

2. 旅客换乘区域

传统的换乘位于开敞的站前广场，站城融合车站由于其交通的立体化与综合化，大大提高铁路客站的换乘效率，有效地节约城市土地。对于防疫而言，其同时接驳轨道、铁路、城市公交系统的特点，增大了疫情暴发时阻止传染源和密切接触者扩散的难度。

而换乘空间内部，用于联系各衔接设施、步行通道及建筑功能区的、内置化的城市级公共空间，实现了以地铁站为中心，各种设施和城市功能紧密联系的慢行系统。该策略不仅空间占地面积小、人

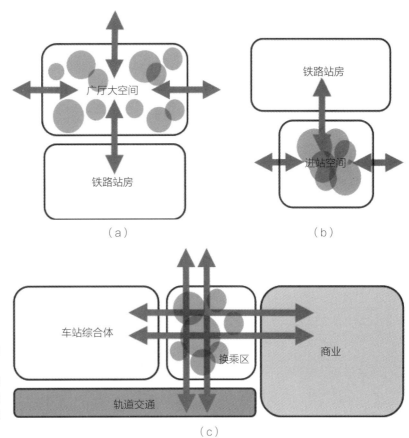

图 5-24 新流线组织创新策略下的防疫挑战
（a）人员聚集程度高，人流量极大，流线交叉较多；（b）人员聚集程度极高，人流量较大，流线交叉较多；（c）人员聚集程度较高，人流量极大，流线交叉极多

流量大，换乘人流与商业交叉的复杂程度也较高，对防疫提出了很大挑战（图5-24b）。

3. 人流聚集的大空间商业

站城车站融合中集约化开发的商业模式能够极大地发挥铁路客站站域人流量大、消费机会多的优势，同时也让站外商业空间承担部分容纳候车旅客的责任。在此情况下，集散人流的广厅空间也发生巨大转变，该空间同时包含了车站口的安检和车站内外配套商业的功能。这种集约化多功能空间，不仅通过商业吸引了来自多个方向的大量顾客，也导致人流的交叉和穿越更加频繁。一方面，高密度的人员聚集导致的空气不流通增加了人员感染风险，而人流高复杂度的特征也大大增加了防范控制疫情的难度（图5-24c）。

5.4.3 铁路客站的防疫策略

目前世界卫生组织和我国防治原则都是最大限度切断传染病的传播途径。针对流线组织创新策略下站城融合模式铁路客站内人员聚集程度更高、人员结构更多样、客站功能更复合的特点，防疫安全设计应从下几点进行创新。

1. 人流出入口控制系统

出入口控制系统是利用自定义符识别和（或）生物识别等模式识别技术，对出入口目标进行识别，并控制出入口执行机构启闭的电子系统。具体方法和措施如下。

1）公共场所病毒主要通过飞沫和空气传播，应强制规定所有人员必须佩戴口罩。

2）建立实名制数据库，严格控制人员流动。为了利用出入口控制系统的实名制记录功能，对出入铁路客站人员进行实名制记录和管理，通过身份证、人脸识别、指纹、车牌号码等唯一性出入凭证进行登记。在出入口控制系统增加和配备体温自动检测设备，及时发现体温异常人员，发现传染源和疑似患者。对于换乘区和进出口等铁路客站人流密集的区域，在刷脸（票）进站的同时完成自动检测和记录体温，发现体温异常者和疑似人员，在不影响通行效率的情况下实现"精准防疫"。

3）利用智能识别技术和数据存储功能，减少人员物品的频繁接触。现代出入口控制系统具有多种非接触式识别技术，包括非接触感应卡、人脸识别、二维码、蓝牙、App等识别控制方式。翼闸、摆闸、转闸等出入口道闸系统具有较长的单人通道，拉开了人流间距，并且通过调整闸门开启时间，能够延长人员通过时间，减少人员聚集，降低人员与物品接触感染的风险。

4）健康防疫核验系统：应对突发公共卫生事件防控体系和措施，目前世界卫生组织和我国防治原则都是最大限度切断传染病的传播途径。对已经暴发疫情地区即时实施封闭管理，对出入疫区的人员、物资和交通工具实施卫生检疫管控，并从外界给予物资、设备、医护人员支援，形成疫情应对防、控、治立体网格化应急管理体系，阻止疫情扩散，提高防疫的效率。

2. 交通换乘区域多技术联动

换乘区域人交叉程度极其复杂，应重视采用智能建筑多系统多技术联动，以换乘区域为中心，对接驳的各个模块进行统一管理，让智能建筑控制系统与视频监控系统、报警系统、停车场系统等其他公共安全系统实现互通，记录并获得传染源的更多活动轨迹和密切接触者图像信息。利用实名制数据库，严格筛查和控制传染源，结合智能信息系统，对各交通线路进行模块化管理，实时监控每个区域的人流量并通过站内外的指示牌告知市民，引导人流避开拥堵路径降低风险。日后开发更多新产品和完善标准，加快铁路客站智能建筑出入口控制系统的建设，提高日常运维管理水平，通过智能建筑"技防"手段，能够及时有效关闭和管理高风险的换乘通道，快速有效地阻止传染病疫情传播。

3. 开敞空间设计理念

1）大空间弹性设计策略

在铁路客站综合体的大空间设计规划过程中尽可能考虑相关空间的未来使用功能的延伸与拓展，最大限度提升空间的外向性和可调整性，在日常和疫情期间可进行灵活布置。而在客运量巨大的特殊节日如春运期间，下沉广场、开放公园、广厅空间、中庭的公共空间和多功能临时空间不仅可以容纳更多的旅客，也能给防疫工作人员使用，使得在大量旅客聚集的情况下能够有足够的空间进行流线上的引导，减少人流混乱的局面。

2）自然通风设计策略

如我国香港的公共交通枢纽，通常就布置在商场或者高层建筑的平台下方。通风系统入风口放在高处，避免地面扬尘和汽车尾气的影响，将外部的新鲜空气引入室内，并通过风管传送。风管沿墙壁或柱子从高位向下走，出风口设置在大约人行高度处。这一正压的通风方式，可以改善车站内的整体通风环境，缓解人行高度处废气对健康的损害，也能大大减少病毒的传播。

而有天井的多层和高层建筑，可能在"拔风"效果的影响下，造成不同楼层房间之间的串风，当一个区域发生疾病时，可能迅速被自然风带动加速在建筑内的传播速度。因此，针对已有天井的建筑，疫情期间要注意封闭与天井连接的窗户，并开启其余直接对外的窗户进行通风。此外，传统屋顶平台多为通风管道出风口的排风场所，站城融合上盖式开发和屋顶平台应避免将排风口直接设在人群活动区域附近。

3）智能通风系统

在大型公共建筑内使用中央空调尽量采用通风分区的方式进行使用，以便在疫情发生时可以有效控制疫情传播范围。所谓的通风分区，即是将公共建筑空间划分成不同的区域，并将水或制冷剂输送到各个小区域，而后用小型空气盘管在这个小区域抽取空气加热后再输送回这个小区域。对于站城融合的车站，应根据不同的功能和形态分为商业、运营管理、站房、换乘、交通、进站、等候七类模块，以避免在小范围出现疫情时，影响整体大空间的安全性。

此外，对中央空调的改造可以有两种方式：一是在用风机盘管的进风口加装 HEPA 过滤膜，并在出风口增加二氧化氯或紫外线灯消毒装置，对病毒进行过滤灭杀；另一种是增加新风补充和排风的措施。安装了新风系统的中央空调，应将新风系统开到最大挡位运行，并在通风不畅地区及通风死角增加通风设备，以确保室内外空气的流通与交换。

站城融合的新空间模式和流线组织方式对公共安全和应急疏散工作带来了诸多变化：一方面更开放、灵活的空间降低了人群拥堵带来的隐患，但另一方面，功能、空间、流线和人员的复杂化也增加了安全风险。未来的站城融合的铁路客站——尤其是提速背景下，会逐渐分化出高铁站和以城际车站通勤为主的车站。因此应因地制宜，依据不同类型规模车站的特点，以及城市和地块周边情况，在设计规划上降低安全隐患，在技术和管理上配合设计，有效应对站城融合带来的改变和挑战。

5.5
绿色技术设计创新

站城融合以城市发展的整体需求为导向，有着区域内高密度、高能耗的发展趋势。因此，考虑站城融合下的绿色技术时应与普通的绿色建筑技术有所区别，应在客站枢纽区域高密度开发的背景下提出具体解决策略。

5.5.1 节地与土地利用

除了客运，站域内还附带引入商贸、金融、房地产、市政等现代产业。客站周围用地不再鲜有人使用。随着丰富的业态引入，客站周围用地的价值不断提高，用地也呈现紧张的状态。因此，站城融合下的绿色客站需要着重考虑客站的节地措施。新建客站可以考虑地上空间节地与地下空间节地的措施，通过提高客站上盖空间地面空间及地下空间的利用率，达到节地的目的。

1. 地上空间节地与利用

1）上盖开发

上盖开发即是在客站上盖进行商业开发，公共交通和商业、娱乐等两种性质完全不同的建筑功能，通过竖向叠加，放置在了同一块土地上。通过这种方式提高客站的土地利用率。目前上盖开发出现了雨棚上盖开发这一新形式，即利用客站雨棚上盖开发办公，娱乐等功能。

杭州西站枢纽雨棚上盖项目（图5-25）是全国首个新建高铁站雨棚上盖商业开发项目。雨棚上盖的开发空间分别位于杭州西站

图5-25 杭州西站枢纽雨棚上盖项目

枢纽东西落客平台站房雨棚上方四角，规划为商业/商务用地。雨棚上盖综合开发项目的一层位于铁路站房的高架候车室外侧，跟站房标高相同，同时可以看到站房和铁路站场。并在本层设计了大量的共享空间，辅以景观绿化、小品的设计。朝向候车室一侧均布局大空间的办公门厅等，与铁路站房形成良好的对话关系。

2）站场利用

传统的路基站场则需在站前广场设置各类公共交通停车场，占用了大量用于基本配套建设的城市土地，间接阻碍了土地价值的提升，并且将城市空间割裂为两部分。而桥基站场可以充分利用线下空间作为公交、长途、出租、私家车、地铁等城市交通的换乘空间，节省出的站前广场空间则可进行高强度开发，提升站房周边的土地价值，达到节地的目的。

杭州西站枢纽将路基站场调整为桥基站场，同时利用桥下空间设置高铁站区配套的公共交通停车场，大大节省出了站前广场空间，将站房两侧及站前广场的土地全部用于商业开发，达到节地的目的。

2. 地下空间节地与利用

客站对地下空间进行充分利用是实现高效利用土地资源的有力途径。地下空间相对于地面空间具有不受气候条件影响，空间环境稳定，安全、便捷和节能的优点。

客站利用地下空间布置交通换乘、商业、停车、基础设施等城市服务功能，打造地下空间与地上空间及城市空间一体的综合交通枢纽，可极大节约土地资源，提高客站的吸引力，提升区域经济。而且，客站把一些换乘交通设施放置在地下空间后，可把站前广场空间从交通功能中释放出来，增加广场地面绿化景观的布置，提高广场空间舒适度，形成休闲娱乐的城市公共广场，美化城市空间。

5.5.2 节能与能源利用

在站城融合的背景下，铁路客站的站区内呈现高密度开发的状态，这种发展趋势下，客站不再是单一的建筑，而是包含周围其他商业，办公等建筑的综合枢纽。因此，在考虑节能时，应该将站房与站域内的其他要素一起考虑，综合考虑声、光、热、水等能源的节约利用，提出解决策略。

1. 被动式节能策略

1）自然通风

在站城融合的背景下，考虑自然通风需要兼顾两个方面。首先需要考虑整个客站区域的风环境，新建客站因为高密度开发，周围建筑林立，其风环境受周围建筑影响很大，需考虑周围建筑组团的布局形式及建筑形式，从而达到改善客站区域风环境的目的。其次需要考虑客站单体建筑的自然通风，通过开窗，改变空间布局等手段达到自然通风的目的。

（1）开敞空间改善站域风环境

站城融合的理念下，客站及其周围用地呈现高密度开发的状态。因此，在开发时应充分考虑在客站与周围建筑中预留开敞空间，采用架空等设计手法改善客站外部风环境。如杭州西站整体采用组团式布局（图5-26），除站房外，其余建筑围合成庭院式布局，控制高楼的数量，充分预留出建筑间的开敞空间以改善客站区域内的风环境。站域内商业建筑的裙房部分采用不同程度的底层架空设计，达到节能通风，节能减排的目的。

（2）中庭空间改善客站内部风环境

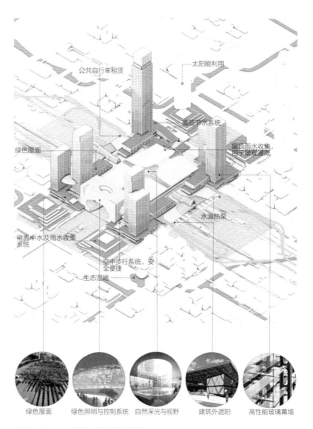

图 5-26 杭州西站节能策略布局

除了考虑区域的风环境，还需要考虑站房本身的通风措施以达到最佳的节能效果。新建客站可采用在站房内预留中庭空间，并在中庭空间顶部设立屋顶高侧窗，以加强中庭空间的热压通风的方式，来达到自然通风的目的。

广州白云站设计将站台空间设在高架站房的两侧，此处将线上盖板打开引入自然光线，形成中庭空间。极大地节省能源的同时，达到上下空间的贯通，并形成良好的通风（图5-27）。合肥西站采用采光通风屋面，屋面交叠屋面所形成的侧高窗，加强了其下部中庭空间的热压通风效果（图5-28），可以避免夏季直射阳光，形成自然通风，为旅客营造一个光照充足、通风良好的候车环境。

2）自然采光

客站的自然采光与通风情况相似，在站城融合的背景下，采光也需结合整个站域考虑。

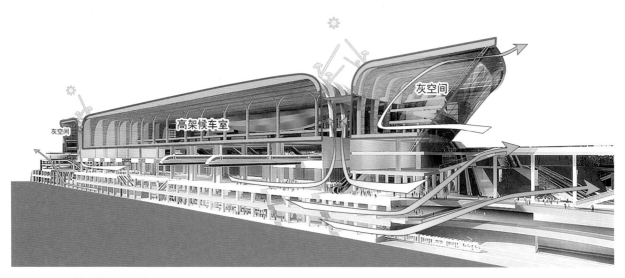

图 5-27 广州白云站通风设计

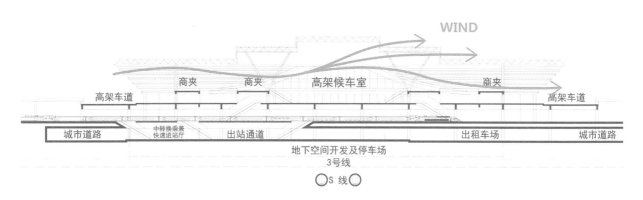

图 5-28 合肥西站通风设计

（1）站域光环境改善

应优先控制站域内的高层建筑数量，合理处理建筑组团的布局形式，在站域的建筑间预留开敞空间，达到自然采光的目的。

（2）客站光环境改善

①中庭空间

新建车站如杭州西站，其站场拉开后形成的中庭空间将自然光线直接引入昏暗的线下，极大地节约了站房内的照明能耗。广州白云站将下站台空间设在高架站房的两侧，并将此处线上盖板打开，引入自然光线，达到节能的目的。

②透明采光材料

在屋顶及外立面上，车站可采用新型技术材料，如全透明采光玻璃板，采光太阳能膜等，在不影响自然采光的同时还可以利用太阳能，为站房提供部分能源。德国柏林中央火车站（图5-29）轨道最

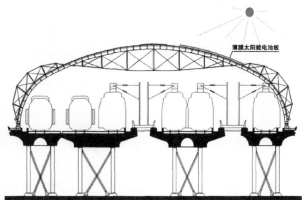

薄膜太阳能电池板

图 5-29　德国柏林中央车站玻璃屋顶

上层东西方向450m长的站台上覆盖着带有太阳能发电装置的拱形玻璃屋顶，拱形玻璃顶长320m，轻型钢外壳结构加索结构玻璃幕，采用全透光设计，屋顶的太阳能板可供车站所需2%的电力。

3）建筑遮阳

铁路客站的遮阳一般仅考虑客站这一单体建筑，且与自然采光一起考虑，站屋大空间采光与遮阳需因地制宜转化设计，过分开放和过度封闭都是不可取的。为此铁路客站在进行设计时，应根据照度设计天窗面积，并设置适当的外遮阳和内遮阳以适应不同气候。

目前客站的遮阳措施主要采用机械遮阳、动态遮阳。阳光直射时，遮阳百叶可自动关闭，有效阻隔太阳光，其余情况，遮阳百叶则自动开启，为室内提供自然光线。北京清河站（图5-30）西立面大面积的玻璃幕墙，西向设计了长约19m的大屋檐出挑，以达到西立面上部空间的遮阳效果。立面下部设计了智控翼帘型百叶建筑遮阳系统，弥补了玻璃幕墙不利于遮挡热辐射的缺陷。智能百叶遮阳系统可以有效阻隔太阳光的直射，与没有任何遮阳的情况相比较，百叶可以切断60%左右的热量，百叶的翻转角度可以根据需要调节，夏季可以遮挡阳光，防止室内温度上升；冬季可以阻挡外流的热量，兼具一定的保温效能。

图 5-30　北京清河站立面智能百叶遮阳设计

2. 可再生能源利用

铁路客运站能耗巨大，铁路客运站设计中必须考虑对于可再生能源的利用。目前客站的能源利用措施主要是太阳能利用和地热能利用。

1）太阳能利用

铁路客站一般为大屋面形式，在建筑设计中利用铁路客运站屋面形式的特点将太阳能光伏发电板与铁路客站屋顶结合在一起，在不影响铁路客运站屋面形式基础上发挥其功能，形成铁路客运站站房建筑一套独立的光伏发电系统及热水循环系统，向铁路客运站站房部分提供电能与热水，节约绿色铁路客运站的整体能源消耗。如河北雄安站（图5-31）光伏发电系统位于椭圆形屋顶部分，"光伏建筑一体化"作为建筑屋顶和外幕墙系统的重要组成。结合屋面金属板或阳光板的尺寸布置光伏组件，形成直立锁边金属屋面+光伏组件、阳光板+光伏组件的屋面系统。光伏组件的排布方式适应分组数量变化、满足配电系统要求的同时兼顾建筑形体。

图 5-31 河北雄安站光伏屋面

同时在站城融合的理念下，考虑太阳能等能源的节能和利用措施也不仅只局限于客站单体建筑本身，还包括站域内其他功能建筑，从而形成整个站域的系统节能与能源利用（图5-32），降低单位建筑能耗。例如太阳能光伏不仅可以使用在客站屋顶，站域内办公、商业建筑的屋顶、外立面均可采用，实现通过客站建筑带动周围建筑的节能。

2）地热能利用

地热能在绿色铁路客站的建筑设计中一般将其与空调系统相结合，一定程度上降低铁路客站的能源消耗，帮助客站实现可持续性发展。车站可通过站前广场等宽阔的区域，安装使用地源热泵。部分车站仅需通过地源热泵系统即可提供车站冬季所需的全部热量，其前景比较广阔，还需进一步开发利用。

杭州东站设计中冷热源采用地源热泵与串联式分量蓄冷的冰蓄冷相结合的方式，冬季由地源热泵系统供热，夏季由地源热泵系统与冰蓄冷联合供冷。既节省空调系统运行费用，对电网也起到移峰填谷的作用。

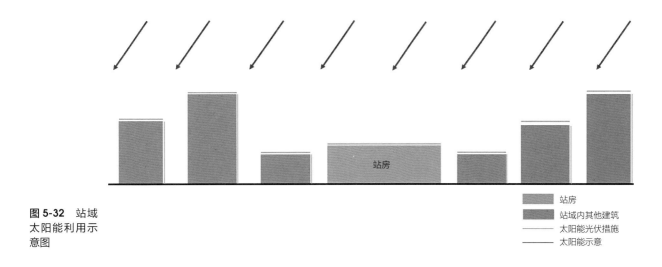

图 5-32 站域
太阳能利用示
意图

站房
站域内其他建筑
太阳能光伏措施
太阳能示意

3. 主动式节能策略

铁路客站的主动式节能措施主要体现在客站日常运行设备的节能，其中包括给排水系统、电力系统、空调通风系统。

1）给水排水系统节能

铁路客运站房的给水排水节能设计措施主要包括供水和排水两个方面。在供水方面，最好直接通过市政管网供水；在排水方面，可以采用多种雨水渗透技术增加雨水渗透量。在材料选择方面，尽量选用低能耗的管材及节水型卫生洁具。

2）电力系统节能

铁路客运站房的电力系统节能主要是产品的选择，如变、配电设备和灯具等应选用节能并对环境影响小的产品；也可利用可再生能源的方式，比如太阳能技术，通过其辅助发电，可以缓解铁路站房用电量大等问题，达到绿色客站的目标。在太阳能的安装上，可以充分利用铁路站房的大屋顶，铺设太阳能光伏电池板，与屋顶系统结合在一起，构成铁路站房自己的光伏发电系统，从而节约能源。

3）空调通风系统节能

在铁路客站这种大面积、大空间的公共建筑中，空调系统作为能源消耗的巨头，需要在保证旅客室内适宜性较高的同时，也能够节省碳排放量，做到真正意义上的低碳枢纽。具体可在以下几方面进行重点设计。

（1）应用分层空调技术

在铁路客站这种大空间建筑中，主要利用的空间为地面以及四周，中庭空间上部未进行利用，所以可以采用一种分层的空调技术，只在人们利用的空间区域进行制冷或供暖，进而降低能耗。也可以在垂直高度上分成上下两部分，作不同的处理，分成两个区域，进行空调设计使其满足使用要求。

（2）合理组织气流

空调机组所需压力的大小通常会受到气流的影响，而室内的使用效果通常受末端送回风方式的影响，所以，需经过多种因素的考虑，才能确定出送风口和回风口的布置。在冬季时可以使用30°下倾角送风，采用较高的风速使送出的热风斜向下吹出，这样，冬季热空气向上空浮动的情况就会更少地出现，不仅使温度梯度减小且节约了能量。

5.5.3 节水与水资源利用

铁路客站日常运行用水量巨大，种类也多，根据统计约50%的用水可由雨水代替。站城融合背景下，铁路客站的节水不能单单考虑站房的节水措施，同时要与站前广场，周围建筑等周围区域结合考虑。

1. 站前广场及客站周围建筑屋面节水

首先，可以利用场地绿化和客站周围建筑屋面雨水。大面积的站前广场可采用透水砖，并通过下埋管道收集起来，处理后用于洗车、浇洒、冲洗地面。广场收集的雨水收集到水资源景观水池内。站前广场的节水同时可以结合海绵城市的策略，进行有效的节水。例如杭州西站广场地面采用透水砖，在广场上利用蓄水池和雨水箱，提高了雨水的接收和储存效率，实现了节水的目标。

站城融合的背景下，绿色建筑措施应结合整个站域考虑。对于节水而言，站域内其他商业、娱乐及办公建筑的屋面也应有效利用，进行节水设计，与站房节水相结合，形成区域的节水策略，完成节水目标。

2. 客站屋面节水

铁路客站一般为大屋面形式，因此可通过客站屋面进行雨水收集来进行周围绿化灌溉及客站自身用水供给。客站的节水策略一般为中水回收及雨水收集利用。屋面系统对于雨水的收集相对地面广场来说比较纯净，其收集路径一般为屋面—雨水落管—雨水管道—蓄水池。

5.5.4 节材与绿色建材

站城融合背景下的铁路客站空间功能向复合化方向发展，如在候车厅内整合了进站空间、候车空间、商业空间，以及一些辅助空间等，功能的复合使得客站向装饰化、大尺度方向发展。然而，过于夸张的空间尺度会造成材料资源浪费。因此，铁路客站在进行节材设计时可以采用简化建筑造型，土建装修一体化的方式，完成节地的目标。

1. 建筑造型简洁化

1）简化屋面形式

客运站的屋面是展现构思的重要载体，无论是通过现代风格还是仿古风格来展现地域文化时，过于复杂的屋面形态是不利于节材的。在设计客运站的屋面系统时，应用尽可能少的材料去覆盖较大的空间，结构受力要清晰简单，减少屋盖的自重。当建筑必须要通过屋面形态去表达独特的设计构思时，应尽量使屋面构件模数化，降低结构材料的加工难度，综合考虑造型需求、节材和安全问题后做出权衡选择。

2）简化立面形式

建筑的立面是从人的正常视角去展现建筑形象的重要载体。那些通过仿古风格展现地域文化的客运站，其立面构造往往会比现代风格的复杂，如仿古风格通过复杂的柱式、斗栱形态、线脚等展现古建筑的韵味，会造成材料的浪费。而现代风格的立面形态往往是使用大面积的玻璃幕墙展现通透的交通建筑形象，相比之下，现代风格的立面较为简洁。

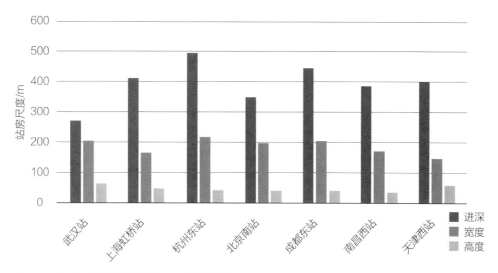

图 5-33　部分既有铁路客站候车厅尺度统计分析图

3）控制建筑尺度

从对我国目前的一些铁路客站尺度的统计分析图（图5-33）中可以看出，客站站房的进深约在300～500m，宽度约在100～200m，高度较高的武汉站屋面屋顶最高点到地面高度可达58m。从节材的角度来看，空间高度越高，建筑消耗的材料越多。因此，铁路客站可通过控制建筑高度，减少建筑材料的消耗，达到节材的目标。

2. 土建装修一体化处理

"土建装修一体化"即土建与装修一体化设计是指土建设计与装修设计同步有序进行，土建和装修一体化设计，在土建设计时考虑装修设计需求，事先进行孔洞预留和装修面层固件的预留，避免在装修时对已有建筑构件打凿、穿孔。这样既可以减少设计的反复，减少材料浪费，并降低装修成本。对于铁路客站而言，内部装饰装修应结合清水混凝土等建筑材料设计，不做额外处理，客站地上与地下部分统一风格与形式，减少装饰性构件的使用，达到节材的目的。如北京清河站采用土建装修一体化（图5-34），在地下一层公共区为了减少柱子，提高层高，创造良好的空间效果，采用了"站桥一体"的结构形式，柱距达到25m。大厅内桥墩、盖梁均采用了清水混凝土一次浇注成型，不做任何外装（即直接采用现浇混凝土的自然表面效果作为饰面）。另外，在东西两侧下沉广场及地下一层西侧安检大厅等区域亦采用了清水混凝土的处理方式，整个空间朴实、现代。

5.5.5　多层次绿化系统

1. 站域绿化系统

绿化系统能充分发挥植物的固碳作用，尽量消耗由于人类活动而大量增加的二氧化碳，增强环境的净化能力。增强绿化系统的固碳能力，有两条途径，一是增加绿化面积，二是优化植物配比、采用单位面积固碳量大的绿地类型。在增加绿化面积方面，由于项目用地类型、容积率、经济效益等社会因素的限制，不可能无限地增加绿化用地，随着技术的创新，铁路客站的站域绿化系统可以采用场地

图 5-34 北京清河站地下一层室内

绿化、屋顶绿化、垂直绿化等绿化技术，实现多层次绿化系统的设计。

目前，站城融合下的铁路客站周围土地价值较高，在平面上展开绿化的限制条件较多，对站域内建筑立面进行垂直绿化也是一种需要着重考虑的创新措施。立面的绿化不但可以营造美观的形象，还可以减少热辐射对墙体的渗透；目前这一策略还没有建成案例，在站城融合背景下站域内建筑可以着重考虑此策略。

例如在广州白云站（图5-35）的设计中，充分利用室外绿化空间，通过站前广场，景观绿化步道，绿化峡谷，坡道绿化等绿化设计手法形成多层次的绿化系统，打造出高能低耗的绿色建筑。

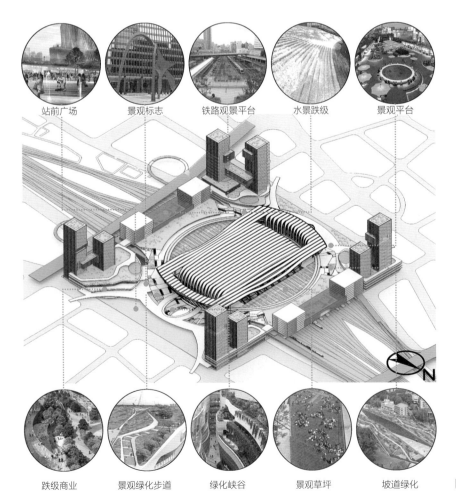

站前广场　　景观标志　　铁路观景平台　　水景跌级　　景观平台

跌级商业　　景观绿化步道　　绿化峡谷　　景观草坪　　坡道绿化　　**图 5-35** 广州白云站多层次绿化系统

2. 客站室内绿化

绿色植物不但可以提高建筑的隔热能力，吸收雨水，缓和"热岛效应"的同时还能提高空气中的氧含量，给使用者带来愉悦的生理和心理感受。站房单体建筑方面，可考虑室内绿化，改善客站室内的热环境。并且在选择植株品种时应遵循"因地制宜，倡导本土植物"的原则进行布置。

例如西班牙马德里的Atocha火车站（图5-36），其候车大厅的中间是一个围合起来的植物园小岛，岛上生存着500多种野生动植物。图书馆、咖啡厅等建筑与火车站融合，使得这座普普通通的火车站变成了花园，车站内四千平方米的植物园极大地改善了火车站内部的气候环境。

图 5-36　马德里 Atocha 火车站室内绿岛

5.5.6　低碳枢纽综合策略

城市铁路客站地区得益于便利的交通条件，吸引了相应产业、商业和居住等的集聚，促进产业发展和城市化的进步，在铁路客站周边形成城市密集区，高铁客站及周边建筑的巨大能耗所形成的大量人工排热、密集的人流和车流产生巨大排热，以及城市下垫面的大量蓄热，导致高铁站区的城市热岛现象十分显著，城市热环境持续恶化，是城市碳排放量较大的区域。因此，如何利用相关技术，降低铁路客站站区的碳排放量是绿色客站设计的重点。

1. 建筑碳排放

建筑碳排放主要由客站站房及大型铁路客站周边的居住建筑和公共建筑正常运行所产生的碳排放。建筑碳排放与建筑能耗息息相关，设计时需与声、光、热等能源的消耗与利用结合考虑，采用如光伏玻璃、动态遮阳等措施，与车站及相关建筑的热水系统、供暖系统和光电系统结合考虑，达到减碳的目的（图5-37）。

2. 交通碳排放

高速铁路发展的背景下，我国铁路客站设计正从单一的交通站点向城市综合交通枢纽转变。车站本身作为交通枢纽，聚集地铁、出租、私家车、公交、自行车等多种交通工具，车站的碳排放量巨大。因此绿色客站需考虑自身交通枢纽的特色，采用交通低碳节能的措施。

此外，针对站前广场的照明要求较高，能耗较大等特点，设置太阳能灯柱、智慧灯柱等设施，并运用一些节水灌溉措施。其次，在站域内设置共享单车停放区（图5-38），大大提高了共享单车管理的便利性与共享单车的使用率，降低了机动车的使用次数。在出租车蓄车场处采用多出入口的形式，提高出租车的行驶效率。通过以上措施，降低了公共交通与私家车的使用率，达到了节能减碳的目的。

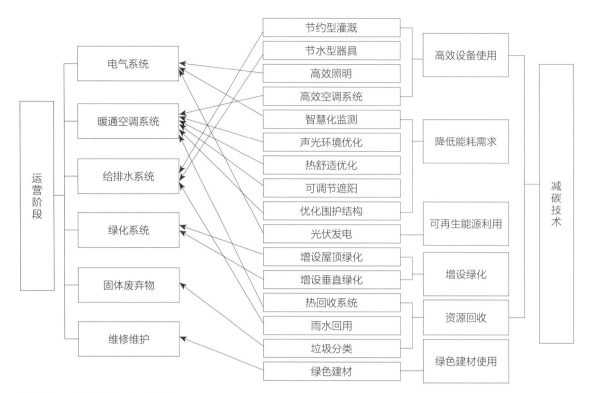

图 5-37 站域内建筑综合减碳策略

图 5-38 共享单车停放点示意图

第 6 章

站城融合发展建设管理体制政策建议

尽管站城融合发展面临着规划理念、功能设计、施工技术等方面的困难，但是当下站城融合实现的主要阻碍还是体制制约。本章基于我国现有的铁路规划建设运营管理体系，集中于以铁路客站为依托的综合交通枢纽站点规划建设管理体系和枢纽周围城市生产生活设施规划建设管理体系两方面，针对铁路规划、设计、建设、运营全生命周期过程中可能面临的体制困难，从多个方面提出政策建议。

6.1
立法引领：强化涉铁开发、多元经营的制度保障

原中国铁路总公司（现中国铁路工程总公司）为落实铁路土地综合开发工作、促进铁路投融资体制改革，于2014年出台《铁路土地综合开发实施办法》（铁总办〔2014〕257号）。国家发展改革委联合自然资源部、住房和城乡建设部及中国铁路总公司在2018年发布的《关于推进高铁站周边区域合理开发建设的指导意见》（发改基础〔2018〕514号）提出"量力而行、有序建设；站城一体、综合配套"的基本原则。事实上，近年来出台的有关新型城镇化、综合交通、市郊铁路等相关文件都或多或少地提及了铁路建设要与城市建设有机衔接、深度融合的问题。然而一方面站城融合开发建设涉及多部门、多专业，统筹难度大；另一方面，我国高铁建设仍在快速推进，以文件意见的形式推动站城融合权威性尚显不足。例如，国务院办公厅于2014年便已出台《关于支持铁路建设实施土地综合开发的意见》（国办发〔2014〕37号），但直到4年后，广东、湖南、重庆等6个省、市、自治区才陆续发布各地政府关于支持铁路土地综合开发相关措施的文件。

再比如结合铁路客站修建长途汽车客运站本是发挥公铁联运优势、增强站点集聚效应的有效措施，然而很多长途汽运站在设计时缺乏与铁路客站一体化换乘的考虑，占地面积过大，布局孤立。如根据《汽车客运站级别划分和建设要求》JT/T 200—2020，一级车站必须配备站前广场，且广场面积按最高聚集人数，每人1.0～1.5m^{2}计算。依托高铁客站建设的长途汽运站若按此规范设计，势必会出现重复建设的问题。如成都东站、郑州东站、济南西站的长途汽运站都建设在铁路客站之外，占地面积一律4万m^{2}以上，且旅客换乘需要穿越机动车道。在站城融合设计理念中，更需要考虑城市公共空间与铁路站场共建的布局设计。因此，有必要通过立法强化实施力度，保障相关发展理念的落实。

1. 将铁路土地综合开发、多元融资等纳入《铁路法》

当前我国铁路领域的基本法《铁路法》制定于1991年，虽先后经历两次修改，但幅度有限。其内容除少量涉及工程建设外，其他基本局限于铁路运输安全领域，缺乏有关站城融合、综合开发、交通一体化衔接等内容。因此，建议完善《铁路法》以适应当代铁路客站功能的转变，可考虑将现有的《铁路土地综合开发实施办法》纳入《铁路法》，将其上升至法律法规层次以保证相关理念的贯彻落实。其次，借鉴日本《宅铁法》，制定相关法律，保障铁路建设与站点及沿线周边城市开发的同步进行。

此外，在编制相关设计规范标准时，应对铁路客站与城市交通、综合开发区域的连通性提出要求，并通过相关法律保证规范的实施。

2．立法明确加强站城融合规划开发建设中的"路地协同"

《铁路土地综合开发实施办法》主张以铁路局、合资公司为主体，由其调研确定土地综合开发的效益目标、功能定位与规划调整要求，编制综合开发机会研究报告、预可和工可并上报总公司，再会同省、市有关部门协商。然而铁路主体开发经验不足，且对地方国土空间规划、经济等发展状况并不熟悉，所以并非最适宜的开发主体。如在规划建设北京星火站时，铁路部门曾计划进行上盖物业开发，然而北京市政府考虑周边市政配套不足以支撑上盖开发诱增的客流而予以拒绝。当然，更多的情况是铁路部门出于安全因素考虑或缺乏利益激励而对站点综合开发采取"一刀切"的态度，这与站点所在地方政府的意愿并不相符，亦不利于站城融合发展。因此建议立法明确加强"路地协同"，建立利益平衡机制。

6.2
体制改革：引入竞争机制提升铁路主体市场意识

《关于推进高铁站周边区域合理开发建设的指导意见》指出，高铁站周边区域合理开发的基本原则之一便是"市场运作、防范风险"。尽管铁路建设运输工作已经交由企业负责，但业内仍存在着实质意义上的独家管理。2013年铁道部实现政企分离后，理论上铁路行业的规范应由国家铁路局出台、解释和修订，但事实上一直是铁总在制定和发布新规范。尽管是公司的内部文件，然由于铁总的特殊地位，其他铁路相关企业在与其打交道时不得不以这些文件作为依据。铁总既是规则的执行者，也是制定者。此外，合资铁路必须控股，铁路运输统一调度指挥、统一清算收入，委托代建、运输、经营等都是铁路行业的特点。这不仅助长了国铁内部寻租，而且抑制了整个行业的竞争力，同时也是社会资本进入铁路领域的阻碍。

铁路运输带有公益属性，国内更是如此，故而铁路主体在投资建设运营铁路过程中长期享受国家的经济和政策支持，亏损负债有政府保底，因而缺乏通过提升服务水平提高企业竞争力、通过站点及周边土地综合开发盈利实现自我造血的动力。也正是这种监管与被监管集于一身的体制障碍导致国铁始终将安全置于首位而对铁路客站及周边区域开发采取"一刀切"的态度。事实上，国外经验已然告诉我们安全与商业并非绝对对立的关系。因此，想推动站城融合发展，就必须首先改革现有的铁路管理体制，引入竞争机制，提高铁路主体的市场意识。国务院在2019年9月印发的《交通强国建设纲要》中要求不断深化铁路管理体制改革，"推动国家铁路企业股份制改造"的改革方向，本质就是要落实政企分离，进一步推动铁路建设运营市场化。

1. 试点统分结合的经营管理体制

建议试点统分结合的经营管理体制，引入竞争。内容主要包括两个方面：一方面是"路网统一"，即将铁路路网收归为一个大、统、全的国有企业，统一规划建设、调度指挥，以充分发挥路网作为国家基础设施的重要作用；另一方面是"运营分离"，即将铁路运营权下放到若干小、专、精的各类社会资本广泛参与的运营企业，充分放开竞争性业务，使这些企业在充分竞争的条件下提供更加优质高效的运输服务。这样一来，各运营企业为了提高自己竞争力便会努力提升运输过程包括铁路客站的服务水平，也会主动对站点周边土地进行综合开发以谋求更多的经济效益。这种开发同时可以提高站点周边的步行可达性，减少铁路造成的割裂影响，增强站点区域的活力，助力站城融合。

2. 铁路行业要分类建设、经营

铁路市场化改革应当考虑公益性行为与商业性行为的不同性质，确立"分类建设、分类经营"的基本思路，明确政府和企业的权责划分，对铁路建设项目根据其基本性质的不同进行分类，对不同类别的铁路建设项目和建设企业予以不同的政策扶持，采取不同的调整措施。重点将公益支出分离出来，单独予以补贴，实现铁路建设运营的公益性与商业性的分离。要强化对铁路企业的经营考核，促使铁路企业注重经营，主动对车站周边土地进行综合开发、一体化建设，自我造血。此外，铁路改革牵涉主体众多、权利纠纷复杂，且铁路运输事关国计民生，同国家经济全局、民众基本生活息息相关，兼具公益性和经济性，既要考虑作为企业的盈利问题，也要考虑国家运筹、民众福祉问题，因此改革必须由国家从全局的战略高度出发，以国家立法形式指明改革方向，最大限度地避免改革之中各部门各地区"各自为政""政出多门"之弊，最大限度地保证民众权利，将计划经济的产物转变为市场经济中的竞争者、服务者。

6.3
路地协同：探索地方政府与铁路部门的交互机制

站城融合旨在发挥高铁效应与城市开发的联动作用，故站点立项之初便需充分考虑城市的资源、产业、人民生活习惯等因素。《关于推进高铁站周边区域合理开发建设的指导意见》要求高铁车站选址符合土地利用总体规划和城市总体规划（统称国土空间规划），然而现实情况并不理想。首先，铁路主体作为国务院直属机构，考虑的是铁路作为国家大动脉服务国计民生的功能，其首要任务是完成国家拟定的年度计划，包括线路建设和客货运输工作。地方政府考虑得更多的还是地区利益，其国土空间规划也是为了实现该阶段的经济和社会目标而制定的蓝图。目标的差异性决定了双方在制定规划时的侧重点便不相同。其次，国土空间规划的期限一般为20年，然而由于我国基础设施建设速度较快，一条铁路从立项到建成可能只需要几年时间，国土空间规划难以及时修编，进度上的不匹配导致二者经常出现脱节，由此出现了铁路客站离城区较远，铁路分割城市等问题，并进一步造成高铁新区人气不足、发展乏力、与原有建成区基础设施难以共享的困境。最后，在实际工作中缺乏具有可操作性的法律或技术准则对双方的协调机制进行规范，沟通衔接往往以既有治理结构内部层级式的互动惯例为主。在这种模式下，省会等同级别的城市更占优势，如南京、苏州、济南等城市均通过这一轮博弈实现了城市结构的调整。相比之下较低等级的城市与铁路部门谈判的话语权则被削弱，甚至出现了高铁站距离城区近百公里的案例。

在建设阶段，考虑到铁路客站项目工程难度大，建设周期长，可能涉及跨区域建设等问题，往往采用指挥部模式。一般由分管市政府领导担任总指挥，各职能部门和区主要领导参加，从而使各部门、单位通力协作，为重点工程提供保障。由于管理人员都是临时借调，所以存在员工对工作职责不明确、重视程度和工作热情偏低等问题，耽误项目进度。如广州白云站在建设过程中便存在铁路部门与地方指挥部工作协调不到位、双方互相埋怨的问题。其次，铁路工程的复杂流程对管理人员的专业素养提出了较高的要求，但现实中仍存在部分管理人员专业水平层次不一的问题，在项目推进受阻时无法及时给出解决方案，影响工程进度和质量。如武汉站在建设时便发生了地铁4号线盾构机先行通过地下，导致站房建设前必须对隧道进行加固，不仅增加不必要的投资，也耽误工期进度。此外，指挥部模式还存在容易超支、滋生腐败、一次性管理机构不利于经验积累等问题。

营利性项目则多采用项目法人模式，即由投资人共同组建项目公司，负责项目的筹划、准备、建设和运营。如在建的杭州西站，便是由国铁集团、杭州市交投和余杭区政府共同出资成立的杭州西站枢纽开发有限公司（以下简称西站公司）负责投资建设。该模式能有效解决工程指挥部模式所有者缺位导致积极性不足的问题，有利于控制投资和保证质量，构建公平竞争的市场。尽管杭州西站建设快速推进，但在建设过程中西站公司以企业身份与地方政府、铁路部门等协调仍十分困难。如西站公司在做地过程中梳理出的规划条件要依次经历余杭区国土资源所、市规划和自然局、未来科技城等多个机构的审批，而不同机构的要求并不一致，协调效率有待提升。此外，涉铁工程一律由铁路部门代建，地方政府则仅负责地方配套，双方缺乏沟通；由于地方政府对涉铁工程并不熟悉，一旦遇到问题便得全员暂停并寻求铁路部门的帮助，极其耽误工程进度。

1. 规划设计阶段建立路地衔接机制

各城市在制定国土空间规划时，应依据国家铁路网规划确定线路走向和客站选址布局，结合当地的资源优势、产业特点乃至民众的生活习惯等综合考虑车站周边区域的开发利用，并及时与铁路相关主管部门协商。在详细规划层面，除传统的专项规划外，规划部门应牵头会同铁路部门共同编制站城融合规划，确定站点及周边的土地利用性质、区域开发范围、地区空间形态、地上地下空间利用、综合交通规划、枢纽核心区一体化建设等内容，并将相应内容纳入控制性详细规划。铁路部门也要与地方政府密切配合，保证在开工前完成规划工作，为站城融合开发建设提供规划依据，避免一方单独开工的被动局面，尽可能地实现客站建设与周边地区发展的时空协调。

2. 建设阶段采用"法人+指挥部"的综合管理模式

一方面，投资人出资成立项目公司，主要包括铁路部门、地方政府或其直属的城投、交投等地方国企，条件成熟时亦可引入社会资本；另一方面，地方政府牵头成立指挥部。前者作为业主主导客站及周边建筑的施工建设，后者负责项目的协调、监督和保障，尤其是涉及合资公司与地方部门间的行政审批等工作。其本质为"项目法人制+工程建设指挥部"的综合模式，因而兼具两者优势。在项目公司追求项目质量最优、工期最短、成本最低的三大管理目标的同时，还能促进各方协调配合，精简行政审批流程，为站城一体化项目建设提供有力保障。考虑到地方部门、企业对涉铁工程并不熟悉，应由铁路部门派遣代表进驻项目公司以管控各阶段可能发生的情况，从而实现对项目的主动管理。

6.4
弹性开发：融入时间管理、绿色优先的开发时序

铁路工程建设工期长，一条线路从立项到正式运营往往需要花费至少5年的时间，若想成网则需更久；而大规模的土地开发一般也只需要两三年即可完成。另一方面，线路与站点的建设虽然需要一定的时间，却可一次性投入使用；而站点周边与沿线虽然可以通过一时的建设达到一定的城市化水平，但城区的完善、魅力的创造和活力的增加显然是需要一定的时间方可成熟。正是这两方面的"时间差"的存在使得在站城融合规划中，统合兼具交通功能与城市服务功能，具有双重意义的车站更为困难，调整各项工程的时间进度管理也就成为不可或缺的一环。《关于推进高铁站周边区域合理开发建设的指导意见》文件要求要合理把握开发时序，"根据相关规划、发展实际和财力可能，分阶段、分步骤地有序推进高铁车站周边区域开发建设，做到开发一片、成熟一片、成功一片"，但并未指出铁路客站与周边区域开发应该遵循什么样的时空顺序。

相关文件还提出设计铁路客站时各种交通运输方式衔接要遵循零距离换乘和一体化运营的要求，要求做好公交接驳，但并未提及"公交优先"的定位。事实上，新建高铁站尤其是大型客站往往都配套有高架落客匝道以衔接城市快速路和高铁站，实际上是方便了小汽车的出行。这不仅导致更多的铁路旅客采用小汽车作为接驳工具，而且造成匝道环绕的铁路客站与外界隔绝，成为地区发展的黑洞。正如北京南站建成后周边并没有像相关理论预测的那样带动周边区域的大幅开发，反而产业增长呈现一定的下降趋势。铁路客站周边乃至整个城市慢行系统的建设更是长期被忽视。

1. 融入有效时间管理的开发时序

对于铁路客站而言，周边具有极大商业潜力的街区随着整体城区的不断完善，对应的功能需求也在不断变化。住宅地建设完成之前，周边地区将有一段时期内土地的利用密度相对较低；随着住宅的建成，入住人口的增加，对商业设施的需求也会越来越高。因此，车站周边街区的土地利用也需要根据城区整体的完善，在不同的阶段有不同的对应。对于新城开发，初期站前的商业、商务设施需求并不明显，因此应考虑对土地进行临时性的开发运用，明确居住、产业人口的导入才是商业开发的基础；直到周边城区成熟，需求增大，再进行进一步的开发。①首先发展新城的居住功能，导入人口，以便为铁路运营和区域产业的发展提供充足的人力资源，撬动新城土地开发；为了保证居民的生活水平，提高社区魅力，需要在导入人口时同步配套相关设施，如医疗、教育、停车场等。②其次发展新城产业，使"交通—人口—产业—土地开发"链条形成良性循环，以铁路运输带动新城产业发展布局，使

人口增加、就业发展和站点建设相一致。一方面新城产业发展应设立准入机制；另一方面探寻合理的产业空间布局模式。③最后依托"交通—产业—人口"基础，开发商业用地。除在开发前期对商业用地进行预留外，还需通过综合措施促进新城的商业开发和地区的功能结构升级。

2. 重视公交优先接驳和慢行网络构建

建议落实公交优先发展政策，鼓励公交优先接驳。对于大城市，相比小汽车，公共交通更有利于缓解交通拥堵。尤其是站城融合区域，交通群体不仅包括铁路旅客，还包括出于其他需求而出行的人群，客流量巨大，更依赖大容量的公共交通。对于中小城市，高铁站往往距离主城区较远，出租车数量不足，更需要完善公共交通以保证对旅客的接驳服务。借鉴日本多摩田园都市的经验，在站点周边开发到一定程度时，完善的公共交通有助于进一步扩大站城融合的开发范围。这一方面要求在铁路客站设计建设前期就做好公共交通的规划衔接，从路权和接驳体验上保障公交优先；另一方面也要求公共交通运营企业充分考虑旅客需求，为其提供便捷高效舒适的接驳服务。

除了公共交通和私家车，慢行交通往往容易被管理和设计人员忽视，表现是现实生活中个体很难通过步行抵达铁路客站。然而"人"才是活力之源，站城融合项目中，铁路客流并不足以支撑"城"的发展，还需要吸引更多的非铁路出行人群。这既要求对"城"的部分进行针对性地开发，同时也要求重视慢行网络的构建，通过慢行网络强化"站城融合"中"城"的部分对人的吸引，保证"站"的部分对人的集散。不仅如此，完善的慢行网络可以缝合铁路站房的庞大体量和轨道的封闭性造成的割裂，将站点周边打造成富有活力的步行空间，吸引人流前往并进一步提高商业开发的价值。当前，我国尚缺乏站城融合的成功案例，急需树立典型，打造大城市、中小城市站城融合的发展样板。

6.5
多元融资：兼顾土地开发与人口导入的利益共同体

土地资源紧张尤其是既有车站周边已无增量用地、设计施工复杂、各方协调难度大等都是实现站城融合的现实制约，然高铁建设与综合开发的投融资和利益分配机制不健全才是阻碍站城融合发展的深层次因素。《国务院办公厅关于支持铁路建设实施土地综合开发的意见》提出，对于既有铁路用地综合开发中的经营性相关部分可以采取协议出让或国家授权经营的方式。所谓协议出让，即土地权属人也就是铁路部门只要补缴地价不低于最低价标准就是合法的，并可以获得铁路用地地上或地下的建设用地使用权，这对地方政府而言是对土地收益的极大让渡。不仅如此，站城融合会进一步提高铁路客站周边的人流量，要求更高的交通承载能力，如城市轨道交通建设、道路改建扩建，而这些交通设施的建设成本通常是由地方政府承担。铁路主体倘若不承担这部分成本而独占铁路用地的增值收益，无疑是不合理的。同样的，对于新建高铁站，地方政府通过周边的土地出让，市场主体通过物业开发、经营，共享高铁带来的土地增值收益，而铁路部门则无从获利。

由此可见，铁路站点周边地块存在土地增值收益分配不合理的问题，这将极大抑制相关主体推进站城融合的动机。其关键在于在铁路和地方之间组建利益共同体，以市场化运作的方式找到各方利益的平衡点，以综合协调的方式解决土地权属和市政配套等问题，让不同主体在综合开发中都有利可得，从而实现各方共赢。目前有两种操作模式：一种是铁路部门和地方政府共同出资成立合资公司，由合资公司主导站城融合项目的开发建设及后期运营；另一种则是地方政府通过税收返还、房地产就地转让或异地补偿土地等方式补偿铁路部门利益，从而获得站城融合开发的主导权。长期来看，当铁路部门具备一定的城市开发经验后，也可由其负责客站配套设施的建设或缴纳一定的配套费用后，按照未通高铁时的区域地价获得站点周边土地并独立进行站城融合开发。

为进一步拓展融资渠道，建议在模式一的基础上允许地方政府和铁路部门以直接注入资本金以外的形式参与，如以站点及周边土地作价入股。除了鼓励社会资本直接投资参与，还可将土地附条件地出让给房地产公司以获取资金。该做法不仅可以丰富融资来源，还可以通过房企的开发运营实现站点及周边人口的快速导入，从而快速提升站城融合区域的活力，为下一阶段的产业导入和商业开发奠定基础；同时为铁路运输提供充足的客流，一定程度上增加其票务收入。除房企外，公共住宅公司和企业（职工宿舍）、学校等亦是合适的土地出让对象。在站城融合开发中后期，项目公司除了通过出租商铺获取租金，亦可选择自主经营，不仅可将区域的土地增值收益尽收囊中，同时也提升了商业经营的自由度，有助于区域业务生态的协调配合，树立良好的品牌形象。此外，高铁外部效应的影响范围划定直接关乎利益分配，仍有待进一步研究。中小城市尤其需要针对性地研究高速铁路与市郊快速铁路于城市的综合效益，从而为是否需要修建高铁提供判断依据，避免不必要投资。

6.6
智能管控：构建四维时空全要素的站城信息决策平台

《住房和城乡建设部等部门关于推动智能建造与建筑工业化协同发展的指导意见》（建市〔2020〕60号）要求加大智能建造在工程建设各环节应用，形成涵盖科研、设计、生产加工、施工装配、运营等全产业链融合一体的智能建造产业体系。铁路工程往往具有参与主体复杂、涉及学科众多、投资大、工期长、技术难等特点，站城融合综合开发项目更是要兼顾"车站"与"城市"的相互影响，工程更加复杂，引入智能建造技术的需求也更加迫切。以BIM技术为基础，利用智能建造技术的感、传、知、控，优化人与人、人与物、物与物间的有机联系，实现对站城融合项目全生命周期的智能化管控，确保工程进度在安全基础上稳步优质地推进，将有效提升建设管理水平。

1. 智能决策平台

在城市信息模型（CIM）的基础上，加载铁路站点及周边区域的GIS地理信息、建筑及地上地下设施的建筑信息模型（BIM）、铁路和城市交通运行数据、商业运营数据等多源信息，考虑站点随时间推移而转型升级，探索建立表达和管理站城融合综合开发区域的四维时空全要素的站城信息模型（SCIM）。在该平台上进一步开发适用于地方政府和铁路部门协商沟通的信息系统；融合物联网等城市运维数据、政府审批数据和社会经济数据等，探索建立大数据辅助科学决策和市场监管的机制；完善数字化成功交付、审查和存档管理体系。建设阶段引入进度、成本、质量等信息，建立健全与智能建造相适应的工程质量、安全监管模式与机制，实现站城融合开发建设的智能管控。

2. 智能建造

在项目建设初期，运用BIM技术对生产区、辅助生产区、办公生活区进行场地分析，按照"永临结合"原则，优化规划布局，同时在项目建设过程中做好各阶段动态调整，确保满足施工组织需要。搭建线路站点集中视频监控平台，对在建项目实施远程监控，涵盖桥梁、隧道、站场、营业线施工等安全高风险工点，实现安全全面管控；开发基于微波电子技术预警系统，对大型机械、人员侵入进行实时报警并自动解除机械动力；建立基于BIM技术的营业线施工自动化安全监控系统，实现对既有线路位移、基坑变形等数据实时采集、分析、预警。运用BIM模型结合协同管理平台，对施工组织设计进行全面审查，优化技术方案、工程措施、资源配置。

3. 智能运维

利用人工智能等新技术为出行旅客和站内工作人员生产指挥服务提供自助化、智能化的基础设施支撑。①提高安检智能化水平：针对现有车站安检人工作业、效率低下的问题，利用图像识别、多元异构数据融合等技术构建快速精准安检系统，实现旅客安全、便捷、有序进站，缩短旅客排队安检时间，提升进站效率。②提升旅客接驳体验：通过提前介入设计、合理规划流线、明晰引导标志，在商旅服务平台上搭建室内导航系统，针对换乘、差旅、购物等不同需求的旅客提供差异化引导和个性化服务，提升旅客的出行体验。③拓展出行数据利用：利用大数据、云计算等技术建立客运车站的数字模型，预测客流的变化情况，并依据预测结果对一个甚至多个车站的生产和服务资源进行系统化的动态分配，实现对客运组织的智能辅助决策。

图表来源

第1章

图1-1　https://itw01.com/GJFQCEM.html.

图1-2　魅力老照片. 英国蒸汽时代结束50周年, 老照回顾百年前铁路生活[OL]. 凤凰新闻,（2019-07-01）. https://ishare. ifeng. com/c/s/7nxgNAzs4tR.

图1-3　伦敦人是如何在150多年前就开始享受地铁服务的？[OL].（2020-07-02）. https://new.qq.com/omn/20200702/20200702A0TA6L00. html.

图1-4　人民日报海外网. 日本新干线"快出天际"！乘务员乘客都来不及上车[OL]. 新浪军事,（2017-12-15）. http: //mil. news. sina. com. cn/2017-12-15/doc-ifypsvkp3655328.shtml.

图1-5　郑健, 魏崴, 戚广平. 新时代铁路客站设计理论创新与实践[M]. 上海: 上海科学技术文献出版社, 2021.

图1-6　武汉政务. 从1.0到4.0: 一名工程师眼中的我国四代火车站变迁[OL]. 澎湃新闻,（2021-04-22）.https:// m.thepaper.cn/baijiahao_12328467.

图1-7　郑健, 魏崴, 戚广平. 新时代铁路客站设计理论创新与实践[M]. 上海: 上海科学技术文献出版社, 2021.

图1-8　于晨, 殷建栋, 郭磊, 戚东炳."站城融合"策略在高铁站房设计中的应用与研究——以杭州西站方案设计的技术要点分析为例[J]. 建筑技艺, 2019（7）.

图1-9～图1-12　赵启凡. 中国大型铁路客站综合体功能空间布局的交通组织方式研究[D]. 南京: 东南大学, 2020.

图1-13～图1-19　作者自绘.

图1-20～图1-22　网络.

图1-23　左图: https://tieba.baidu.com/p/5688157687; 右图: 百度地图.

图1-24　https://720yun.com/t/8a8jtzhu5a6?scene_id=14271474.

图1-25　https://www.sohu.com/a/481604132_120104769.

图1-26　左图: http://big5.www.gov.cn/gate/big5/www.gov.cn/xinwen/2015-02/24/content_2821481.htm; 右图: https://tieba.baidu.com/p/3412364532.

图1-27～图1-31　作者自绘.

图1-32　网络.

图1-33　作者自摄.

图1-34、图1-35　网络.

图1-36　http://www.firstep.cn/.

图1-37　https://720yun. com/t/2dvkcwdqzqe?scene id=63508219.

图1-38　网络.

图1-39　候车看海景的济青高铁红岛站9月开通 青岛机场站基本建成[EB/OL]. 齐鲁网,（2019-06-15）. https:// sdxw. iqilu. com/share/YSOyMS01NjUzMzYy. html.

图1-40　网络.

图1-41～图1-44　作者自绘.

表1-1　作者自绘.

表1-2　作者自绘.

京都火车站左图、右图: https://www.kyoto-station-building.co.jp.

代尔夫特站左图: https://www.mecanoo.nl; 右图: 作者改绘自, https://www.mecanoo.nl.

沙坪坝站左图: https://www.nikken.co.jp; 右图: 作者改绘自, https://www.nikken.co.jp.

表1-3 作者自绘.

中央火车站左图：http://www.gmp.de/cn/projects/463/berlin-central-station；右图：作者改绘自，http://www.gmp.de/cn/projects/463/berlin-central-station.

环湾客运中心（SALESFORCE）左图：https://www.gooood.cn/salesforce-transit-center-u-s-a-by-pelli-clarke-pelli-architects.htm；右图：作者改绘自，https://www.gooood.cn/salesforce-transit-center-u-s-a-by-pelli-clarke-pelli-architects.htm.

阿纳姆站左图、右图：https://www.archdaily.cn/cn/777672/a-na-mu-zhong-yang-huan-cheng-zhan-unstudio/564e68c5e58ece8c4200039f-arnhem-central-transfer-terminal-unstudio-exploded-view.

比尔梅火车站（Bijlmer Arena）左图：https://bbs.zhulong.com/101010_group_201811/detail10030138/；右图：作者改绘自，https://bbs.zhulong.com/101010_group_201811/detail10030138/.

表1-4 作者自绘.

乌得勒支站左图、右图：https://www.gooood.cn/utrecht-central-station-by-benthem-crouwel-architects.htm；

梅田站左图：http://www.flybridal.com/jidujiao/rsrrruo.php. 右图：杨成颢. 日本轨道交通枢纽车站核心影响区再开发研究[D]. 泉州：华侨大学，2018.

沙坪坝站左图、右图：https://mp.weixin.qq.com/s/B6EMF0V9Mo73PWDSgEQynQ.

表1-5 作者自绘.

环湾客运中心左图：https://pcparch.com；右图：作者改绘自，https://pcparch.com.

西九龙站左图：https://www.archdaily.com；右图：作者改绘自，https://www.archdaily.com.

新南京站左图：https://www.google.com；右图：作者改绘自，https://www.google.com.

表1-6 作者自绘.

新宿站左图：https://tokyo-library.com；右图：https://maps-tokyo.com.

"欧洲里尔"项目左图、右图：http://oma.eu.

高雄站左图、右图：https://www.mecanoo.nl.

福田站左图：https://www.google.com；右图：作者改绘自，https://www.google.com.

第2章

图2-1、图2-2 作者自绘.

图2-3（a）图：作者自绘；（b）图、（c）图 [EB/OL].http://http://www.geocities.jp.

图2-4（a）图：作者自绘；（b）图：[EB/OL].http://www.earthol.com.

图2-5（a）图：作者自绘；（b）图：[EB/OL].http://www.earthol.com.

图2-6～图2-9 网络.

图2-10 笔者根据资料改绘.

图2-11 网络.

图2-12 中联筑境建筑设计有限公司提供.

图2-13 日建设计站城一体开发研究会. 站城一体开发：新一代公共交通指向型城市建设[M]. 北京：中国建筑工业出版社，2014.

图2-14（a）图：http://aftitanic.free.fr/cartes%20postales/cp%20st%20lazare.html；（b）图：巴黎圣拉扎尔站. 法国巴黎[J]. 世界建筑导报，2017，32（3）：98-101.

图2-15 陈冰，廖含文，姜冰，等. 城市复兴下的旧城空间与景观重塑——英国谢菲尔德火车站改建项目的启示[J]. 新建筑，2018（6）：64-68.

表2-1　作者整理.

第3章

图3-1~图3-7　作者自绘.

图3-8　https://www.gooood.cn/east-railway-station-by-csadi.htm.

图3-9　作者自绘.

图3-10　https://www.sohu.com/a/400724787_644075?_trans_=000014_bdss_dkmwzacjp3p:cp.

图3-11　作者自绘.

图3-12　左图：https://www.google.com/maps；右图：http://jpn-architecture.com/building-type/store/nakameguro-tsutayabooks.

图3-13　https://www.architonic.com/en/project/nl-architects-a8erna/5100103.

图3-14　左图：https://www.architectmagazine.com/project-gallery/the-underline；右图：https://www.theunderline.org/phases/.

图3-15　作者自绘.

图3-16　http://cr15g.crcc.cn/art/2021/1/29/art_3807_3273632.html.

图3-17　https://zs.focus.cn/zixun/256c33679bb54540.html.

图3-18　作者自绘.

图3-19　中联筑境建筑设计有限公司提供.

图3-20　https://www.gmp.de/cn/projects/463/berlin-central-station.

图3-21　https://wenku.baidu.com/view/6dfffbad27284b73f34250a3.html.

图3-22　作者自绘.

图3-23　https://theeducationaltourist.com/gullivers-gate-a-world-in-miniature/s-gate-2/.

图3-24　百度地图.

图3-25　https://www.sohu.com/a/247124042_616825?_f=index_pagerecom_19.

图3-26、图3-27　作者自绘.

图3-28、图3-29　中联筑境建筑设计有限公司提供.

图3-30　https://new.qq.com/omn/20201226/20201226A051G200.html.

图3-31~图3-52　作者自绘.

图3-53　https://www.sohu.com/a/272913533_651721.

图3-54　作者自绘.

图3-55、图3-56　中联筑境建筑设计有限公司提供.

图3-57　作者自绘.

图3-58　中联筑境建筑设计有限公司提供.

图3-59~图3-67　作者自绘.

图3-68　https://www.gooood.cn/polak-building-by-paul-de-ruiter-architects.htm.

图3-69　作者自绘.

图3-70　https://www.archdaily.com/877354/parque-toreo-sordo-madaleno-arquitectos.

图3-71　作者自绘.

图3-72、图3-73　https://www.sohu.com/a/356738473_120176733.

图3-74、图3-75　作者自绘.

图3-76　Station Areas as Nodes and Places in Urban Networks: An Analytical Tool and Alternative Development Strategies[Z].

图3-77~图3-85　中联筑境建筑设计有限公司提供.

图3-86、图3-87　作者自绘.

图3-88　https://www.sohu.com/a/165194371_649653.

图3-89、图3-90　作者自绘.

图3-91　https://wind989.pixnet.net/blog/post/285081193.

图3-92、图3-93　作者自绘.

图3-94　中联筑境建筑设计有限公司提供.

图3-95、图3-96　作者自绘.

图3-97　http://k.sina.com.cn/article_3994494943_ee1727df00100prol.html?from=news, https://www.zgsjlm.cn/sn991/vip_doc/14890118.html.

图3-98　作者自绘.

图3-99　中联筑境建筑设计有限公司提供.

图3-100、图3-101　作者自绘.

图3-102　中联筑境建筑设计有限公司提供.

图3-103　作者自绘.

图3-104　中联筑境建筑设计有限公司提供.

图3-105　作者自绘.

图3-106　中联筑境建筑设计有限公司提供.

图3-107、图3-108　作者自绘.

图3-109　中联筑境建筑设计有限公司提供.

图3-110　https://www.sohu.com/a/331931674_103567.

图3-111　作者自绘.

图3-112　https://www.gooood.cn/station-by-hassell-and-h-d-m.htm.

图3-113　作者自绘.

图3-114　https://www.sohu.com/a/222128072_563923?qq-pf-to=pcqq.c2c.

图3-115　https://www.archdaily.cn/cn/790745/mecanoo-shi-wu-suo-gong-bu-liao-tai-wan-gao-xiong-lu-se-che-zhan-zong-ti-she-ji-gui-hua?ad_source=search&ad_medium=search_result_all.

图3-116　https://www.som.com/projects/grand_centrals_next_100.

图3-117　https://www.thetraveltester.com/what-to-do-in-shibuya-tokyo-japan/.

图3-118　https://www.utrecht.nl/city-of-utrecht/mobility/cycling/bicycle-parking/bicycle-parking-stationsplein/.

图3-119　https://arquitecturaviva.com/works/estacion-intermodal-9.

图3-120　https://www.accessiblemadrid.com/en/transfers.

图3-121　https://www.theplan.it/eng/architecture/west-kowloon-station-in-hong-kong-by-andrew-bromberg-at-aedas.

图3-122　作者自绘.

图3-123　https://www.sohu.com/a/151842893_735537.

图3-124　中联筑境建筑设计有限公司提供.

图3-125 百度地图.

图3-126、图3-127 作者自绘.

图3-128 https://720yun.com/t/15vkswieg1e?scene_id=46869679.

图3-129 https://www.flickr.com/photos/johnlsl/43644563982.

图3-130 作者自绘.

图3-131、图3-132 中联筑境建筑设计有限公司提供.

图3-133 作者自绘.

图3-134 http://www.map3.net.cn/blog/71f2e6c7d09.

图3-135 中联筑境建筑设计有限公司提供.

图3-136~图3-139 作者自绘.

图3-140 中铁第四勘察设计院.

图3-141 中联筑境建筑设计有限公司提供.

图3-142 http://news.haiwainet.cn/n/2018/0913/c3541092-31396157-6.html.

图3-143 https://www.theplan.it/eng/architecture/west-kowloon-station-in-hong-kong-by-andrew-bromberg-at-aedas.

图3-144 中联筑境建筑设计有限公司提供.

图3-145 https://www.vjshi.com/watch/3456727.htm.

图3-146 https://mp.weixin.qq.com/s/WkN759o-g1zk8bzS94xpeA.

图3-147 https://www.sohu.com/a/440599329_163278，2020-12-26.

图3-148 中联筑境建筑设计有限公司提供.

图3-149 https://www.gmp.de/en/projects/463/berlin-central-station.

图3-150 http://blog.sina.com.cn/s/blog_6490cc220100wpac.html.

图3-151 https://www.archdaily.cn/cn/903536/dai-er-fu-te-shi-zheng-ting-he-huo-che-zhan-mecanoo.

图3-152 http://www.archcollege.com/archcollege/2019/06/44664.html?preview=true&preview_id=44664.

图3-153~图3-155 作者自绘.

图3-156、图3-157 中联筑境建筑设计有限公司提供.

图3-158 https://www.jzda001.com/index/index/details?type=1&id=5736.

图3-159~图3-161 中联筑境建筑设计有限公司提供.

图3-162 作者自绘.

图3-163 https://www.flickr.com/photos/omard/5597429799/.

图3-164 https://candicecity.com/41183/.

图3-165 作者自绘.

图3-166 http://m.cyol.com/content/2018-01/10/content_16855728.htm.

图3-167 http://www.urbanchina.org/content/content_7150167.html.

图3-168 中联筑境建筑设计有限公司提供.

表3-1~表3-7 作者自绘.

第4章

图4-1 作者自绘.

图4-2、图4-3 中联筑境建筑设计有限公司提供.

图4-4　中铁第四勘察设计院.

图4-5　作者自绘.

图4-6　城市设计公众号.

图4-7　株式会社日建设计.

图4-8　作者自绘.

图4-9、图4-10　中铁第四勘察设计院.

图4-11　作者自绘.

图4-12　中联筑境建筑设计有限公司提供.

图4-13　中铁第四勘察设计院.

图4-14　作者自绘.

图4-15　作者根据日建设计改绘.

图4-16　景观邦公众号.

图4-17　中铁第四勘察设计院.

图4-18　陆钟骁, 丁炳均, 马骁骦. 龙湖光年——重庆沙坪坝高铁站[J]. 建筑技艺, 2019（7）:57-63.

图4-19　中铁第四勘察设计院.

图4-20　作者自绘.

图4-21　中联筑境建筑设计有限公司提供.

图4-22　中铁第四勘察设计院.

图4-23　Aedas.

图4-24　作者自绘.

图4-25　中铁第四勘察设计院.

图4-26　约翰·麦卡兰建筑事务所.

图4-27　中铁第四勘察设计院

图4-28　筑境设计.

图4-29、图4-30　中铁第四勘察设计院.

图4-31、图4-32　作者自绘.

图4-33～图4-36　中铁第四勘察设计院.

图4-37、图4-38　作者自绘.

图4-39　中铁第四勘察设计院.

图4-40　作者自绘.

图4-41　左图：于晨，殷建栋，郭磊，戚东炳. "站城融合"策略在高铁站房设计中的应用与研究——以杭州西站方案
　　　　设计的技术要点分析为例[J]. 建筑技艺, 2019（7）; 右图: 中铁第四勘察设计院.

图4-42～图4-45　作者自绘.

图4-46～图4-48　张宁. 基于安检互认下的京张高铁清河站设计思路[J/OL]. 铁道勘察, （2021-12-16）: 1-6.
　　　　https://doi.org/10.19630/j.cnki.tdkc.202012280001.

图4-49　作者自绘.

图4-50　中铁第四勘察设计院.

图4-51　作者根据株式会社日建设计改绘.

图4-52　株式会社日建设计.

图4-53　作者自摄.

图4-54、图4-55　作者自绘.

图4-56　中铁第四勘察设计院.

图4-57　深圳市西丽综合交通枢纽地区城市设计获奖方案.

图4-58、图4-59　中铁第四勘察设计院.

图4-60　株式会社三菱地所设计.

图4-61　约翰·麦卡兰建筑事务所.

图4-62～图4-65　中铁第四勘察设计院.

图4-66　作者自摄.

图4-67　中铁第四勘察设计院及作者拍摄.

图4-68　中铁第四勘察设计院.

图4-69　作者自绘.

图4-70　中铁第四勘察设计院.

表4-1　作者自绘.

第5章

图5-1～图5-5　周颖，陈鹏，陆道渊，王经雨. 地铁上盖多塔楼隔震与减振设计研究[J]. 土木工程学报，2016，49
　　　　　（S1）：84-89.

图5-6、图5-7　作者自绘.

图5-8　中铁第四勘察设计院.

图5-9、图5-10　中兴智能交通股份有限公司产品介绍.

图5-11　海康威视iVMS-6710智能停车场管理系统.

图5-12　北京蓝卡科技股份有限公司产品介绍.

图5-13、图5-14　作者自摄.

图5-15　张轩，张平. 一种新型机场旅客无感安检系统设计[J]. 机械，2021，48（5）：61-67.

图5-16　中铁第四勘察设计院.

图5-17　长沙迪迈数码科技股份有限公司产品介绍.

图5-18～图5-23　中铁第四勘察设计院.

图5-24　作者自绘.

图5-25～图5-28　中铁第四勘察设计院.

图5-29　全景网及作者自绘.

图5-30　欧宁. 京张高铁清河站站房绿色设计研究[J]. 铁道勘察，2020，46（1）：1-6.

图5-31　腾讯网.

图5-32、图5-33　作者自绘.

图5-34　【寻访】超级魔改的老站，强行启用的半成品——京张高铁"第二始发站"清河站探访[OL].bilibili，（2020-
　　　　01-13）. www.bilibili.com/read/cv4345846.

图5-35　中铁第四勘察设计院.

图5-36　爱旅行公众号.

图5-37　作者自绘.

图5-38　作者拍摄.

表5-1、表5-2　周颖，陈鹏，陆道渊，王经雨. 地铁上盖多塔楼隔震与减振设计研究[J]. 土木工程学报，2016，49
　　　　　（S1）：84-89.

第6章
无

感谢所有提供资料、图片的单位和个人！
　　（编写组联系邮箱：004213@orfsdi.com）

参考文献

[1]（日）彰国社. 新京都站[M]. 郭晓明，译. 北京：中国建筑工业出版社，2003.

[2]郑健，沈中伟，蔡申夫. 中国当代铁路客站设计理论探索[M]. 北京：人民交通出版社，2009：98+155-164.

[3]王新. 轨道交通综合体对城市功能的催化与整合初探——以厦门轨道交通一号线城市广场站综合体设计为例[D]. 北京：北京交通大学，2014.

[4]董贺轩，卢济威. 作为集约化城市组织形式的城市综合体深度解析[J]. 城市规划学刊，2009（1）：54-61.

[5]童林旭. 论日本地下街建设的基本经验[J]. 地下空间，1988（3）：76-83.

[6]季松，段进. 高铁枢纽地区的规划设计应对策略——以南京南站为例[J]. 规划师，2016，32（3）：68-74.

[7]殷铭，汤晋，段进. 站点地区开发与城市空间的协同发展[J]. 国际城市规划，2013，28（3）：70-77.

[8]J. Trip. What Makes a City: Urban Quality in Euralille, Amsterdam South Axis and Rotterdam Central[M]// F. Bruinsma, et al. Railway Development: Impacts on Urban Dynamics. Heidelberg: Physica-Verlag, 2008: 79-99.

[9]邹妮妮，等. 行走空间——欧洲城市交通综合体观察解析[M]. 南京：东南大学出版社，2020.

[10]王泽. 西安高铁新城交通组织研究[D]. 西安：西北大学，2019.

[11]APEP. 欧洲里尔高速列车（TGV）火车站[J]. 建筑创作，2005（10）：74-75.

[12]吴沅沅. 高铁交通综合体功能复合及空间布局设计研究[D]. 成都：西南交通大学，2020.

[13]吴晨，丁霓. 城市复兴的设计模式：伦敦国王十字中心区研究[J]. 国际城市规划，2017，32（4）：118-126.

[14]周翊民，金辰虎. 降低城市轨道交通造价的思考[J]. 城市轨道交通研究，1999（2）：1-4+28.

[15]E. Schütz. Stadtentwicklung durch Hochgeschwindigkeitsverkehr. Konzeptionnelle und methodische Ansätze zum Umgang mit den Raumwirkungen des schienengebundenen Personen-Hochgeschwindigkeitsverkehrs（HGV）als Beitrag zur Lösung von Problemen der Stadtenwicklung[J]. Informationen zur Raumentwicklung, 1998（6）: 369-383.

[16]尹宏玲. 高铁站地区的功能定位思路与方法探析——以京沪高铁济南西客站地区为例[J]. 山东建筑大学学报，2011，26（3）：199-203+214.

[17]李学. 中国当下交通建筑发展研究（1997年至今）[D]. 杭州：中国美术学院，2010.

[18]L. Bertolini. Station areas as nodes and places in urban networks: An analytical tool and alternative development strategies[M]// F. Bruinsma, et al. Railway Development: Impacts on Urban Dynamics. Heidelberg: Physica-Verlag, 2008: 35-57.

[19]（挪威）诺伯舒兹. 场所精神：迈向建筑现象学[M]. 施植明，译. 武汉：华中科技大学出版社，2010.

[20]日建设计站城一体开发研究会. 站城一体开发 II：TOD46的魅力[M]. 沈阳：辽宁科学技术出版社，2019.

[21]盛晖. 站与城——第四代铁路客站设计创新与实践[J]. 建筑技艺，2019（7）：18-25.

[22]金旭炜，毛灵，王彦宇. 铁路旅客车站结合城市设计"站城融合"理念探索[J]. 高速铁路技术，2020，11（4）：17-20.

[23]盛晖. 中国第四代铁路客站设计探索[J]. 城市建筑，2017（31）：22-25.

[24]靳聪毅，沈中伟. 基于"站城融合"理念的城市铁路客站发展策略[J]. 城市轨道交通研究，2019，22（3）：12-15+55.

[25]朱颖，金旭炜，王彦宇，刘娴，李飞. 铁路交通枢纽与城市综合体设计初探[J]. 铁道经济研究，2011（6）：15-22.

[26] 于晨，殷建栋，郭磊，戚东炳. "站城融合"策略在高铁站房设计中的应用与研究——以杭州西站方案设计的技术要点分析为例[J]. 建筑技艺，2019（7）：45-51.

[27] 第五博，张栩诚，张睿. 机场综合交通中心构型布局及流线组织[J]. 工业建筑，2018，48（12）：27-30+108.

[28] 米佳锐. 站城一体化背景下的新型"城市客厅"——基于触媒理论的轨道交通综合体换乘节点空间特征研究[J]. 城市建筑，2020，17（13）：165-169.

[29] 李盛楠. 站城一体化的城市公共空间——北京城市副中心站综合交通枢纽，从概念设计到实施方案的思考[J]. 建筑技艺，2020，26（9）：66-71.

[30] 葛颖恩，陈志建，张鹏. 共享交通的运营与管理综述[J]. 上海大学学报（自然科学版），2020，26（3）：311-327.

[31] 屈晓勤，廖一联. "城市孤岛"对交通的影响及优化建议——以城市内部空间结构角度分析成都市交通[J]. 四川建筑，2010，30（4）：31-32+35.

[32] 曾德津. TOD开发模式下交通枢纽与城市建筑综合体的发展机制研究——以庆盛交通枢纽综合体为例[J]. 智能城市，2019，5（20）：143-144.

[33] 杨颖，林荣. 大型铁路客站候车空间的导向性研究[J]. 四川建筑，2013，33（5）：77-79.

[34] 陆钟骁，丁炳均，马骉骠. 龙湖光年——重庆沙坪坝高铁站[J]. 建筑技艺，2019（7）：57-63.

[35] 唐婧. 基于可持续发展的人居环境弹性空间设计研究[J]. 工业设计，2019（9）：99-100.

[36] 颜佺慧. 站城协同零换乘一体化设计探索——基于广州地铁TOD场站综合体的研究[J]. 南方建筑，2019（4）：48-52.

[37] 王凯夫，王楠. 兰州西站站房建筑综合设计[J]. 铁路技术创新，2015（5）：62-66.

[38] 黄敏恩，梁智锋，许成汉，刘中莹，姚圣. 站城融合的立体都市巨型建筑全流程全要素设计方法探讨——以金融城站综合交通枢纽为例[J]. 建筑技艺，2019（7）：84-91.

[39] 周元俊，林荣. 大型铁路客站功能空间组织模式的策略研究——基于客站选址的反思[J]. 四川建筑，2013，33（5）：74-76+79.

[40] 花伟. 旅客出行换乘条件及对策研究[J]. 物流技术，2015，34（16）：51-52+63.

[41] 林融，毛芸芸，田昕丽. 共享活力环：城市更新视角下城市内向型空间活化路径[J]. 规划师，2017，33（10）：60-64.

[42] 李京，朱志鹏. 欧洲铁路客站考察[J]. 建筑创作，2007（4）：39-43.

[43] （美）詹克斯，等. 紧缩城市——一种可持续发展的城市形态[M]. 周玉鹏，等，译. 北京：中国建筑工业出版社，2004.

[44] 盛晖，李春舫，沈中伟，戚广平，毛晓兵，于晨，黄敏恩，杨金鹏. 站与城，何为？[J]. 建筑技艺，2019（7）：12-17.

[45] 胡映东. 城市更新背景下的枢纽开发模式研究——以大阪站北区再开发为例[J]. 华中建筑，2014，32（6）：120-126.

[46] 卜菁华，韩中强. "聚落"的营造——日本京都车站大厦公共空间设计与原广司的聚落研究[J]. 华中建筑，2005（5）：43-45.

[47] 钱才云，周扬. 对复合型的城市公共空间与城市交通一体化设计方法的探讨[J]. 建筑学报，2009（S2）：135-140.

[48] 李胜全，张强华. 高速铁路时代大型铁路枢纽的发展模式探讨——从"交通综合体"到"城市综合体"[J]. 规划师，2011，27（7）：26-30.

[49] 王睦，吴晨，王莉. 城市巨构·铁路枢纽——新建北京南站的设计与创作[J]. 世界建筑，2008（8）：38-49.

[50] 麦哈德·冯·格康，于尔根·希尔德. 柏林中央火车站 轨道交通的新平台[J]. 时代建筑，2009（5）：64-71.

[51] （英）罗宾·埃文斯. 密斯·凡·德·罗似是而非的对称[J]. 钟文凯，刘宏伟，译. 时代建筑，2009（4）：122-131.

[52] （美）彼得·卡尔索普，杨保军，张泉，等. TOD在中国：面向低碳城市的土地使用与交通规划设计指南[M]. 北京：中国建筑工业出版社，2014.

[53] 王喆，杨金鹏. 可持续发展的绿色铁路客站——北京至雄安新区城际铁路雄安站从设计到实施的思考[J]. 建筑技艺，2021，27（5）：82-84.

[54] 王力，李春舫. 结构即空间，结构即建筑——以结构逻辑为主线的铁路旅客车站空间塑造[J]. 建筑技艺，2018（9）：58-65.

[55] 仇保兴. 绿色建筑发展误区及推广路径[J]. 建筑，2019（13）：20-22.

[56] 张兴艳，严建伟. 绿色建筑节能技术在高寒地区铁路站房设计中的应用——以川藏铁路林芝站为例[J]. 建筑节能（中英文），2021，49（6）：30-35.

[57] 日建设计站城一体开发研究会. 站城一体化——新一代公共交通指向型城市设计[M]. 北京：中国建筑工业出版社，2014：52-61.

[58] 欧宁. 京张高铁清河站站房绿色设计研究[J]. 铁道勘察，2020，46（1）:1-6.

[59] 郑雨. 基于新时代智能精品客站建设总要求的北京朝阳站建设策略[J]. 铁路技术创新，2020（5）：5-18.

[60] 郭振伟，郭丹丹. 铁路客站绿色施工评价体系构建方法研究[J]. 城市发展研究，2013，20（5）：5-8+16.

[61] 刘航. 铁路客站智能节电技术研究及应用[J]. 铁路技术创新，2020（6）：124-128.

[62] 程泰宁. 重要的是观念——杭州铁路新客站创作后记[J]. 建筑学报，2002（6）:10-15.

[63] 陈沂. 基于"三圈层"理论的城市高铁枢纽片区功能布局浅析[J]. 建筑学研究前沿，2018（19）.

[64] 陆锡明. 大都市一体化交通[M]. 上海：上海科技大学出版社，2003.

[65] 张钒. 我国铁路客站商业空间设计研究[D]. 天津：天津大学，2008.